全国电力行业“十四五”规划教材
职业院校电力技术类与自动化类系列教材

S7-300 PLC 技术应用

刘玉娟　师　宁　崔　健
邱利军　周海君　邹　伟　编著
李方园　主审

中国电力出版社
CHINA ELECTRIC POWER PRESS

内 容 提 要

本书系统地介绍了S7-300 PLC的编程及应用，涵盖了S7-300控制器、网络通信两大核心技术。编写上注重实例，强调使用要领。全书共分为9章，主要内容包括可编程序控制器基础知识、S7-300 PLC硬件系统、SIMATIC项目创建与硬件组态、STEP 7编程基础与基本指令系统、结构化编程与程序调试方法、模拟量处理及闭环控制、故障诊断技术、通信网络等。通过本书的学习，学生可以了解S7-300 PLC的工作原理，进而编写梯形图程序，完成项目控制任务，在较短的时间内轻松入门。

全书注重实际，强调应用，以培养技术应用能力为核心，是一本工程性较强的应用类图书，可作为高职高专电气自动化技术、机电一体化技术及其他相关专业的教材，也可作为自学和培训教材供工程技术人员使用。

图书在版编目（CIP）数据

S7-300 PLC技术应用 / 刘玉娟等编著 .—北京：中国电力出版社，2022.8（2025.2重印）
ISBN 978-7-5198-6394-4

Ⅰ.①S… Ⅱ.①刘… Ⅲ.①PLC技术 Ⅳ.①TM571.61

中国版本图书馆CIP数据核字（2021）第281440号

出版发行：中国电力出版社
地　　址：北京市东城区北京站西街19号（邮政编码100005）
网　　址：http://www.cepp.sgcc.com.cn
责任编辑：乔　莉
责任校对：黄　蓓　马　宁
装帧设计：王英磊
责任印制：吴　迪

印　　刷：北京天泽润科贸有限公司
版　　次：2022年8月第一版
印　　次：2025年2月北京第二次印刷
开　　本：787毫米×1092毫米　16开本
印　　张：11.5
字　　数：243千字
定　　价：32.00元

前 言

基于自动化控制技术所提供的强大功能，西门子 S7 系列 PLC 在工业生产中得到了广泛应用。本书以 S7-300 PLC 为对象，根据高职高专 PLC 技术应用教育教学基本要求，结合高职高专教育的特点和编者的教学经验，在企业工程师的指导下编写而成。在编写中注重原理和方法的应用，强调以培养职业技术能力为核心的宗旨。注意结合实际，选用典型实例，渗透职业素养，便于实验室完成的同时，更为实际岗位现场操作奠定了基础。

本书的内容涵盖了 S7-300 系列 PLC 控制和网络通信两大核心技术，理论与实践相联系，实例丰富，图文并茂，从简单到复杂、由易到难、循序渐进，便于学生在较短的时间里理解和掌握。

全书共 9 章。第 1 章介绍了可编程序控制器基础知识及全集成自动化的概念，简要介绍了 S7 系列 PLC 产品。第 2 章介绍了 S7-300 PLC 的硬件模块及安装维护规范。第 3 章介绍了在 SIMATIC 管理器下创建项目的方法及硬件组态的步骤。第 4 章介绍了 STEP 7 的数据类型、寻址方式、STEP 7 的块及程序结构和编程语言。第 5 章介绍了 STEP 7 的基本指令系统及使用要领。第 6 章介绍了 STEP 7 的结构化编程与程序调试方法。第 7 章介绍了 STEP 7 的模拟量处理及闭环控制功能。第 8 章介绍了 STEP 7 常用的故障诊断技术。第 9 章介绍了 STEP 7 的几种通信网络，包括 MPI 网络、PROFIBUS 网络和工业以太网。

本书由北京电子科技职业学院刘玉娟任主编（编写第 1、4、5 章），师宁任副主编（编写第 6、9 章），参加编写的还有北京电子科技职业学院邱利军（编写第 2、3 章）、崔健（编写第 8 章和第 5 章部分）、周海君编写第 7 章。全书的整体构思和统稿由刘玉娟完成，西门子（中国）有限公司工程师邹伟负责全书的技术把关工作。本书由宁波工商职业技术学院李方园主审。

本书在编写过程中得到西门子（中国）有限公司的大力支持和帮助，在此，编者对上述单位和个人以及所列参考文献中的所有编者表示衷心的感谢。

限于编者水平，书中难免有不足和疏漏之处，敬请读者批评指正。

编　者

2022 年 5 月

目　录

第1章 概 述

内容简介

可编程控制器（PLC）是自动化技术的基础平台。目前PLC技术主要是朝着高速化、大容量化、智能化、网络化、标准化、系列化、小型化、廉价化的方向发展，这使得PLC功能更强，可靠性更高。S7系列PLC充分体现了这一技术发展方向。本书以S7-300系列PLC（以下简称S7-300 PLC）为对象介绍PLC的应用技术。本章主要介绍PLC的定义、分类、组成、工作原理等基础知识，并简单介绍TIA的概念及SIMATIC S7系列PLC的基本使用方法。

学习目标

（1）了解PLC的定义、特点及分类。

（2）熟悉PLC硬件组成。

（3）理解PLC的工作原理。

（4）理解“全集成自动化”（TIA）的概念。

（5）了解SIMATIC S7系列PLC的基本使用方法。

1.1 可编程序控制器基础

1.1.1 可编程序控制器的产生和定义

随着微处理器、计算机和数字通信技术的飞速发展，计算机控制已经扩展到了几乎所有的工业领域。同时，现代社会要求制造业对市场需求做出迅速的反应，生产出小批量、多品种、多规格、低成本和高质量的产品。为了满足这一要求，生产设备和自动生产线的控制系统必须具有高的灵活性，可编程序控制器正是顺应这一要求出现的，它是以微处理器为基础的通用工业控制装置。

1968年由美国通用汽车（GM）公司提出，1969年由美国数字设备公司（DEC）研制成功了世界上第一台可编程序控制器。它具有逻辑运算、定时、计数等顺序控制功能，全称为可编程序逻辑控制器（Programmable Logic Controller，PLC）。

经过短短几十年的发展，PLC已经成为自动化技术的三大支柱（PLC、机器人、CAD/

CAM）之一。PLC的应用面广、功能强大、使用方便，已经广泛地应用在各种机械设备和生产过程的自动控制系统中，PLC在其他领域（例如民用和家庭自动化）的应用也得到了迅速的发展。

国际电工委员会（IEC）在1985年的PLC标准草案第3稿中，对PLC作了如下定义："可编程序控制器是一种数字运算操作的电子系统，专为在工业环境下应用而设计。它采用可编程序的存储器，用来在其内部存储执行逻辑运算、顺序控制、定时、计数和算术运算等操作的指令，并通过数字式、模拟式的输入和输出，控制各种类型的机械或生产过程。可编程序控制器及其有关设备，都应按易于使工业控制系统形成一个整体，易于扩充其功能的原则设计。"

1.1.2 可编程序控制器的特点和分类

1. PLC的特点

为适应工业环境使用，与一般控制装置相比较，PLC有以下特点：

（1）编程简单，易于掌握。PLC的设计者充分考虑到现场技术人员的技能和习惯，经常采用梯形图方式的编程语言。这种语言与继电器控制原理图相似，具有直观、清晰、修改方便、易掌握等优点，即便未掌握专门计算机的人也能很快熟悉，因而受到了广大现场技术人员的欢迎。

（2）可靠性高，抗干扰能力强。传统的继电器控制系统使用了大量的中间继电器、时间继电器。由于触点接触不良，容易出现故障。PLC用软件代替大量的中间继电器和时间继电器，仅剩下与输入和输出有关的少量硬件元件，接线可减少到继电器控制系统的1/10～1/100，因触点接触不良造成的故障大为减少。

PLC采取了一系列硬件和软件抗干扰措施，使之在恶劣的工业环境下仍能保证很高的可靠性，一般平均无故障时间可达到4万～5万h，远远超过以往继电器控制系统和计算机控制系统。PLC已被广大用户公认为最可靠的工业控制设备之一。

（3）功能强，适应面广。PLC运用了计算机、电子技术和集成工艺的最新技术，在硬件和软件两方面不断发展，使其具备很强的信息处理能力。不仅有逻辑运算、定时、计数和顺序控制等功能，还具有数字和模拟量的输入/输出、功率驱动、通信、人机对话、自检、记录显示等功能。它既可控制一台生产机械、一条生产线，又可控制一个生产过程。

（4）通用性强，控制程序可修改，使用方便。PLC品种齐全的各种硬件装置，可以组成能满足各种要求的控制系统，用户不必自己再设计和制作硬件装置。用户在硬件确定以后，在生产工艺流程改变或生产设备更新的情况下，不必改变PLC的硬件设备，只需改编程序就可以满足要求。因此，PLC除应用于单机控制外，在工厂自动化中也被大量采用。

（5）系统的设计、安装、调试工作量少。PLC采用了软件来取代继电器控制系统中大量的中间继电器、时间继电器、计数器等器件，控制柜的设计安装接线工作量大为减少。

同时，PLC 的用户程序可以在实验室模拟调试，更减少了现场的调试工作量。并且，由于 PLC 具有低故障率、很强的监视功能、模块化结构等特点，因此维修也极为方便。

（6）体积小、质量轻、功耗低、维护方便。PLC 是将微电子技术应用于工业设备的产品，其结构紧凑、坚固、体积小、质量轻、功耗低。PLC 编程简单，自诊断能力强，能判断和显示自身故障，使操作人员检查判断故障方便迅速，而且接线少，维修时只需更换插入式模块，维护方便，修改程序和监视运行状态也容易。

2. PLC 的分类

（1）按结构型式分类。按 PLC 的结构型式可分为整体式 PLC 和模块式 PLC。

整体式 PLC 是将电源、中央处理器（CPU）、I/O 部件都集中在一个机箱内，具有结构紧凑、体积小、价格低的特点。一般小型 PLC 采用这种结构。整体式 PLC 由不同 I/O 点数的基本单元和扩展单元组成。基本单元内有 CPU、I/O 接口部件、与 I/O 扩展单元相连的扩展口和与编程器或 EPROM 写入器相连的接口等。扩展单元内只有 I/O 和电源等而不带 CPU。整体式 PLC 一般还可配备特殊功能单元，如模拟量单元、位置控制单元等。

模块式 PLC 是将 PLC 各部分分成若干个单独的模块，如 CPU 模块、I/O 模块、电源模块以及各种功能模块。模块式 PLC 由框架和各种模块组成。这种结构的特点是配置灵活，可根据需要选配不同模块组成一个系统，而且装配方便，便于扩展和维修。一般大中型 PLC 采用模块式结构。

（2）按 I/O 点数分类。按 I/O 点数可分为小型、中型和大型。

小型 PLC 的 I/O 点数一般在 256 点以下，其中小于 64 点为超小型或微型 PLC。

中型 PLC 的 I/O 点数在 256～2048 点之间。

大型 PLC 的 I/O 点数在 2048 点以上，其中 I/O 点数超过 8192 点为超大型。

1.1.3 可编程序控制器的硬件组成

PLC 硬件主要由 CPU、输入单元、输出单元、通信接口、扩展接口、存储器装置和电源部件等部分组成，如图 1-1 所示。其中，CPU 是 PLC 的核心，输入单元与输出单元是连接现场输入/输出设备与 CPU 之间的接口电路，通信接口用于与编程器、上位计算机等外设连接。

（1）CPU。同一般的微型计算机一样，CPU 是 PLC 的核心。PLC 中所配置的 CPU 随机型不同而不同，小型 PLC 大多采用 8 位通用微处理器和单片微处理器；中型 PLC 大多采用 16 位通用微处理器或单片微处理器；大型 PLC 大多采用高速位片式微处理器。在 PLC 控制系统中，CPU 单元相当于人的大脑和心脏，它不断采集输入信号，执行用户程序，刷新系统的输出。

（2）存储器。存储器主要有两种：一种是可读/可操作的随机存储器 RAM；另一种是只读存储器 ROM、PROM、EPROM 和 EEPROM。在 PLC 中，存储器主要用于存放程序

（系统程序和用户程序）及工作数据。

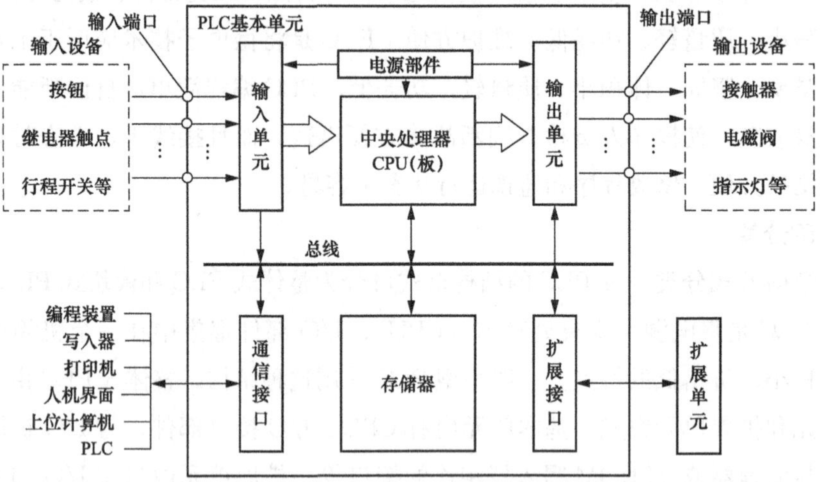

图 1-1 PLC组成框图

系统程序是由 PLC 的制造厂家编写的，与 PLC 的硬件组成有关，它可完成系统诊断、命令解释、功能子程序调用管理、逻辑运算、通信及各种参数设定等功能，提供 PLC 运行的平台。系统程序关系到 PLC 的性能，而且在 PLC 使用过程中不会变动，由厂家直接固化在只读存储器 ROM、PROM 或 EPROM 中，用户不能访问和修改。

用户程序是随 PLC 的控制对象而定的，由用户根据对象生产工艺的控制要求而编制的应用程序。为了便于读出、检查和修改，用户程序一般存于 CMOS 静态 RAM 中。

工作数据是 PLC 运行过程中经常变化、经常存取的一些数据。存放在 RAM 中，以适应随机存取的要求。

（3）输入/输出单元。输入（Input）单元和输出（Output）单元通常也称 I/O 单元或 I/O 模块，是 PLC 与工业生产现场之间的连接部件。PLC 通过输入接口可以检测被控对象的各种数据，以这些数据作为 PLC 对被控制对象进行控制的依据；同时 PLC 又通过输出接口将处理结果送给被控制对象，以实现控制目的。

（4）通信接口。PLC 配有各种通信接口，这些通信接口一般都带有通信处理功能。PLC 通过这些通信接口可与监视器、打印机、其他 PLC、计算机等设备实现通信。远程 I/O系统也必须配备相应的通信接口模块。

（5）编程装置。编程装置的作用是编辑、调试、输入用户程序，也可在线监控 PLC 内部状态和参数，与 PLC 进行人机对话。编程装置可以是专用编程器，也可以是配有专用编程软件包的通用计算机系统。

（6）电源。PLC 一般使用 AC 220V 电源或 DC 24V 电源。内部的开关电源为各模块提供不同电压等级的直流电源。小型 PLC 可以为输入电路和外部的电子传感器（如接近开关）提供 DC 24V 电源，驱动 PLC 负载的直流电源一般由用户提供。与普通电源相比，

PLC电源的稳定性好、抗干扰能力强。

1.1.4 可编程序控制器的工作原理

1. 扫描工作方式

当PLC运行时，有许多操作需要进行，但CPU不可能同时去执行多个操作，它只能按分时操作原理每一时刻执行一个操作。由于CPU的运算处理速度很高，使PLC外部出现的结果从宏观上来看似乎是同时完成的。这种分时操作是CPU的扫描工作方式。

PLC执行用户程序时，采用扫描工作方式完成。整个扫描过程中，PLC除了执行用户程序外，还要完成其他工作。图1-2所示为PLC工作过程框图。

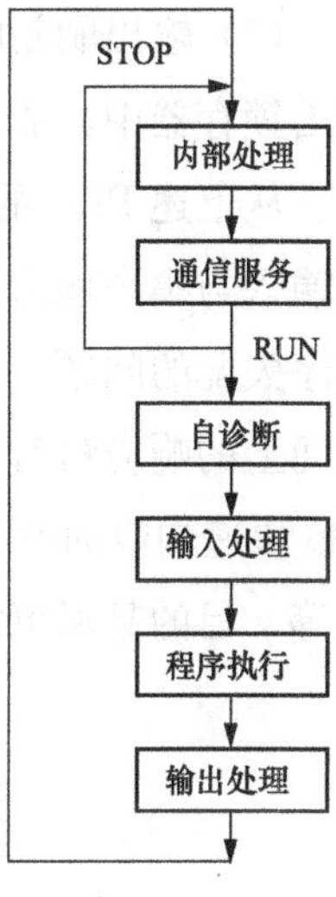

图1-2 PLC工作过程框图

在执行用户程序前，PLC还应完成内部处理、通信服务与自诊检查。在内部处理阶段，PLC检查CPU模块内部硬件是否正常，监视定时器复位以及完成其他一些内部处理。在通信服务阶段，PLC应完成与一些带处理器的智能模块或与其他外设的通信，并完成数据的接收和发送任务、响应编程器键入命令、更新编程器显示内容、更新时钟和特殊寄存器内容等工作。PLC具有很强的自诊断功能，如电源检测、内部硬件是否正常、程序语法是否有错等，一旦出现错误或异常则CPU能根据错误类型和程度发出提示信号，甚至进行相应的出错处理，使PLC停止扫描或强制变成（STOP）状态。

当PLC处于STOP状态时，只完成内部处理和通信服务工作。当PLC处于运行状态时，除完成内部处理和通信服务的操作外，还要完成输入处理、程序执行、输出处理工作。

2. PLC执行程序的过程

PLC执行程序的过程分三个阶段：输入采样（输入处理）阶段、程序执行阶段、输出刷新（输出处理）阶段，如图1-3所示。

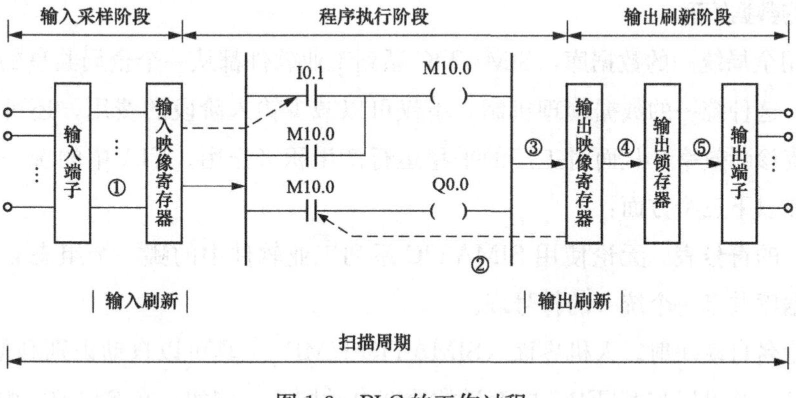

图1-3 PLC的工作过程

（1）输入采样阶段。在这一阶段，PLC以扫描工作方式按顺序将所有输入端的输入状态采样并存入输入映像寄存器中。在本工作周期内，这个采样结果的内容不会改变，而且这个采样结果将在PLC执行程序时被使用。

（2）程序执行阶段。在这一阶段，PLC按顺序进行扫描，即从上到下、从左到右地扫描每条指令，并分别从输入映像寄存器和输出映像寄存器中获得所需的数据进行运算、处理，再将程序执行的结果写入寄存执行结果的输出映像寄存器中保存。但这个结果在全部程序未执行完毕之前不会送到输出端口上。

（3）输出刷新阶段。在所有用户程序执行完后，PLC将输出映像寄存器中的内容送入输出锁存器中，通过一定方式输出，驱动外部负载。

从上述PLC的工作过程可以看出，PLC工作方式的主要特点是采用周期循环扫描、集中输入与集中输出的方式。这种“串行”工作方式可以避免继电器控制系统中触点竞争和时序失配的问题。使PLC具有可靠性高、抗干扰能力强的优点。但是也存在输出对输入在时间上的响应滞后，速度慢的缺点。对一般的工业设备，响应滞后是允许的，对某些需要I/O快速响应的设备则应采取相应措施，如在硬件设计上采用快速响应模块、高速计数模块等，目的是尽可能提高响应速度，满足设备使用要求。

1.2 西门子全集成自动化

1997年，西门子自动化与驱动集团提出“全集成自动化”（Totally Integrated Automation，TIA）的概念，即用一种系统或者一个自动化平台完成原来由多种系统搭配起来才能完成的功能。

1.2.1 TIA的统一性

通过全集成自动化，西门子自动化系统（SIMATIC）提供了一个可以包含当今自动化解决方案中全部所需组件的模块化系统，其优异特性体现在以下三方面。

1. 统一的数据管理

TIA采用全局统一的数据库，SIMATIC系列工业软件都从一个全局共享的统一数据库中获取数据。这种统一的数据管理机制，不仅可以减少输入阶段的费用，还可以降低出错率，提高系统诊断效率，从而对工厂的平稳运行产生积极作用。TIA中的统一数据管理功能具体体现在以下三个方面：

（1）统一的符号表。无论使用SIMATIC系列工业软件中的哪一个组态软件，都可以通过全局数据库共享一个统一的符号表。

（2）变量名自动映射。人机界面（SIMATIC HMI）工具可以自动识别和使用STEP 7中定义的变量，并可以与STEP 7中变量的改变自动同步。例如，在STEP 7中定义的变量

“Motor25”，不需要做任何处理就可以被上位机软件 WinCC 识别和使用。

（3）多用户功能。随着项目规模的增大，多用户功能是必不可少的。TIA 可以方便地实现多用户在同一个项目下的工作，同时还可以保证项目的一致性。另外，TIA 还提供了多项目（Multi-Project）的管理，使不同团队的分工协作更加方便。

2. 统一的编程、组态环境

在 TIA 中，所有的 SIMATIC 工业软件都可以相互配合，实现了高度集成，就好像是出自同一个模子的工具。组态和编程工具也出自同一模式，只需从全部列表中选择相应的项：对控制器进行编程、组态 HMI、定义通信连接或实现动作控制等操作。这种统一的组态、编程具体体现在以下三个方面：

（1）统一的界面。SIMATIC 工业软件家族具有统一、友好的界面。通过集成安装，用户可以在 SIMATIC Manager 的统一界面下工作，在 STEP 7 中直接调用其他软件。这种界面的一致性和集成性大大方便了对整个 TIA 系统的编程和组态。

（2）面向对象的“块”概念。SIMATIC 软件中基于面向对象思想的“块”的概念，实现了统一的项目结构，使用户程序的可重用性大大提高，从而避免了大量重复的劳动。

（3）与平台无关的编程。统一的编程还实现了平台的无关性，用户程序在基于 PLC 的控制系统和基于 PC 的控制系统中都能运行。这给程序移植带来很大的方便，也使得用户在选择解决方案时可以更加灵活。

3. 统一的网络通信协议

TIA 实现了从控制机到现场级调节一致的通信，采用不同功能的总线涵盖了几乎所有的应用。以太网和带 AS-interface 总线的 PROFIBUS 网络是开关的安装技术集成的重要扩展，而 EIB 用于楼宇控制系统的集成。这种统一的通信具有以下特点。

（1）工业以太网和 PROFIBUS 统一的网络组态。在 SIMATIC 中，工业以太网和 PROFIBUS 采用统一的组态，当网络连接发生改变时，可以方便地进行修改。

（2）基于 PROFIBUS 的分布式 I/O。基于 PROFIBUS 的分布式 I/O 与本地 I/O 的组态采用了统一的方式，因此，用户在编程时无须分辨 I/O 类型，可以像使用本地的 I/O 那样方便地使用分布式 I/O。

（3）系统中集成的路由功能。TIA 中的各种网络可以进行互联。TIA 中集成的路由功能可以方便地实现跨网络的下载、诊断等，使整个系统的安装调试更加容易。

（4）集成的系统诊断和报告功能。TIA 系统集成了自动诊断和错误报告功能，诊断和故障信息可以通过网络自动发送到相关设备而不需要编程。

1.2.2 TIA 的开放性

TIA 不仅是一个高度集成和统一的系统，同时也是一个具有高度开放性的系统。TIA 的开放性体现在以下三个方面：

（1）对所有类型的现场设备开放。通过 PROFIBUS，TIA 对范围极广的现场设备开放。目前，该总线已经实现了在防爆环境的应用和与驱动设备同步。开关类产品和安装设备还可以通过 AS-Interface 总线接入自动化系统，作为 PROFIBUS 总线的扩展。

（2）对办公系统开放并支持 Internet。以太网通过 TCP/IP 协议将 TIA 与办公自动化应用及 Internet/Intranet 世界相连接。TIA 采用 OPC 作为访问过程数据的标准接口，通过该接口，可以很容易地建立所有基于 PC 的自动化系统与办公应用之间的链接，无论它们所处的物理位置如何。Internet 技术使在任意位置对工厂进行远程和监视成为可能。

（3）对新型自动化结构开放。自动化领域当中的一个明显技术趋势就是系统的模块化程度大大提高，即由带有智能功能的技术模块组成的自动化结构。这些模块可以预先进行组态、启动和测试。这样，实现整个工厂的投运要快得多，更改系统也不会影响到生产运行。通过 PROFINET，TIA 使用与厂商无关的通信、自动化和工程标准，使系统使用智能仪表非常容易，不必管它们是否与 PROFIBUS 或者以太网相连接。通过新的工程工具，TIA 实现了对这种结构的简单而集成化的组态。

1.3 SIMATIC S7 系列 PLC

SIMATIC 组成包括 SIMATIC 控制器、SIMATIC PG/PC 编程设备、SIMATIC HMI 人机界面、SIMATIC DP 及 SIMATIC 软件等，如图 1-4 所示。

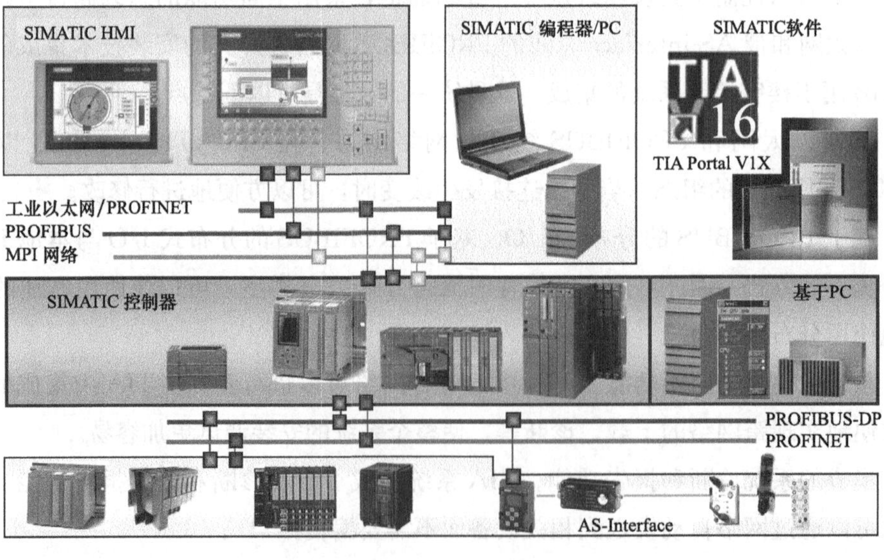

图 1-4　SIMATIC 组成

SIMATIC S7 系列 PLC 主要包括小型 PLC S7-200、较低性能 PLC S7-300 和中高性能 PLC S7-400，基于 TIA Portal 的小型 PLC S7-1200 和中/低性能系列产品 S7-1500，目前 S7-1500 系

统正在逐步包含市场上较低性能系列产品（S7-300）和中高性能系列产品（S7-400）。

1.3.1 S7-200 PLC

S7-200 PLC是具有很高性价比的小型整体式结构可编程序控制器。其主要特点为：结构紧凑、可靠性高，可以采用梯形图、语句表和功能块等几种方式编程；指令丰富，功能强大，易于掌握，操作方便，无论是独立运行还是连成网络都能实现复杂的控制功能。因此，其广泛用于木材加工、纺织机械、印刷机械、灌装及包装机械、生产线控制、电梯控制、空调控制等场合。

1. 主要结构

以基于CPU224XP的S7-200 PLC为例，其主要结构如图1-5所示。

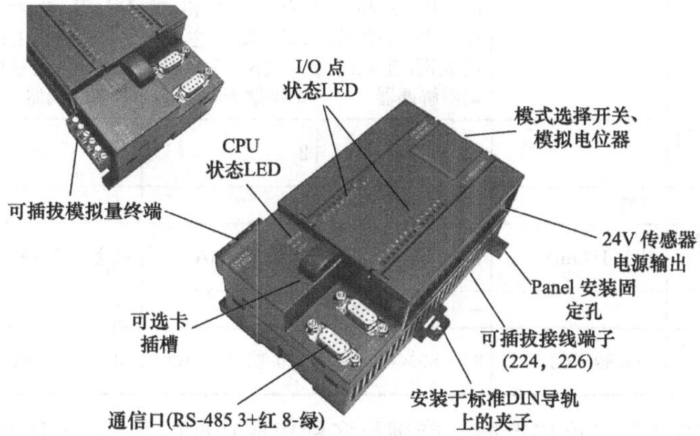

图1-5 S7-200 PLC主要结构

2. CPU模块

S7-200 PLC常用的CPU模块共5种，其型号和主要技术性能指标见表1-1。

表1-1 S7-200 PLC常用的5种CPU主要技术性能指标

性能指标	CPU221	CPU222	CPU224	CPU224XP CPU224XPsi	CPU226
集成的数字量输入/输出	6 DI/4 DO	8 DI/6 DO	14 DI/10 DO	14 DI/10 DO	24 DI/16 DO
数字量输入/输出/使用扩展模块的最多通道数量	—	48/46/94	114/110/224	114/110/224	128/128/256
模拟量输入/输出/使用扩展模块的最多通道数量	—	16/8/16	32/28/44	2 AI/1 AO integrated 32/28/44	32/28/44
程序存储器容量	4KB	4KB	8/12KB	12/16KB	16/24KB
数据存储器容量	2KB	2KB	8KB	10KB	10KB
使用高性能电容储存动态数据	一般50h	一般50h	一般100h	一般100h	一般100h

续表

性能指标	CPU221	CPU222	CPU224	CPU224XP CPU224XPsi	CPU226
高速计数器	4×30kHz，其中 2×20kHz A/B 计数器可用	4×30kHz，其中 2×20kHz A/B 计数器可用	6×30kHz，其中 4×20kHz A/B 计数器可用	4×30kHz，2×200kHz 其中 3×20kHz+1×100kHz A/B 计数器可用	6×30kHz，其中 4×20kHz A/B 计数器可用
通信接口 RS-485	1	1	1	2	2
所支持的协议：				适用于两个接口	适用于两个接口
-PPI 主站/从站	√	√	√	√	√
-MPI 从站	√	√	√	√	√
-自由口（自由组态 ASCII 协议）	√	√	√	√	√
通信选项		—，PROFIBUS DP 从站和/或 AS-i 接口主站/以太网/互联网/调制解调器	√，PROFIBUS DP 从站和/或 AS-i 接口主站/以太网/互联网/调制解调器	√，PROFIBUS DP 从站和/或 AS-i 接口主站/以太网/互联网/调制解调器	√，PROFIBUS DP 从站和/或 AS-i 接口主站/以太网/互联网/调制解调器
集成 8 位模拟电位器（用于调试，改变值）	1	1	2	2	2
实时时钟	可选	可选	√	√	√
集成的 24V DC 传感器供电电压	最大 180mA	最大 180mA	最大 280mA	最大 280mA	最大 400mA
可拆卸的终端插条	—	—	√	√	√
尺寸 $W \times H \times D$（mm×mm×mm）	90×80×62	90×80×62	120.5×80×62	140×80×62	196×80×62

CPU221 无扩展功能，价格低廉，能满足多种集成功能的需要。CPU222 通过可连接的扩展模块，即可处理模拟量。CPU224 具有更多的输入、输出点及更大的存储量。CPU226，226XM 是功能最强的单元，可完全满足一些中小型复杂控制系统的要求。

对于每个型号，西门子提供直流（24V）和交流（120～230V）两种电源供电的 CPU。图 1-6 所示为部分 S7-200 PLC CPU 及扩展模块。

(a)

(b)

图 1-6　部分 S7-200 CPU 及扩展模块

（a）CPU；（b）扩展模块

3. 扩展模块

除 CPU221 外，其他 CPU 模块为了扩展 I/O 点数和执行特殊功能，均可配接多个扩展模块。扩展模块主要有数字量 I/O 扩展模块、模拟量 I/O 扩展模块、通信模块和特殊功能模块。

(1) 数字量 I/O 扩展模块。数字量 I/O 扩展模块专门用于扩展 S7-200 系统的数字量 I/O 数量，用户通过选用具有不同 I/O 点数的数字量 I/O 扩展模块，可以满足不同的控制需要，节约投资费用。S7-200 PLC 可选用的数字量 I/O 扩展模块见表 1-2。连接时 CPU 模块放在最左侧，扩展模块用扁平电缆与左侧的模块相连。

表 1-2　S7-200 PLC 数字量 I/O 扩展模块

型号	各组输入点数	各组输出点数
EM221 24V DC 输入	4，4	—
EM221 230V AC 输入	8 组相互独立	—
EM222 24V DC 输入	—	4，4
EM222 继电器输出	—	4，4
EM222 230V AC 双向晶闸管输出	8 组相互独立	—
EM223 24V DC 输入/继电器输出	4	4
EM223 24V DC 输入/DC 输出	4	4
EM223 24V DC 输入/继电器输出	4，4	4，4
EM223 24V DC 输入/DC 输出	4，4	4，4
EM223 24V DC 输入/DC 输出	8，8	4，4，8
EM223 24V DC 输入/继电器输出	8，8	4，4，4，4

(2) 模拟量 I/O 扩展模块。在工业控制中，某些输入量（如压力、温度、流量、转速等）为模拟量，某些执行机构（如电动调节阀、变频器等）要求 PLC 输出模拟信号。

PLC 的 CPU 不能直接处理模拟量，输入的模拟量首先被传感器和变送器转换为标准的电流或电压，如 4～20mA、1～5V、0～10V，PLC 用 A/D 转换器将它们转换成数字量。D/A 转换器将可编程序控制器处理过的数字量转化为模拟电压或电流，再去控制执行机构。模拟量 I/O 扩展模块的主要任务就是实现 A/D 转换（模拟量输入）和 D/A 转换（模拟量输出）。S7-200 PLC 的三种模拟量扩展模块见表 1-3。

表 1-3　S7-200 PLC 模拟量 I/O 扩展模块

模块	EM231	EM232	EM235
点数	4 路模拟量输入	2 路模拟量输出	4 路输入，1 路输出

(3) 通信模块。S7-200 PLC 提供 5 种通信模块，以适应不同的通信方式。

1) EM277：PROFIBUS-DP 从站通信模块，同时也支持 MPI 从站通信。

2) EM241：调制解调器（Modem）通信模块。

3) CP243-1：工业以太网通信模块。

4) CP243-1 IT：工业以太网通信模块，同时支持 Web/E-mail 等 IT 应用功能。

5) CP243-2：AS-Interface 主站模块，可连接最多 62 个 AS-Interface 从站。

(4) 特殊功能模块。S7-200 PLC 还提供了一些特殊功能模块，用以完成特定的任务。

例如，定位控制模块 EM253，它能产生脉冲串，通过驱动装置带动步进电机或伺服电机进行速度和位置的开环控制。每个特殊功能模块可以控制一台电机。

1.3.2 S7-300 PLC

S7-300 PLC 是模块化的中小型 PLC，能满足中等性能要求的应用，广泛应用于专用机床、纺织机械、包装机械、电器制造等生产制造领域。

1. S7-300 PLC 特点

(1) 模块化小型 PLC 系统，满足中、小规模的性能要求。

(2) 各种性能的模块可以非常好地满足和适应自动化控制任务。

(3) 简单实用的分布式结构和多界面网络能力，应用十分灵活。

(4) 方便用户和简易的无风扇设计。

(5) 当控制任务增加时，可自由扩展。

(6) 大量的集成功能使其功能非常强劲。

2. S7-300 PLC 外形

S7-300 PLC 的外形如图 1-7 所示。

图 1-7 S7-300 PLC 外形

3. S7-300 PLC 系统构成

S7-300 PLC 系统构成如图 1-8 所示。其主要组成部分包括导轨、电源模块（PS）、CPU 模块、接口模块（IM）、功能模块（FM）、信号模块（SM）和通信处理器（CP）。各模块详细内容将在第二章节介绍。

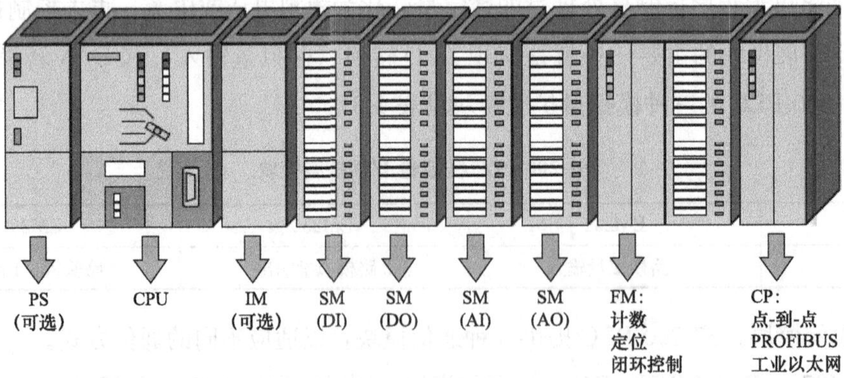

图 1-8 S7-300 PLC 系统构成

1.3.3 S7-400 PLC

1. S7-400 PLC 外形及特点

S7-400 PLC 是具有中高性能的 PLC，采用模块化无风扇设计，坚固耐用，易于扩展，通信功能强大，可用于对可靠性要求极高的大型复杂控制系统。其外形如图 1-9 所示。

S7-400 PLC 有很强的通信功能，CPU 模块集成有 MPI 和 DP 通信接口，另有 PROFIBUS-DP、工业以太网的通信模块，以及点对点的通信模块。通过 PROFIBUS-DP 或 AS-i 现场总线，可以周期性地自动交换 I/O 模块的数据。

图 1-9 S7-400 PLC 外形

S7-400 PLC 的模块插座焊在机架中的总线连接板上，模块插在模块插座上，有不同槽数的机架供用户选择，如果一个机架容纳不下所有的模块，可以扩展一个或几个机架，各机架之间用接口模块和通信电缆交换信息。

S7-400 PLC 提供了多种级别的 CPU 模块和种类齐全的通用功能模块，用户能根据需要组成不同的专用系统。S7-400 PLC 采用模块化设计，不同模块可以灵活组合，扩展十分方便，可以扩展多达 300 多个模块，背板总线集成在模块内，没有插槽限制，支持多处理器计算（中央机架可以使用 4 个 CPU）。模块具有很高的电磁兼容性、抗冲击性、耐震动性，并且可带电插拔。

2. S7-400 PLC的 CPU

S7-400 PLC 有多种不同型号的 CPU，如 CPU412-1、412-2、414-2、414-3、416-2、416-3、417-4 等，分别适用于不同等级的控制要求。

CPU412-1 和 CPU412-2 用于中等性能的经济型中小型项目，集成的 MPI 允许 PROFIBUS-DP 总线操作。CPU412-2 有两个 PROFIBUS-DP 接口。

CPU417-4 DP 适用于最高性能要求的复杂场合，有两个插槽供 IF 接口模块使用。CPU 417H 用于 S7-400H 容错控制 PLC。

通过 IF 964DP 接口子模块，CPU414-3 和 CPU416-3 可以扩展一个 PROFIBUS-DP 接口，CPU417-4 可以扩展两个 PROFIBUS-DP 接口。

除了 CPU412-1 之外，集成的 DP 接口使 CPU 可以作为 PROFIBUS-DP 的主站。

表 1-4 列出了部分 S7-400 PLC 的 CPU 的技术规范。

表 1-4　　部分 S7-400 PLC 的 CPU 的技术规范

性能指标	CPU412-2	CPU414-2	CPU416-2	CPU417-4
程序存储器容量	256KB	128KB	0.8MB	2MB
数据存储器容量	256KB	128KB	0.8MB	2MB
S7 定时器（个）	2048	256	512	512
S7 计数器（个）	2048	256	512	512
位存储器（KB）	4	8	16	16
时钟存储器容量	8 位（1 个标志字节）	8 位（一个标志字节）	8 位（一个标志字节）	8 位（一个标志字节）
输入/输出（KB）	4/4	8/8	16/16	16/16

续表

性能指标	CPU412-2	CPU414-2	CPU416-2	CPU417-4
过程 I/O 影像（KB）	4/4	8/8	16/16	16/16
数字量通道（个）	32768/32768	65536/65536	131072/131072	131072/131072
模拟量通道（路）	2048/2048	4096/4096	8192/8192	8192/8192
CPU/扩展单元（个）	1/21	1/21	1/21	1/21
编程语言	STEP 7（LAD、FBD、STL）、SCL、CFC、Graph			
（执行时间/定点数）（ns）	75	45	30	18
（执行时间/浮点数）（ns）	225	135	90	54
MPI 连接数量（个）	32	32	44	44
GD 包大小（B）	54	54	54	54
传输速率（Mbit/s）	最高 12			

3. S7-400 PLC 系统构成

S7-400 PLC 由导轨、电源模块（PS）、CPU、数字量输入/输出（DI/DO）模块、模拟量输入/输出（AI/AO）模块、通信处理器（CP）、功能模块（FM）和接口模块（IM）组成，如图 1-10 所示。DI/DO 模块和 AI/AO 模块统称为信号模块（SM）。

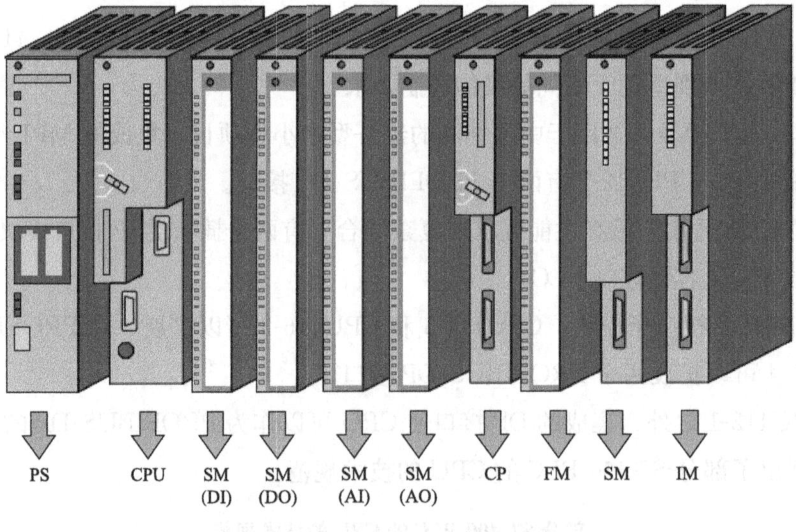

图 1-10　S7-400 PLC 系统构成

1.3.4　S7-1200 PLC

1. S7-1200 PLC 外形及特点

S7-1200 PLC 外形如图 1-11 所示。

S7-1200 PLC 具有如下特点：

（1）小型模块化控制系统适用于低端性能范围。

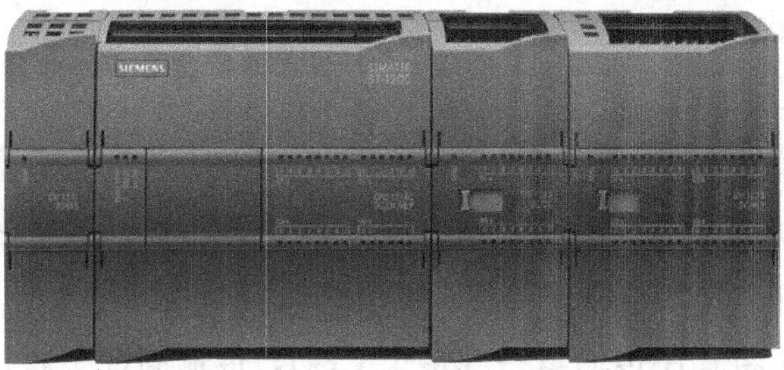

图 1-11　S7-1200 PLC 外形

（2）根据 CPU 系列进行分级。

（3）模块系列丰富。

（4）可扩展至最多 11 个模块，具体数量视 CPU 类型而定。

（5）支持 PROFIBUS 或 PROFINET。

（6）插槽的相关规定：

1）CM 位于 CPU 左侧（数量视 CPU 类型而定）；

2）SM 位于 CPU 左侧（数量视 CPU 类型而定）。

（7）一体化设备中已集成有 CPU 和 I/O 通道。

1）集成式数字量/模拟量 I/O；

2）可采用信号板进行扩展。

2. S7-1200 PLC 附件

S7-1200 PLC 的附件包括电源单元、存储卡和小型交换机模块，如图 1-12 所示。

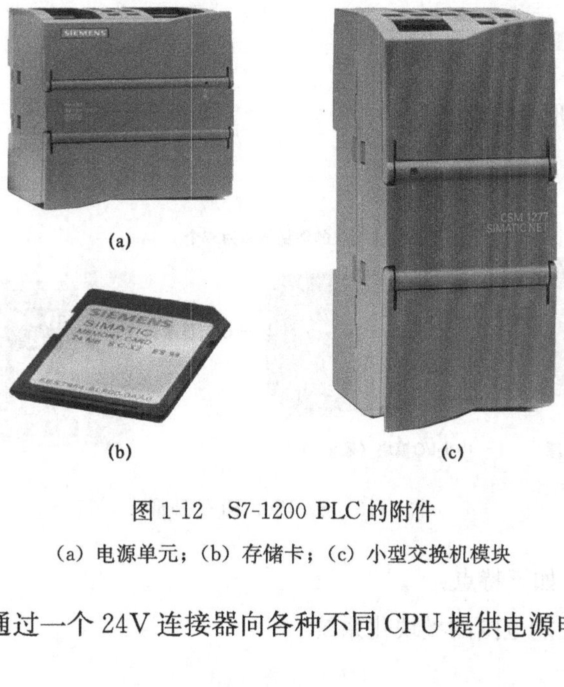

图 1-12　S7-1200 PLC 的附件

（a）电源单元；（b）存储卡；（c）小型交换机模块

（1）电源单元。通过一个 24V 连接器向各种不同 CPU 提供电源电压。

1）输入：120/230V AC　50/60Hz，1.2/0.7A。

2）输出：24V DC/2.5A。

（2）存储卡。SIMATIC IC 是一种 SD 存储卡。该卡出厂前完成了格式化处理，任何时候不得采用 Windows 应用程序对其进行格式化处理。需要将数据保存在该 SD 卡上或删除该卡上的数据时，必须关闭其写保护功能或其侧面的小型滑动开关。

该存储卡可以用来将程序传输至一或多个 CPU，传输固件更新，替代 CPU 内部的装载存储器。

该存储卡可以存储 S7 程序、各种数据（如文档）和项目。

（3）小型交换机模块。交换机模块用于构建通信网络。

采用 4×RJ-45 接口，通信速率为 10/100Mbit/s。

3. S7-1200 PLC 的存储器

S7-1200 PLC 的存储器包括装载存储器、工作存储器和保持性存储器。

（1）装载存储器。S7-1200 PLC 的 CPU 有内部的装载存储器，可以扩展，在菜单卡模式“Program”中插入存储卡即可。

（2）工作存储器。工作存储器是集成在 CPU 中的高速存取的 RAM，为了提高运行速度，CPU 将用户程序中的代码块和数据块保存在工作存储器。CPU 断电时，工作存储器中的内容将会丢失。

（3）保持性存储器。保持性存储器具有断电保持功能，防止在 PLC 电源关断时丢失数据。暖启动后保持性存储器中的数据保持不变，存储器复位时其值被清除。S7-1200 PLC 的 CPU 提供 10KB 的保持性存储器。

1.3.5　S7-1500 PLC

1. S7-1500 PLC 外形及特点

S7-1500 PLC 外形如图 1-13 所示。

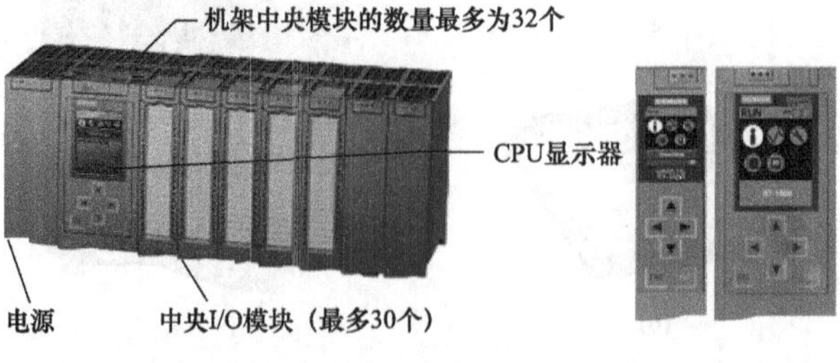

图 1-13　S7-1500 PLC 外形

S7-1500 PLC 具有如下特点：

（1）适用于中高性能范围的模块化系统。

（2）根据 CPU 系列进行分级。

（3）可以显示基本的 CPU 设置（系统时间、接口等），可以调用诊断和状态信息（诊断缓冲区、消息显示、CPU 状态等）。

（4）模块系列丰富。

（5）具有高性能 I/O 总线，可通过中央 I/O 实现高效的过程接口。

（6）单层最多可扩展至 32 个模块。采用 ET 200MP 可实现多层组装。

（7）支持 PROFIBUS 或 PROFINET。

（8）插槽的相关规定：

1）CPU 的左侧：1 个电源（PM 或 PS）；

2）CPU 的右侧：信号模块（数字式、模拟式）、工艺模块、通信模块和其他电源。

（9）对于 CPU 右侧的模块，没有与插槽有关的规定。

2. S7-1500 PLC 的 CPU 显示器

S7-1500 PLC 的 CPU 显示器如图 1-14 所示。每个 S7-1500 PLC 的 CPU 都配有一个显示器，显示器的尺寸有 1.36" 和 2.4" 两种，具体取决于 CPU 的型号。显示器有单独的订货号，可以在 CPU 运行期间带电插拔和进行语言切换，可以双语言显示菜单和错误/消息文本等，没有显示器也可以对 CPU 进行操作。

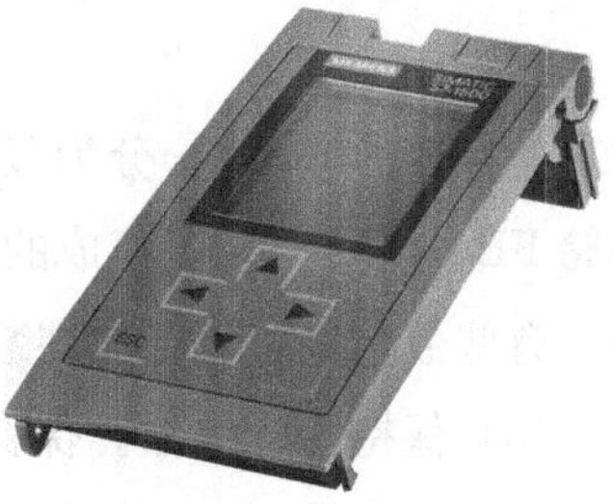

图 1-14　S7-1500 PLC 的 CPU 显示器

显示器上的颜色随 CPU 的当前状态的变化而变化，例如，错误表示红色状态行。显示器可以使用 STEP 7 的可用用户接口语言。显示器设计有机械式防盗功能。激活显示器的密码后，可以防止对其进行未经授权的操作访问。

3. S7-1500 PLC 的附件

S7-1500 PLC 的附件包括安装导轨、前连接器和存储卡等，如图 1-15 所示。

（1）安装导轨：针对机架，可以提供不同长度的铝质安装导轨。

（2）前连接器：前连接器用于 I/O 模块的接线连接。

（3）存储卡：SIMATIC MC 是一种 SD 存储卡，出厂前该卡完成了格式化处理。任何时候不得采用 Windows 应用程序对其进行格式化处理。需要将数据保存在该 SD 卡上或删除该 SD 卡上的数据时，必须关闭其写保护功能或其侧面的小型滑动开关。

该存储卡可以用来传输固件更新，作为 CPU 的装载内存；也可以用来存储 S7 程序、各种数据（如文档）和项目。

4. S7-1500 PLC 的存储器

（1）装载存储器。S7-1500 PLC 用存储卡作装载存储器，其容量取决于卡。项目下载到 CPU 时，首先保存在装载存储器中，然后复制到工作存储器中运行。

（2）工作存储器。S7-1500 PLC 的工作存储器和 S7-1200 PLC 一样，是集成在 CPU 中

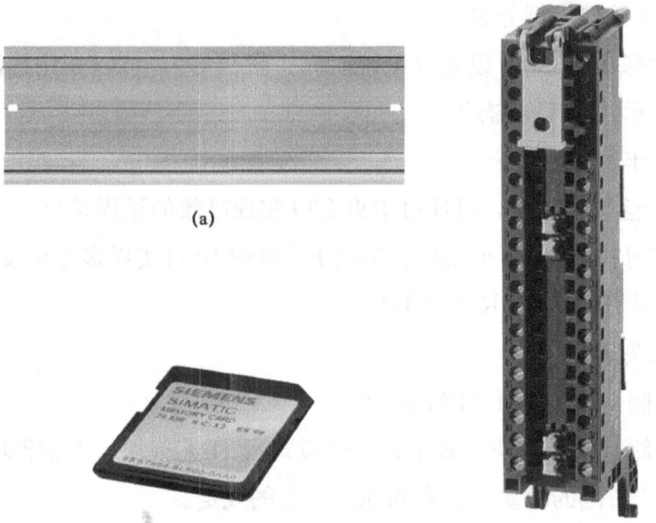

(a)　(b)　(c)

图 1-15　S7-1500 PLC 的附件

(a) 安装导轨；(b) 存储卡；(c) 前连接器

的高速存取的 RAM，分为程序工作存储器和数据工作存储器。集成的程序工作存储器用于存储 FB、FC 和 OB。集成的数据工作存储器用于存储数据块和工艺对象中与运行相关的部分。有些数据块可以存储在装载存储器中。

（3）保持性存储器。保持性存储器具有断电保持功能。S7-1500 PLC 的保持性存储器字节数可以查找 CPU 的设备手册。PLC 断电时工作存储器的某些数据（如数据块或位存储器 M）的值会永久保存在保持性存储器中。数据的保持性可通过参数进行设置。

第2章　S7-300 PLC的硬件系统

内容简介

S7-300 PLC是西门子全集成自动化系统中的控制核心。它是一种通用型的PLC，适合自动化工程中的各种应用场合，尤其适用在生产制造工程中。其模块化、无风扇结构、易于实现分布式的配置以及易于掌握等特点，使得S7-300 PLC在各种工业领域中实施各种控制任务时，成为一种既经济又切合实际的解决方案。本章详细介绍S7-300 PLC硬件模块及安装规范。

学习目标

（1）熟悉S7-300 PLC硬件模块。

（2）理解这些硬件模块的功能。

（3）了解S7-300 PLC的CPU。

（4）了解S7模块上LED指示灯的含义。

（5）了解S7-300 PLC的安装规范。

2.1　S7-300 PLC硬件模块

S7-300 PLC由多种模块部件组成，包括导轨（Rack）、电源模块（PS）、中央处理单元（CPU）模块、接口模块（IM）、信号模块（SM）等。

2.1.1　机架

S7-300 PLC所有模块均安装在导轨上，S7-300 PLC使用DIN导轨作为中央机架和扩展机架，机架上没有背板总线，CPU与其他模块之间通过U形总线连接器连接，模块不能带电插拔。

（1）中央机架。中央机架带有K总线（串行通信总线）和P总线（并行通信总线），可以安装CPU模块、信号模块、功能模块和接口模块等。

（2）扩展机架。扩展机架只带有P总线，不能安装需要K总线通信的功能模块和通信模块。

2.1.2　电源模块（PS）

电源模块（Power Supply，PS）是构成PLC控制系统的重要组成部分，针对不同系列的 CPU，西门子有对应的电源模块与之匹配，用于对 PLC 内部电路和外部负载供电。电源模块用于将 AC 或 DC 电网电压转换为 CPU 所需的 DC 24V 和 DC 5V 工作电压。

S7-300 PLC 的电源只提供 DC 24V 电压，输出电流有 2、5、10A 三种型号。输出电压是隔离的，具有短路保护功能。LED 灯用来指示电源是否正常，当输出电压过高时，LED 指示灯闪烁。用选择开关来选择不同的供电电压（120V 和 230V）。

图 2-1 所示为 PS 307（5A）电源模块示意图，其主要参数及特性如下：

（1）输出电流 5A。

（2）输出电压 DC 24V，防短路和开路保护。

（3）连接单相交流系统（输入电压 AC 120/230V，50/60Hz）。

（4）可用作负载电源。

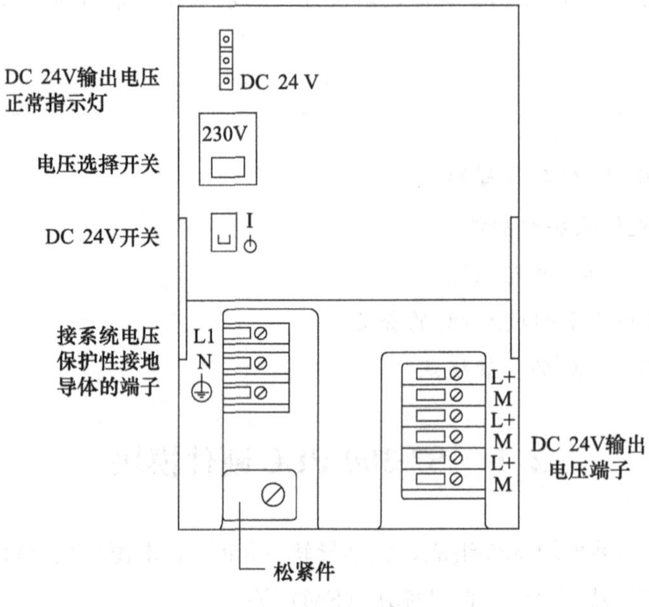

图 2-1　PS 307（5A）电源模块示意图

2.1.3　CPU 模块

CPU 是 PLC 系统的运算控制核心。它根据系统程序的要求完成以下任务：接收并存储用户程序和数据，接收现场输入设备的状态和数据，诊断 PLC 内部电路工作状态和编程过程中的语法错误，完成用户程序规定的运算任务，更新有关标志位的状态和输出状态寄存器的内容，实现输出控制或数据通信等功能。

1. CPU 的性能指标

S7-300 PLC 的 CPU 有 20 种不同型号，各种 CPU 按性能等级进行划分，涵盖各种应用范围。S7-300 PLC 的各款 CPU 都有非常详尽的性能数据表（具体参数可查阅相关资料)，其中应重点关注以下几个方面：I/O扩展能力、指令执行速度、工作内存空间、通信能力、内部资源（如定时器、计数器个数）等。表2-1列出了几种常用CPU的性能指标。

表2-1　　几种常用CPU的性能指标

性能指标 \ 型号		CPU312	CPU312C	CPU313 C-2PtP	CPU313 C-2DP	CPU314	CPU 315-2DP	CPU317-2 PN/DP
用户内存		32KB	32KB	64KB	64KB	96KB	128KB	1MB
存储卡最大容量（MB）		4	4	8	8	8	8	8
DI/DO（个）		256/256	266/262	1008/1008	8064/8064	1024/1024	1024/1024	65536/65536
AI/AO（路）		64/64	64/64	248/248	503/503	256/256	1024/1024	4096/4096
1KB指令处理时间（ms）		0.2	0.2	0.1	0.1	0.1	0.1	0.05
位存储器（B）		128	128	256	256	256	2048	4096
计数器（个）		128	128	256	256	256	256	512
定时器（个）		128	128	256	256	256	256	512
MPI/DP/PtP/PN		Y/N/N/N	Y/N/N/N	Y/N/Y/N	Y/Y/N/N	Y/N/N/N	Y/Y/N/N	Y/Y/N/Y
集成的I/O	DI/DO	—/—	10/6	10/6	10/6	—/—	—/—	—/—
	AI/AO	—/—	—/—	—/—	—/—	—/—	—/—	—/—
集成的技术功能		—	计数，频率测量	计数，频率测量，PID控制	计数，频率测量，PID控制	—	—	—

S7-300 PLC除了标准CPU外还提供了紧凑型CPU，如图2-2所示。紧凑型CPU型号为CPU313C，紧凑型CPU上集成了I/O点和一些特殊功能，如高速计数、频率测量、定位和PID调节等，适用于中小型设备，如包装机、印刷机等设备的控制。

(a)

(b)

图2-2　S7-300 PLC CPU

(a) CPU315-2DP；(b) 紧凑型CPU313C

2. 状态和故障指示灯

CPU面板安装有LED指示灯，用于状态和故障显示，其含义见表2-2。

表 2-2　　指示灯含义

指示灯	颜色	含义
SF	红色	CPU 硬件或软件错误，包括： 硬件故障 固件出错 编程出错 参数设置出错 算术运算出错 定时器出错 输入/输出的故障或错误（只对外部 I/O）
BF	红色	总线出错（只适用于带 DP 接口的 CPU）
DC 5V	绿色	用于 CPU 和 S7-300 PLC 总线的 DC 5V 电源正常
FRCE	黄色	至少有一个 I/O 被强制
RUN	绿色	CPU 处于"RUN"状态，在 CPU 启动时闪烁，进入运行模式后持续点亮
STOP	黄色	CPU 处于"STOP"时持续点亮 存储器有复位请求时慢速闪烁 正在执行存储器有复位时快速闪烁 因为插入存储器卡而要求存储器有复位时慢速闪烁

3. 模式选择开关

CPU 的运行模式有三种，通过模式选择开关设置。三种模式的含义见表 2-3。

表 2-3　　CPU 的模式选择开关含义

运行模式	含义
RUN（运行）	CPU 执行用户程序，可以通过编程软件读出用户程序，但是不能修改用户程序
STOP（停止）	CPU 不执行用户程序，通过编程软件可以读出和修改用户程序
MRES（存储器复位）	MRES 位置不能保持，在这个位置松手时开关将自动返回 STOP 位置。将模式选择开关从 STOP 状态扳到 MRES 位置，可以复位存储器，使 CPU 回到初始状态。工作存储器、装载存储器中的用户程序和地址区被清除，系统参数、CPU 和模块的参数被恢复为默认设置，MPI 的参数被保留。如果有存储器卡，CPU 在复位后将它里面的用户程序和系统参数复制到工作存储器区

4. 微存储卡

微存储卡（MMC）用于在断电时保存用户程序和某些数据，它可以扩展 CPU 的存储器容量，也可以将有些 CPU 的操作系统包括在 MMC 中，这对于操作系统的升级是非常方便的。MMC 用作装载存储器或便携式保存媒体，它的读写直接在 CPU 内进行，不需要专用的编程器。

MMC 中保存的数据包括：①用户程序；②归档和配方；③组态数据；④操作系统更新和备份数据。

如果在写访问过程中拆下 MMC 卡，卡中的数据会被破坏。只有在断电状态或 CPU 处于"STOP"状态时，才能取下 MMC 卡。MMC 卡外形如图 2-3 所示。

5. MPI 接口

多点接口（Multi Point Interface，MPI）用于连接 CPU 到编程设备，或用于 MPI 网络

图 2-3 MMC 卡

的通信。

6. DP 接口

部分 CPU 集成了 DP 通信接口，主要连接分布式 I/O，用于创建大型扩展子网。例如，PROFIBUS-DP 接口既可组态为主站，也可组态为从站，传输速率可达 12Mbit/s。编程器也可以自动侦测到 CPU DP 接口的正确参数，并建立连接。

7. PtP 接口

部分 CPU 集成了点到点通信接口（Point to Point，PtP），CPU 型号为 CPU31X-2PtP 表示该 CPU 有两个接口，一个 MPI 接口，一个 PtP 接口。PtP 接口用于两个设备间的通信，方式简单，有多种通信协议可供选择。

8. PN 接口

部分 CPU 集成了 PN 接口，CPU 型号为 CPU31X-2PN/DP 表示该 CPU 有两个接口，一个 MPI 接口，一个 PN 接口。PN 接口用于将分布式 I/O 通过 PROFINET 网络连接到 CPU。

2.1.4 信号模块（SM）

信号模块（Signal Model，SM）也称为输入/输出模块，是 CPU 模块与现场输入/输出元件和设备连接的桥梁，用户可根据现场输入/输出设备选择各种用途的 I/O 模块。

S7-300 PLC 的信号模块都有一个 U 形总线连接器，总线连接器通过背板与 CPU 连接。根据输入或输出电压的类型及范围，有各种不同的信号模块可供选择。

信号模块命名规则如下：

```
SM-□ □ □
   │ │ └──输入/输出：1—输入模块，2—输出模块，3—数字量输入/输出模块，
   │ │              4—模拟量输入/输出模块
   │ └────模块类别：2—数字量，3—模拟量，4—通信模块，5—功能模块
   └──────产品系列号：2—S7-200，3—S7-300
```

例如 SM-321，表示 S7-300 数字量输入模块。

1. 数字量输入模块（DI）

数字量输入模块 SM321 有四种，即直流 16 点输入、直流 32 点输入、交流 16 点输入、交流 8 点输入模块。模块的每个输入点有一个绿色发光二极管显示输入状态，输入开关闭合即有输入电压时，发光二极管点亮。

2. 数字量输出模块（DO）

数字量输出模块SM322有多种，常用的模块有8点晶体管输出、16点晶体管输出、32点晶体管输出、8点晶闸管输出、16点晶闸管输出、8点继电器输出和16点继电器输出。模块的每个输出点有一个绿色发光二极管显示输出状态，输出逻辑“1”时，发光二极管点亮。

晶体管输出方式的模块只能带直流负载，属于直流输出模块；晶闸管输出方式属于交流输出模块；继电器触点输出方式的模块属于交直流两用输出模块。从响应速度上看，晶体管响应最快，继电器响应最慢；从安全隔离效果及应用灵活性角度来看，以继电器触点输出为最佳。

3. 数字量输入/输出模块（DI/DO）

SM323模块有两种，一种是带有8个共地输入端和8个共地输出端，另一种是带有16个共地输入端和16个共地输出端，两种特性相同。

4. 模拟量输入模块（AI）

模拟量输入模块SM331目前有三种，8AI×12位模块、2AI×12位模块和8AI×16位模块，分别为8通道的12位模拟量输入模块、2通道的12位模拟量输入模块和8通道的16位模拟量输入模块。其中，具有12位输入的模块除了通道数不一样外，其工作原理、性能、参数设置等各方面都完全一样。

5. 模拟量输出模块（AO）

模拟量输出模块SM332目前有三种，4AO×12位模块、2AO×12位模块和4AO×16位模块，分别为4通道的12位模拟量输出模块、2通道的12位模拟量输出模块和4通道的16位模拟量输出模块。其中，具有12位输出的模块除通道数不一样外，其工作原理、性能、参数设置等各方面都完全一样。

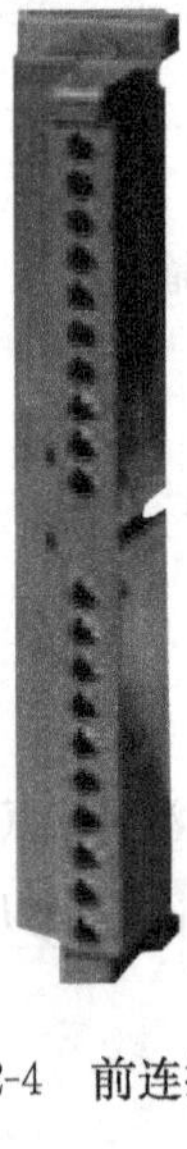

图2-4　前连接器

6. 模拟量输入/输出模块（AI/AO）

模拟量I/O模块SM334有两种，一种是有4输入/2输出的模拟量模块，其输入、输出精度为8位；另一种也是有4输入/2输出的模拟量模块，但其输入、输出精度为12位。SM334模块输入测量范围为0～10V或0～20mA，输出范围为0～10V或0～20mA。它的I/O测量范围的选择是通过恰当的接线而不是通过组态软件编程设定的。与其他模拟量模块不同，SM334测量范围没有负值，且精度比较低。

7. 前连接器

信号模块在使用前要配备前连接器，如图2-4所示。传感器和执行器的信号通过前连接器接入模块，这样在更换模块时只需拆下前连接器而不需要重新接线。新出厂的信号模块带有编码器，初次插入前连接器时，编码块会连到前连接器上，后期这个前连接器只能与该模块匹配，避免更换模块时发生错误。

需要更换信号模块时，首先将CPU打到“STOP”模式，并切断该模块的负载电源，取下前连接器，拧松模块的固定螺钉，拆下模块，更换同型号的新模块。在插入原来的前连接器前，需拔下上面的编码块，因为新模块上已经带有编码块，避免妨碍前连接器安装到位。

2.1.5 CP模块

S7-300 PLC有多种用途的通信处理器（Communication Processor，CP）模块，用于PLC之间、PLC与远程I/O之间、PLC与计算机和其他智能设备之间的通信，可以把PLC接入MPI、PROFIBUS-DP和工业以太网，或者用于点对点通信。常用的通信处理器如图2-5所示，其功能如下：

（1）CP343-2，用于S7-300 PLC和分布式I/O设备ET200M的AS-i主站。

（2）CP342-5，用于S7-300 PLC和PROFIBUS-DP网络连接的通信处理器。

（3）CP343-1，用于S7-300 PLC和工业以太网之间的连接。

(a)　(b)　(c)

图2-5　常用的通信处理器

(a) CP343-2；(b) CP342-5；(c) CP343-1

2.1.6 功能模块（FM）

功能模块（Function Model，FM）主要用于处理实时性和存储容量要求高的控制任务，在不占用CPU资源的情况下对来自系统的信号进行运算与处理。S7-300 PLC的功能模块主要有计数器模块、快速/慢速进给驱动位置控制模块、电子凸轮控制模块、步进电动机定位模块、伺服电动机定位模块、定位和连续路径控制模块、闭环控制模块、工业标示系统的接口模块、称重模块、位置输入模块、超声波位置解码器等。图2-6所示为几种常见功能模块。

(a) (b) (c)

图 2-6 功能模块

（a）FM350 单通道计数模块；（b）FM351 定位模块；（c）FM355 闭环控制模块

2.1.7 接口模块（IM）

接口模块（Interface Model，IM）用于连接多层 S7-300 PLC 配置中的机架，实现中央机架和扩展机架的通信，如图 2-7 所示。CPU 所在的机架为中央机架，可以增设1～3个扩展机架。在中央机架上安装的接口模块为 IMS（发送器），在扩展机架安装的接口模块为 IMR（接收器）。

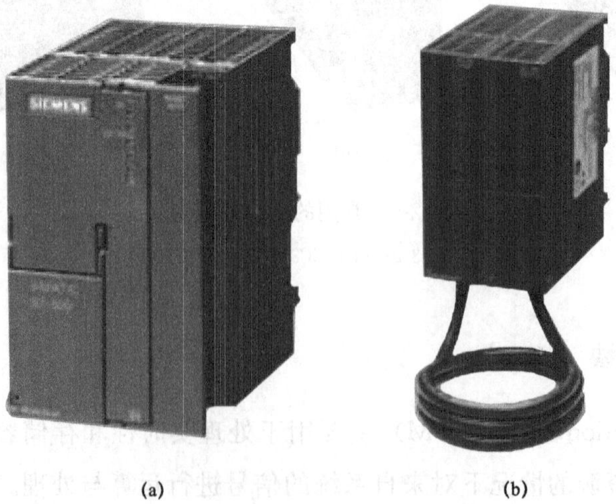

(a) (b)

图 2-7 接口模块

（a）IM360/IM361；（b）IM365

（1）IM360/IM361：用于配置一个中央控制器和三个扩展机架。IM360 为 IMS，在中央机架上，IM361 为 IMR，在扩展机架上。

（2）IM365：用于配置一个中央控制器和一个扩展机架。两个模块之间带有固定的连接电缆，长度为 1m。

2.1.8 占位模块

占位模块用来给未参数化的信号模块保留插槽，当用一个信号模块替换占位模块时，CPU 整体将保持结构和地址分配。图 2-8 所示为占位模块外形图。

2.1.9 仿真器模块

有些场合调试程序时没有现场 I/O 信号，可以使用仿真器模块替代现场信号。用于在启动和运行时调试程序，通过开关仿真传感器信号，通过 LED 显示输出时信号状态。图 2-9 所示为 SM374 仿真器模块外形图。

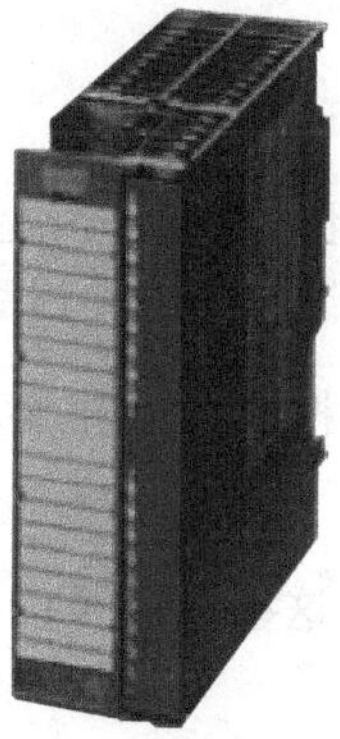

图 2-8 占位模块外形图

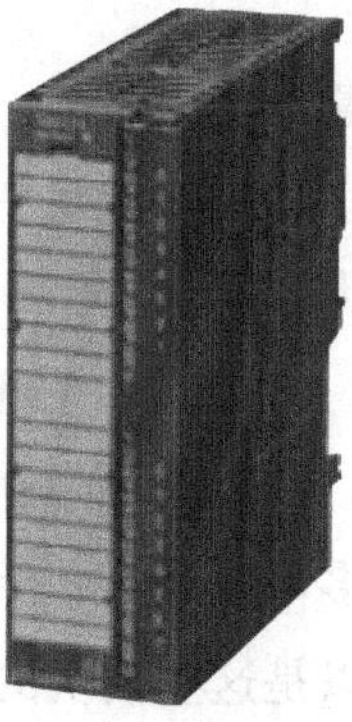

图 2-9 SM374 仿真器模块外形图

2.2 S7-300 PLC 硬件安装

2.2.1 S7-300 PLC 的安装规范

正确的硬件安装是系统正常工作的前提，要严格按照电气安装规范进行。在控制柜中可以水平或垂直安装 S7-300 的模块。对于水平安装，CPU 和电源必须安装在左面。对于垂直安装，CPU 和电源必须安装在底部。S7-300 PLC 的安装位置如图 2-10 所示。

根据安装位置的不同，控制柜对于环境温度的要求也不同：

（1）水平安装：0～60℃。

（2）垂直安装：0～40℃。

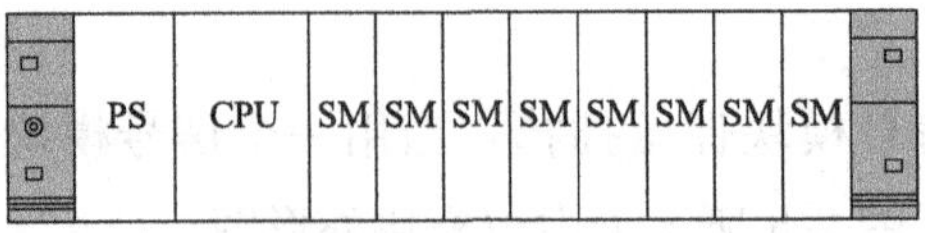

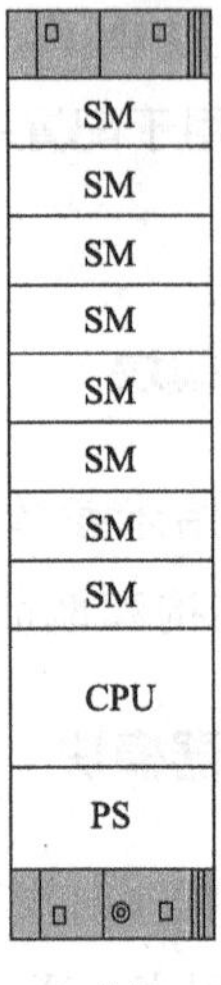

图 2-10　S7-300 PLC 的安装位置

(a) 水平安装；(b) 垂直安装

进行机械安装时注意以下规范：

(1) 必须保证的最小间距：机架左右为 20mm；单层组态安装时，上下为 40mm。两层组态安装时，上下至少为 80mm。

(2) 电源为 1 号槽，CPU 为 2 号槽，接口模块为 3 号槽，信号模块、功能模块、通信处理器放在 4～11 号槽，没有槽位限制。

(3) 一个机架上最多可以插入 8 个 CPU 以外的模块，这些模块可以是信号模块、功能模块、通信模块，也可以是这些模块的组合。

(4) 可以对 CPU314/315/316/317/318 执行多层配置。

(5) 保证机架与安装部分的连接电阻很小，例如通过垫圈来连接。

2.2.2　S7-300 PLC 的扩展能力

如图 2-11 所示，S7-300 CPU 最大可以扩展 3 层机架，每个机架可安装 8 个模块。信号模块、功能模块和信号处理器可以在 4～11 号槽的任意插槽中使用。接口模块（IM360/361）用来在机架之间传递总线。如果需要，在扩展机架可以安装辅助电源。

2.2.3　S7-300 PLC 的安装步骤

1. 安装导轨及接地

在安装导轨时，应留有足够的空间用于安装模块和散热。用 M6 螺钉固定装配导轨，确保装配导轨的上下至少留有 40mm 的间隙，左右至少留有 20mm 的间隙。将其安装到接地金属板或钢制接地设备安装板上时，要确保装配导轨与安装表面之间的连接阻抗低。

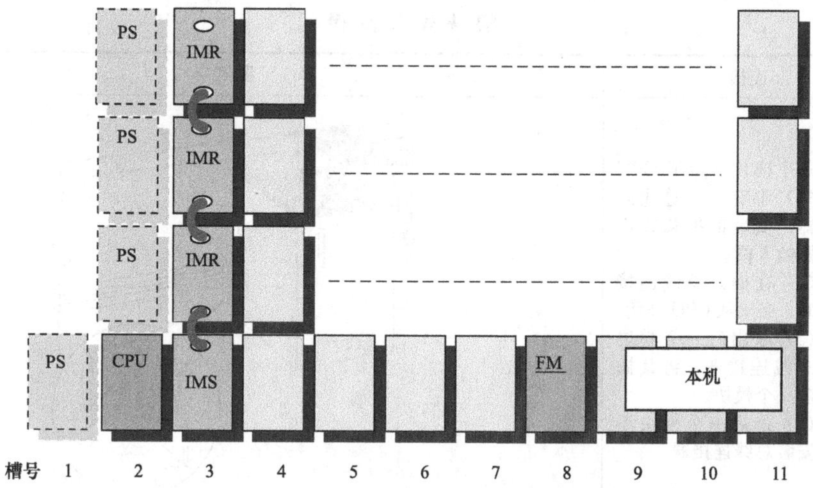

图 2-11　S7-300 PLC 的扩展能力示意图

将导轨连接到保护接地线上。保护接地电缆的横截面积最少为 $10mm^2$。导轨的安装如图 2-12 所示。

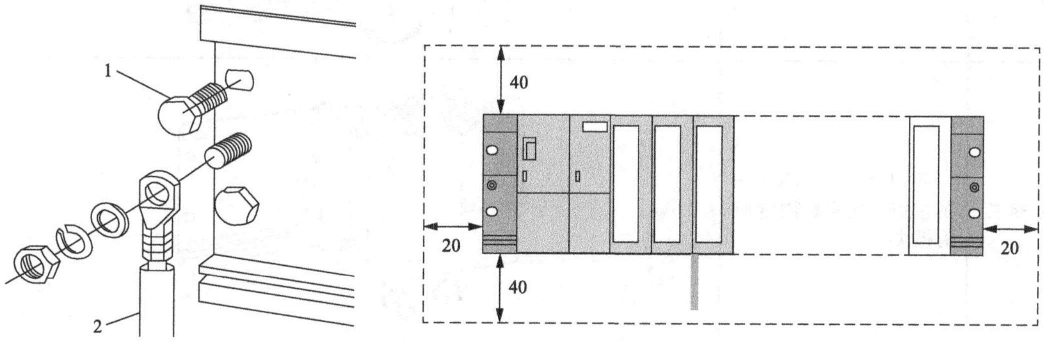

图 2-12　导轨的安装示意图

1—用螺钉固定导轨；2—连接保护导体的电缆

2. 安装模块

从左往右，按照以下顺序，将模块安装在导轨上：

（1）电源模块；

（2）CPU；

（3）信号模块、功能模块、通信模块、接口模块。

模块安装的步骤见表 2-4。

3. 贴标签

模块安装完毕后，给各个模块指定槽号。按照图 2-13 所示操作步骤在相应模块上插入槽号标签。槽号标签包括在 CPU 内。

表 2-4　　模块安装步骤

安装步骤	连接方法	图例
步骤一	每个模块（除了 CPU 以外）都有一个总线连接器。安装前把总线连接器插入模块。 （1）在插入总线连接器时，必须从 CPU 开始； （2）取出后一个模块的总线连接器，将其插入前一个模块。 （3）最后一个模块不能安装总线连接器	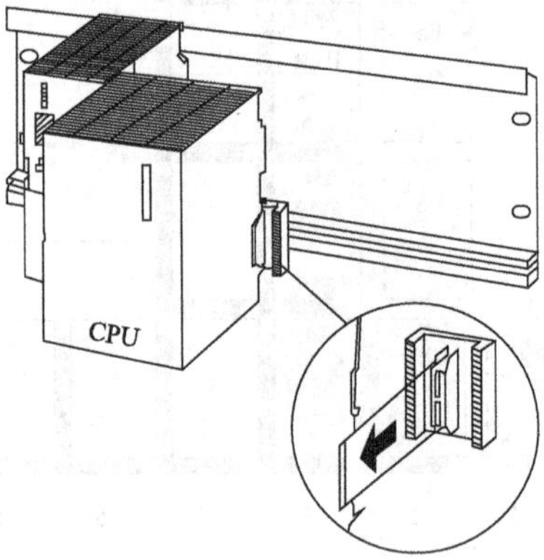
步骤二	按照图示数字顺序，先将所有模块悬挂在导轨上，然后将模块滑到左边的模块边上，最后向下安装模块	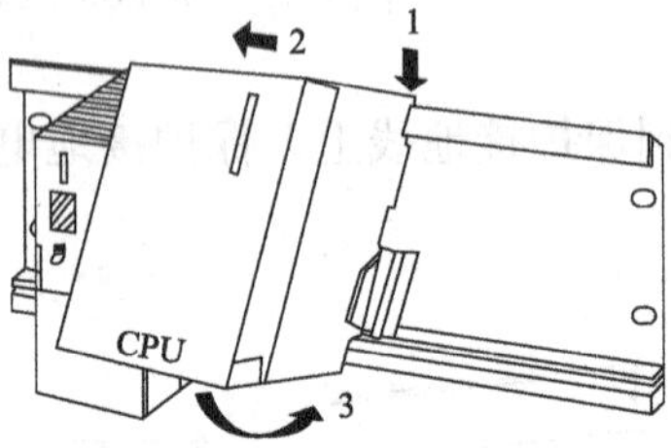
步骤三	使用 0.8～1.1N・m 的扭矩，用螺钉固定所有模块	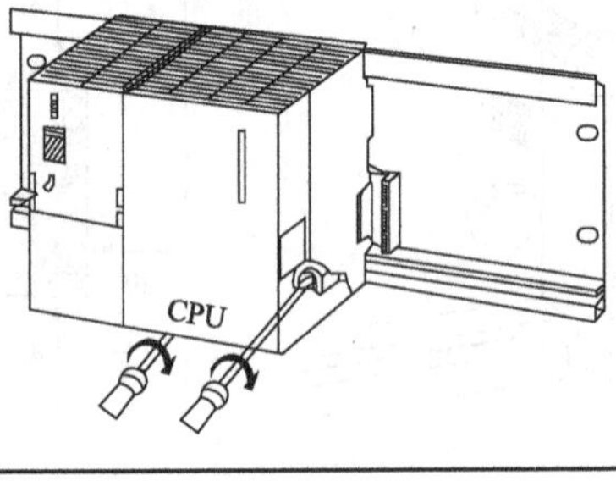

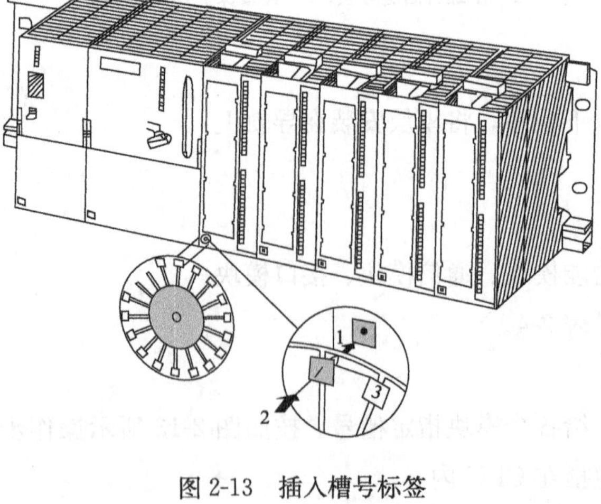

图 2-13　插入槽号标签

第3章　SIMATIC项目创建与硬件组态

内容简介

STEP 7 编程软件是 S7-300 PLC 进行编程、监控和参数设置的标准工具，进行项目之前必须熟悉软件环境和使用方法。本章主要介绍在 SIMATIC 管理器中创建新项目，并进行硬件组态的方法。

学习目标

（1）熟悉 SIMATIC 管理器的软件环境。
（2）掌握使用向导创建新项目。
（3）掌握直接创建新项目。
（4）掌握正确设置 PG/PC 通信接口。
（5）掌握硬件组态的步骤和方法。
（6）了解 CPU、SM 模块的参数配置。
（7）了解分布式 I/O 的组态。

3.1　SIMATIC 管理器概述

STEP 7 不是一个单一的应用程序，而是由一系列应用程序（工具）构成的软件包，包括 SIMATIC 管理器、硬件组态编辑器、符号编辑器、NETPRO 通信网络组态编辑器、硬件诊断及程序编辑器（LAD/FBD/STL）等。图 3-1 所示为 STEP 7 标准软件包中的主要工具。

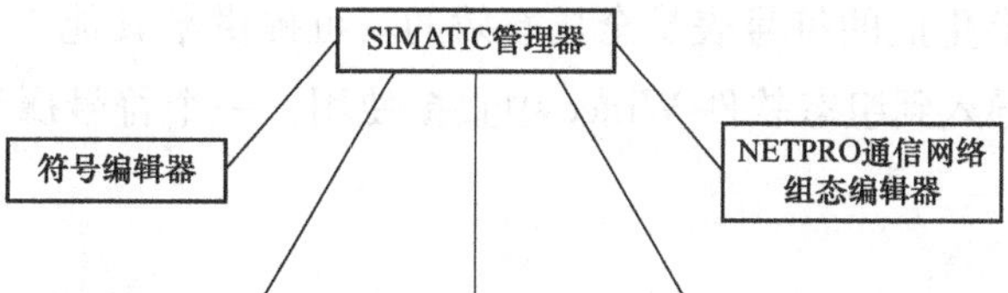

图 3-1　STEP 7 标准软件包

1. SIMATIC 管理器

SIMATIC 管理器提供了 STEP 7 软件包的集成统一的界面。在 SIMATIC 管理器中进行项目的编程和组态，每一步操作所需的工具均由 SIMATIC 管理器自动运行，用户不需要分别启动各个不同的工具。

STEP 7 安装完成后，通过 Windows 的“开始”→SIMATIC→SIMATIC Manager，或者在桌面上双击图标，启动 SIMATIC Manager。运行界面如图 3-2 所示。

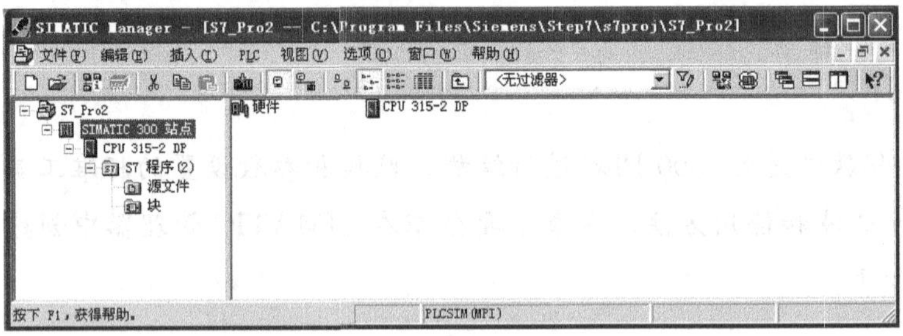

图 3-2　SIMATIC 管理器运行界面

SIMATIC Manager 中可以同时打开多个项目，每个项目的视图由两部分组成。左侧视图显示整个项目的层次结构，右侧视图显示左侧视图当前选中的目录下的所包含的对象。SIMATIC Manager 的菜单主要实现以下几类功能：

(1) 项目文件的管理；

(2) 对象的编辑和插入；

(3) 程序下载、监控、诊断；

(4) 视图、窗口排列、环境设置选项；

(5) 在线帮助。

2. 硬件组态编辑器

HW Config 硬件组态编辑器为自动化项目的硬件进行组态和参数设置，它可以对 PLC 导轨上的硬件进行配置，设置各种硬件模块的参数，如 CPU 参数和分布式 I/O 参数等。

3. 符号编辑器

符号编辑器用来创建和管理所有的全局符号，为输入/输出信号和存储器、块设定符号名和注释。符号编辑器生成的符号表是全局有效的，可提供给其他工具使用。例如，可以把 STEP 7 中的变量导入到组态软件 Wincc 中直接使用，一个符号属性的变化可以在整个项目中自动更新。

4. 程序编辑器

程序编辑器集成了梯形图 LAD、语句表 STL 和功能块 FBD 三种编程语言的编辑、编译和调试功能。

5. NETPRO

NETPRO 工具用于组态通信网络连接，包括网络连接的参数设置和网络中各个通信设备的参数设置。

6. 硬件诊断

硬件诊断可以对 PLC 站的各硬件模块进行在线状态诊断，显示相关的故障信息和状态信息。

7. STEP 7 帮助系统

在 STEP 7 中，有三种方式可以获得联机帮助：

（1）在“Help”菜单中单击“Concents”，可以打开整个联机帮助文档。

（2）按“F1”键得到上下文相关的帮助。

（3）单击工具栏上的按钮，使鼠标光标变成，然后单击需要帮助的对象即可。

3.2 创 建 项 目

在 STEP 7 中，用 SIMATIC 管理器以项目的形式集中管理一个自动化系统的硬件和软件。创建一个新项目有两种方式：使用向导创建和直接创建。

3.2.1 使用向导创建新项目

（1）双击桌面上的 STEP 7 图标，进入 SIMATIC Manager 窗口，进入主菜单“文件”菜单，选择“‘新建项目’向导”，弹出标题为“STEP 7 向导：新建项目”的小窗口，如图 3-3所示。

（2）单击“下一步”按钮，在新项目中选择 CPU 模块的型号为 CPU315-2DP，如图 3-4 所示。

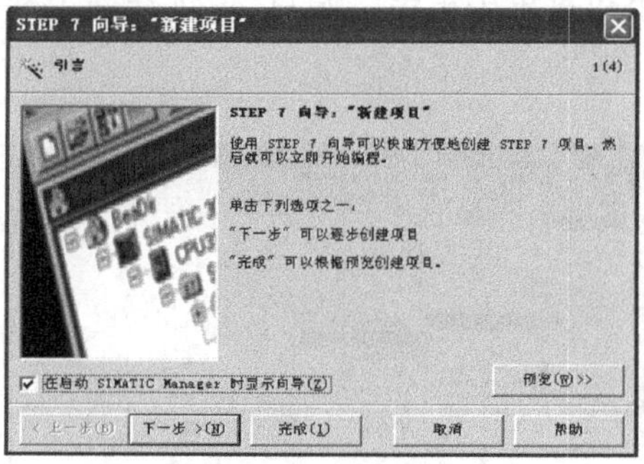

图 3-3 新项目向导窗口

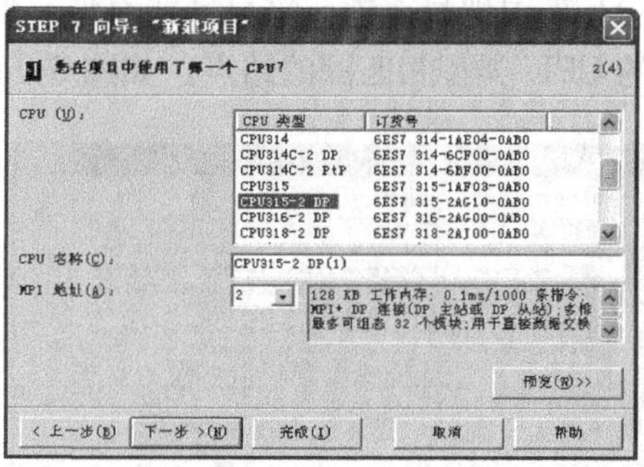

图 3-4 选择 CPU 型号

（3）单击“下一步”按钮，选择需要生成的逻辑块，至少需要生成作为主程序的组织块 OB1，如图 3-5 所示。

（4）单击“下一步”按钮，输入项目的名称，如图 3-6 所示，按“完成”按钮生成的项目，如图 3-7 所示。

（5）生成项目后，可以先组态硬件，然后生成软件程序；也可以在没有组态硬件的情况下先生成软件。

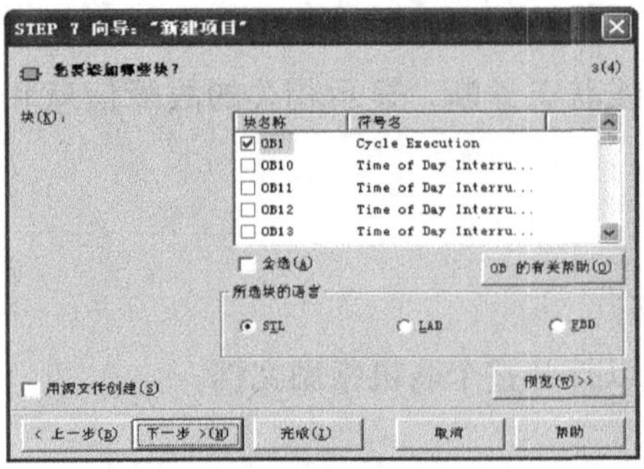

图 3-5　生成组织块 OB1

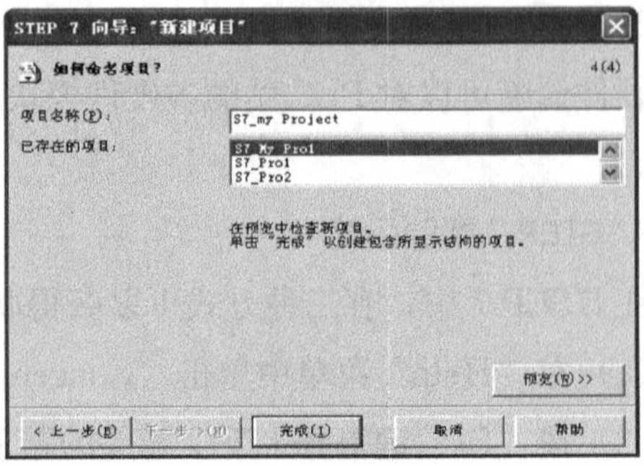

图 3-6　给新建项目命名

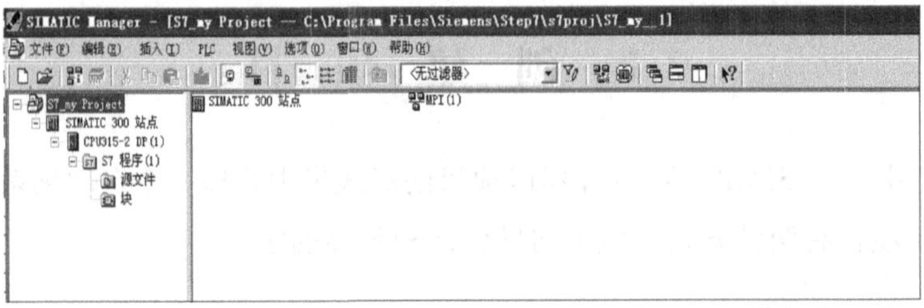

图 3-7　完成项目创建

3.2.2　直接创建新项目

(1) 在 SIMATIC Manager 的"文件"下拉菜单中单击"新建"，或者单击工具栏中的按钮"新建"，弹出"新建 项目"对话框，如图 3-8 所示。

(2) 输入项目名称，选择项目存储路径。

(3) 选中项目名称，按右键或者在"插入"下拉菜单中单击"站点"，选择与工程项目使用的 CPU 类型相匹配的站点，如图 3-9 所示。

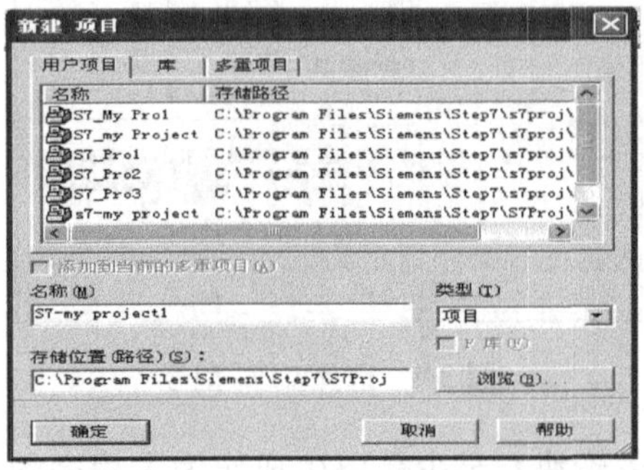

图 3-8　直接创建项目

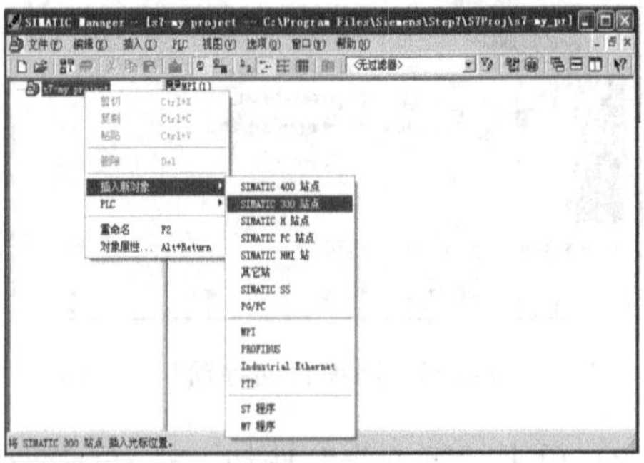

图 3-9　在项目中插入站点

3.2.3　STEP 7 软件语言设置

STEP 7 V5.4 SP3.1 CH 提供了中文界面的软件环境，如果进入"SIMATIC Manager"后是英文界面，可以更改为中文界面。在"SIMATIC Manager"的"Options"下拉菜单中单击“Customize…”弹出用户自定义对话框，如图 3-10（a）所示；然后在“Language”标签下选择“中文（简体）”，如图 3-10（b）所示，单击“OK”按钮，提示“更改语言需要关闭 STEP 7 软件，重新进入才有效”，单击“确定”按钮后自动退出“SIMATIC Manager”。再次进入“SIMATIC Manager”，STEP 7 变为中文界面。

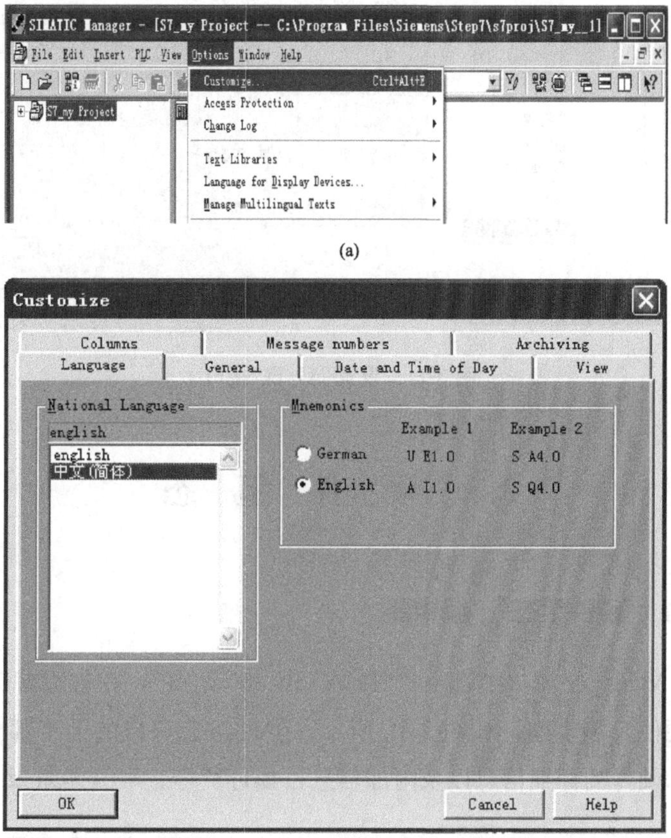

(a)

(b)

图 3-10 更改 STEP 7 软件语言

3.2.4 编程器通信接口设置

用户可以选择不同的接口设备实现编程器（PG/PC）与 PLC 之间的通信，PG/PC 接口是编程器和 PLC 之间进行通信连接的接口。PG/PC 支持多种类型的接口，每种接口都需要进行相应的参数设置（如通信波特率等）。要实现 PG/PC 和 PLC 设备之间的通信连接，必须正确设置 PG/PC 接口。

STEP 7 安装过程中，会提示用户设置 PG/PC 接口的参数。在安装完成之后，可以通过以下方式打开 PG/PC 接口设置对话框：在 Windows 的“控制面板”中双击“Set PG/PC Interface”；或者在“SIMATIC Manager”中的“选项”下拉菜单中单击“设置 PG/PC 接口”，在弹出的对话框中选择当前使用的接口设备，单击“属性”按钮即可设置通信地址及传输速率，如图 3-11 所示。

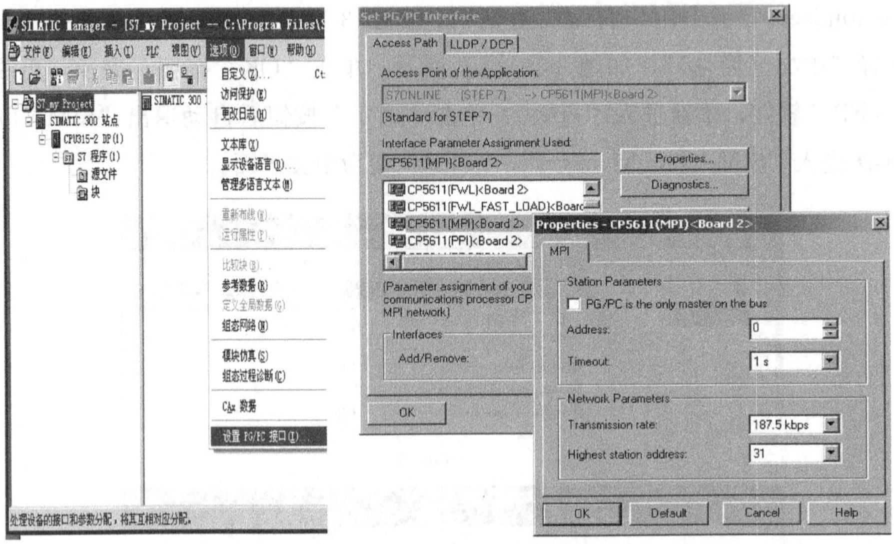

图 3-11　设置 PG/PC 接口

3.3　硬　件　组　态

3.3.1　启动“硬件组态”编辑器

在 SIMATIC Manager 窗口中选中“SIMATIC 300 站点”，在右边窗口双击“硬件”图标，启动“组态硬件”编辑器，如图 3-12 所示。硬件组态窗口的上半部分用于安装硬件，下半部分用于显示硬件的详细信息以及附加信息，如订货号、MPI 地址及 I/O 地址等。

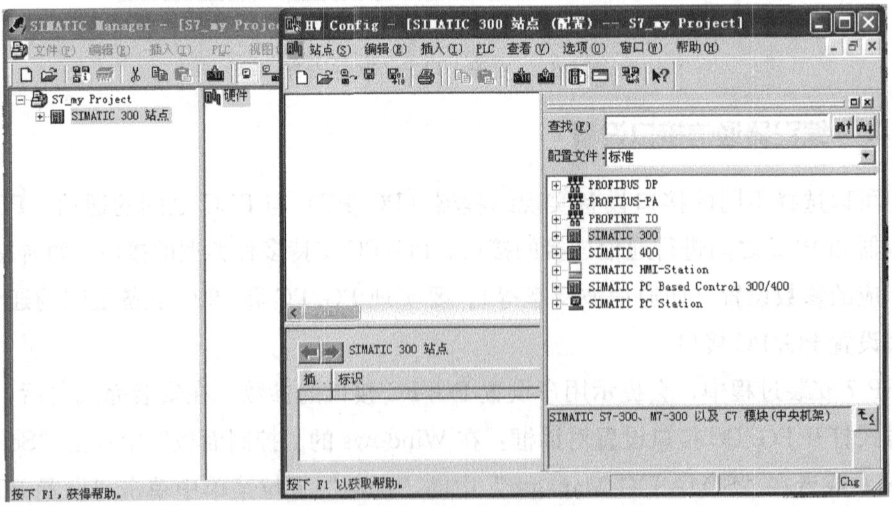

图 3-12　启动“硬件组态”编辑器

3.3.2 安装机架

组态时用组态表来表示导轨，每一行表示相应的槽位，用于安装硬件。用鼠标从“硬件目录”窗口中选择 RACK-300 中的 Rail，将其拖放到硬件安装窗口中，如图 3-13 所示。

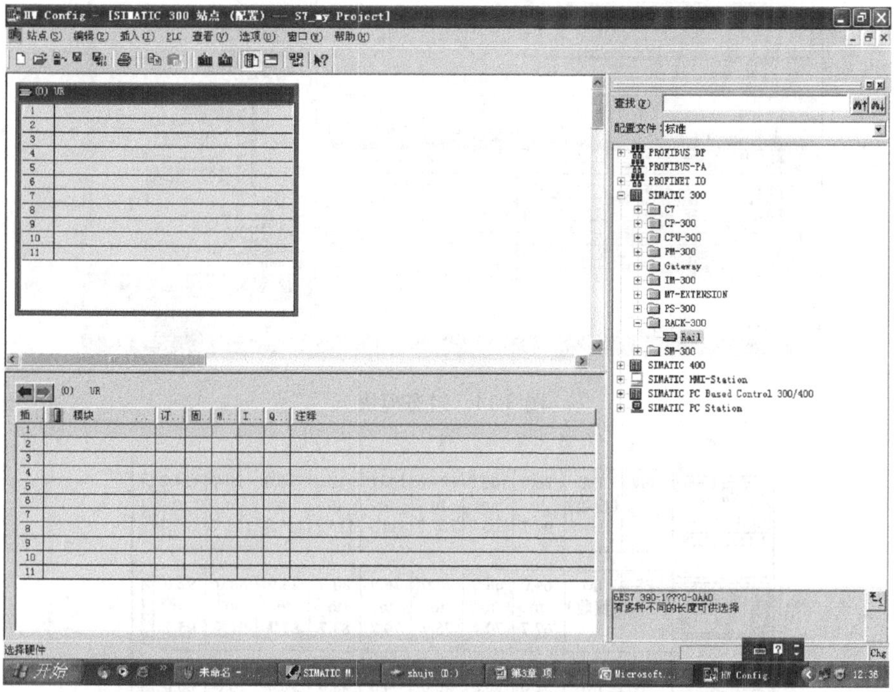

图 3-13 添加机架

3.3.3 安装模块

从“硬件目录”中选择相应的模块，注意所选模块应与工程项目选用的实际模块的订货号保持一致。选中模块后，该模块可以安装的插槽以绿色高亮显示，将模块拖放到机架的相应行中，如图 3-14 所示。

3.3.4 修改 SM 模块的地址

信号模块 SM 的编址方式有固定编址方式和可变编址方式。

(1) 固定编址方式即面向槽位编址方式。对每一个机架上的槽位都分配了固定的地址，信号模块插入到机架中时，系统会自动为这些模块分配相应的 I/O 地址，根据模块所在的槽位就可以确定其 I/O 地址，从详细视图中可以看到模块的地址范围。图 3-15 所示为 S7-300 PLC 多层机架数字模块地址分配，从 4 号槽开始排地址，每个槽位预留 4 个字节地址，无论输入还是输出模块，装在某槽位后其首地址就确定了。

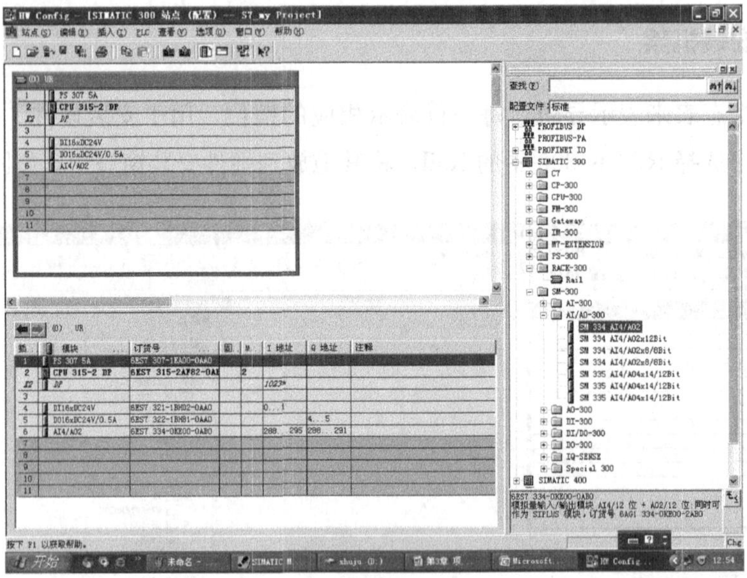

图 3-14　组态模块

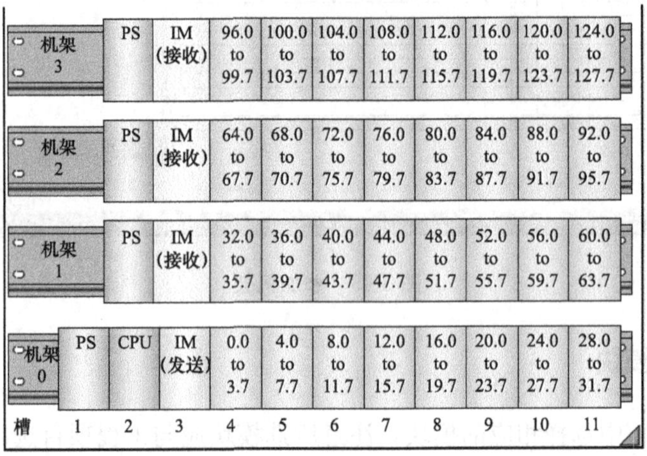

图 3-15　S7-300 PLC 多层机架数字模块地址分配

（2）可变编址方式即面向用户的编址方式。如果用户需要更改地址设置，可以双击该模块，在弹出的“属性”对话框中选择“地址”标签页，去掉“系统默认”设置，就可以在“开始”框中输入新的起点地址了。修改后，系统会自动计算结束地址，如图 3-16 所示。

3.3.5　配置 CPU 模块的参数

双击机架中的 CPU，打开 CPU 属性对话框，可以配置 CPU 的各类参数。

1. 常规设置

在常规页面中，包括 CPU 的基本信息和 MPI 接口设置，如图 3-17（a）所示，单击“属性”按钮会弹出 MPI 通信属性设置界面，如图 3-17（b）所示。

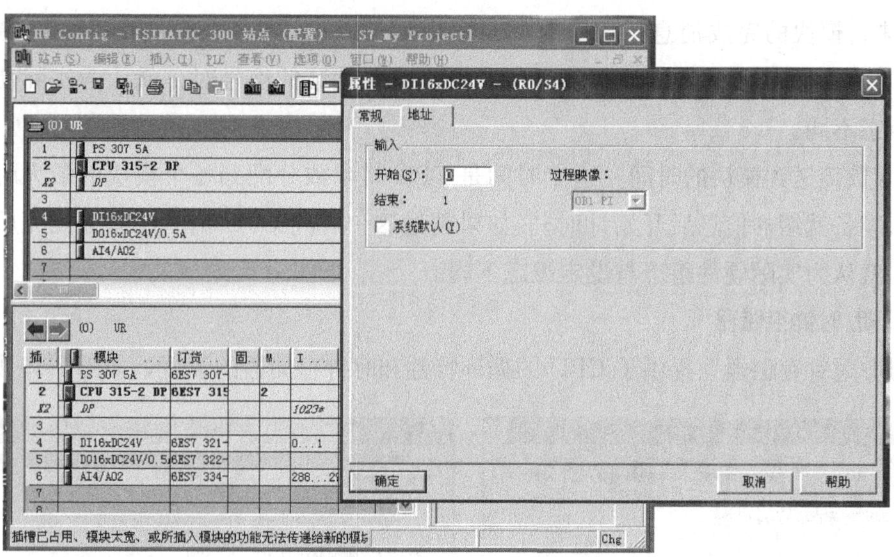

图 3-16 信号模块地址修改

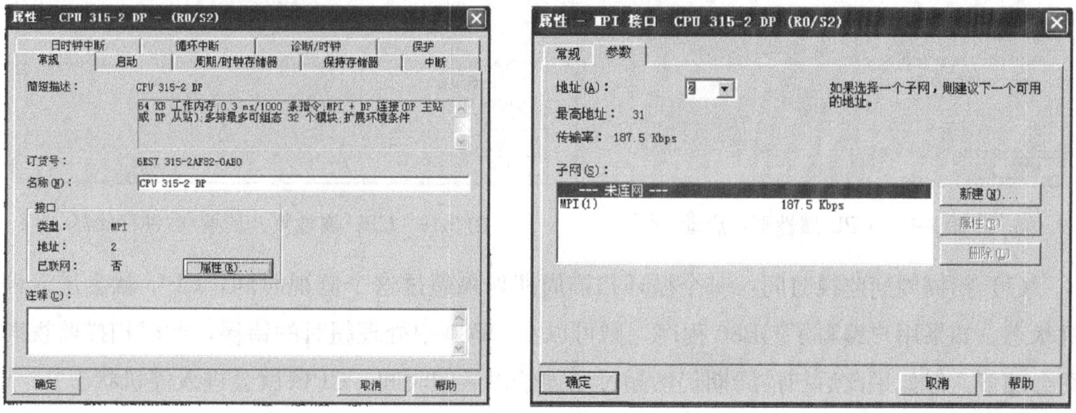

(a) (b)

图 3-17 CPU 属性页：常规

2. 启动

图 3-18 所示为启动属性页。

（1）选项框“设定组态与实际组态不同时启动”只有带有 DP 口的 S7-300 PLC 的 CPU（如 CPU315-2DP）能够设置该选项，该选项决定了当 CPU 中设定的组态与实际硬件组态不同时，CPU 是否启动。

（2）CPU 有三种启动方式：热启动、暖启动和冷启动，大多数 S7-300 PLC 的 CPU 只支持暖启动，启动时过程映像和不保持的定时器、计数器及标志位存储器被清除，CPU 会自动调用 OB100 一次，然后开始循环执行 OB1。

（3）监视时间。S7-300 PLC 的 CPU 的监视时间用于判断 CPU 设定的组态与实际硬件组态是否相同。

1）来自模块的完成消息：这个时间是上电后 CPU 收到各个模块已准备就绪的信号（“完成”）的最长时间。CPU 没有收到所有模块准备就绪的信号时，就认为实际硬件组态与设定组态不同。

2）参数传送到模块的时间：这个时间是 CPU 将参数分配到各个模块的最大时间（从收到模块准备就绪的信息后开始计时）。如果超过这个时间 CPU 仍然没有分配完所有模块的参数，就认为实际硬件组态与设定组态不同。

3. 周期/时钟存储器

“周期/时钟存储器”提供了 CPU 的循环特性和时钟存储器的设置，如图 3-19 所示。

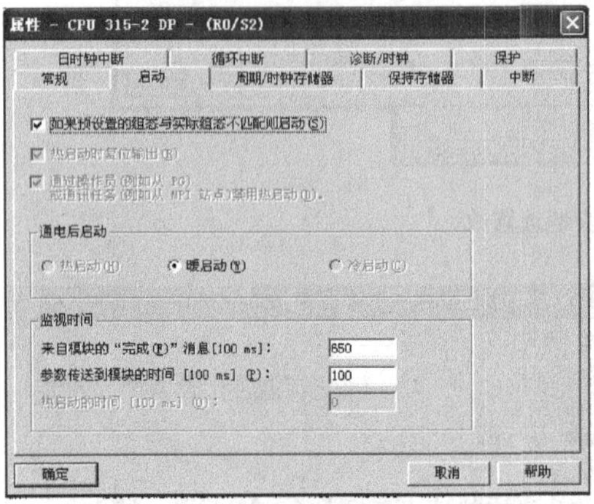

图 3-18　CPU 属性页：启动

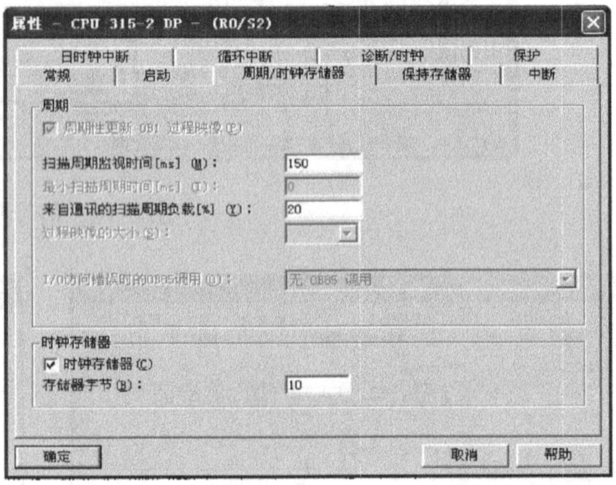

图 3-19　CPU 属性页：周期/时钟存储器

（1）扫描周期监视时间：一个循环扫描周期如果超过这个监视时间，CPU 就会进入停机状态。如果用户编写了 OB80 程序，则可以在 OB80 中处理超时的错误，此时扫描监视时间会加倍。但如果此后扫描周期仍然超过了加倍以后的时间，CPU 就会进入停机状态。

（2）通信占用循环时间的比例（%）：设定通信处理时间占整个扫描周期的百分比，默认为 20%。

（3）OB85 设置：OB85 是用于程序循环错误的 OB 块。例如，在更新过程映像区时出现的 I/O 错误（可能原因：一个信号模块被移走时），在这里可以设置出现 I/O 错误时 OB85 的调用方式。S7-300 设置为出现 I/O 错误时不调用 OB85，这样 CPU 的扫描周期就不会因为重复调用 OB85 而增加。

（4）时钟存储器：通过时钟存储器，可以得到某些固定频率的方波时钟信号。时钟存储器有一个字节，其中每一位对应的频率和周期见表 3-1。

表 3-1　　时钟存储器各位对应的频率和周期

时钟存储器位	7	6	5	4	3	2	1	0
频率（Hz）	0.5	0.62	1	1.25	2	2.5	5	10
周期（s）	2	1.6	1	0.8	0.5	0.4	0.2	0.1

4. 保持存储器

保持存储器提供了 CPU 重启或掉电时保存存储器数据的设置，如图 3-20 所示。在此页面，可以分别指定从 MB0、T0 和 C0 开始，需要保持的存储区、定时器和计数器数目。图 3-20 中，“从 MB0 开始的存储器字节数目”中填入“16”，则当系统掉电后重新上电，或者从 STOP 模式转为 RUN 时，MB0～MB15 这 16 个字节中的内容保持原来的状态，而没有设为保持的存储区被初始化为 0。

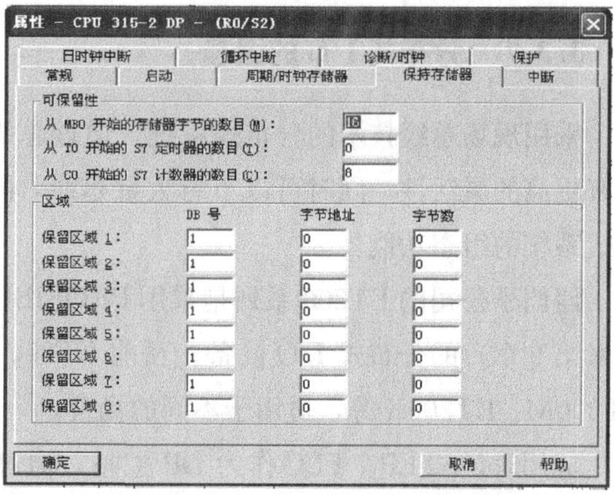

图 3-20 CPU 属性区：保持存储器

3.3.6 快速组态

如果在开始组态前已经安装好硬件模块，可以快速组态和编辑一个站。模块出厂时已经预置了参数，安装在机架上的硬件模块上电后会将实际的组态参数传送给 CPU，生成实际组态。

在“SIMATIC Manager”窗口中，选中项目名，在“PLC”下拉菜单中单击“将站点上传到 PG”，上传实际组态的站点到项目下，如图 3-21 所示。

打开“硬件组态”窗口，可以看到已经存在的机架和模块。后续对实际组态参数做相应修改，创设设定的组态参数，重新下载到 CPU。

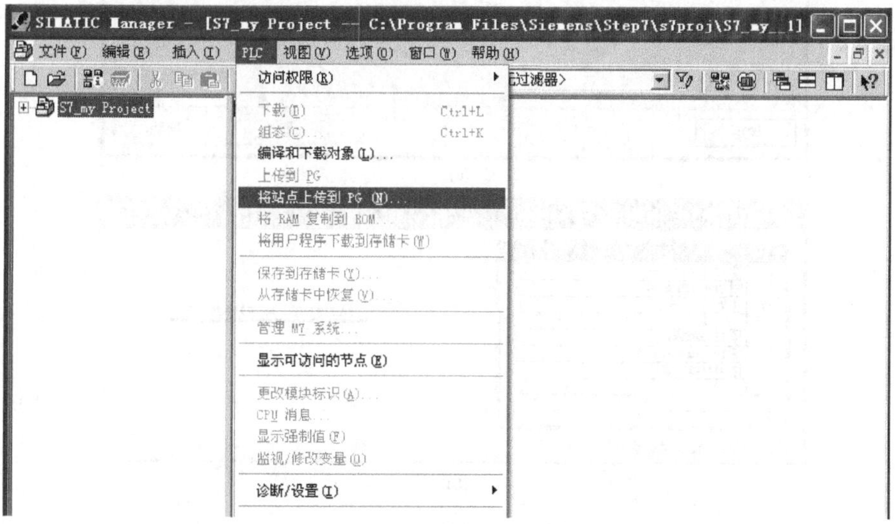

图 3-21 快速硬件组态

3.3.7 分布式I/O的组态

采用现场总线技术的分布式系统，通过总线来传输数据，与传统的控制系统相比，其具有更高的灵活性，同时可以节省大量布线，降低了成本。STEP 7 集成了 PROFIBUS 分布式系统的组态功能。

西门子公司的ET200系列是采用PROFIBUS-DP协议（关于PROFIBUS-DP通信，请参考第9章）的分布式 I/O 设备。目前 ET200 有 ET200S、ET200iS、ET200L、ET200B、ET200M、ET200X等，适用于不同的场合。

应用时，STEP 7 PLC作为 DP 主站，通过带有集成 DP 接口的 CPU，或者通信模块 CP 连接到 PROFIBUS 总线，而 ET200 作为 DP 从站连接到 PROFIBUS 总线上。

如图 3-22（a）所示，在STEP 7硬件组态程序中，添加一个DP主站，该DP主站带有集成 DP 接口的 CPU，或者 PROFIBUS 通信模块 CP，并设置一个 PROFIBUS 网络后，会出现一条代表 PROFIBUS 主战系统的总线，如图 3-22（b）所示。

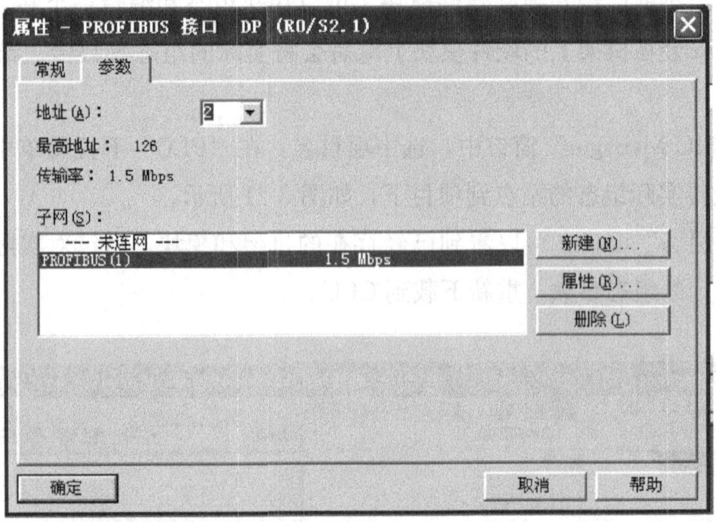

(a)

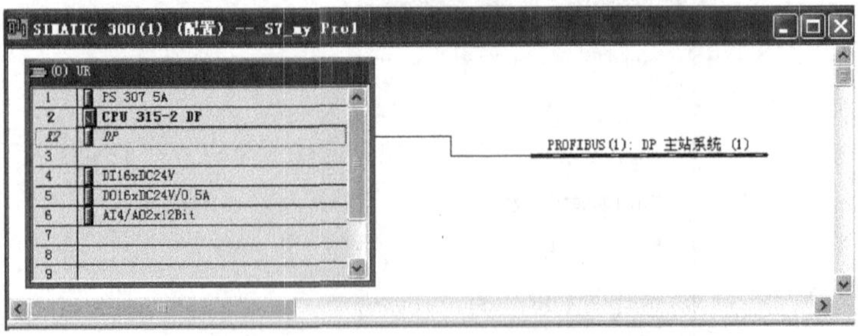

(b)

图 3-22 DP 主站组态

（a）添加 DP 主站；（b）设置 PROFIBUS 网络

硬件目录中的 PROFIBUS-DP 目录下列出了各种 DP 从站设备。将设备拖放到 PROFI-

BUS 主站系统的总线上即可添加一个 DP 从站。选中一个从站的图标，在下方的详细信息窗口中可以对从站进行组态。以 ET200M 为例，在硬件目录中展开从站接口模块 IM153-2，可以看到该从站允许添加的 I/O 模块。与 S7-300 PLC 组态类似，可以将 I/O 模块拖拽到左下方窗口对应的槽中。DP 从站组态如图 3-23 所示。

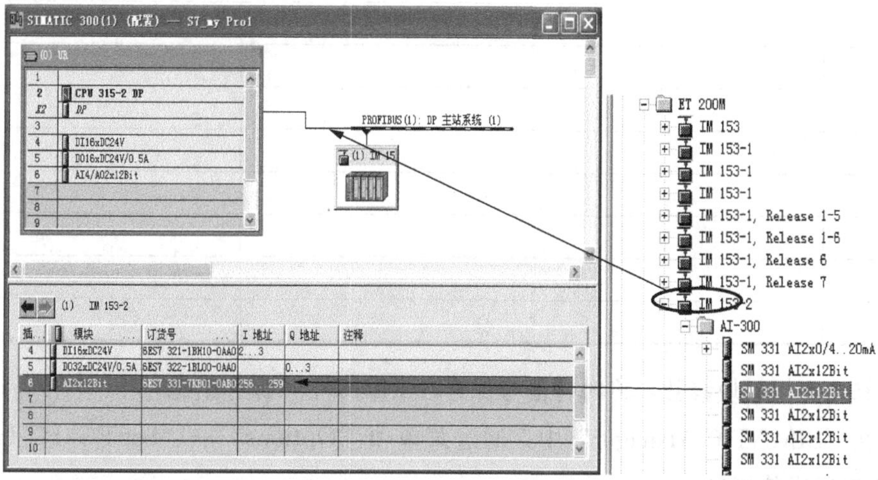

图 3-23　DP 从站组态

添加的分布式 I/O 与 PLC 站中的本地 I/O 有统一的编址，因此在用户程序中可以像访问本地 I/O 那样方便地访问分布式 I/O，用户编程时完全不用考虑一个 I/O 地址在物理上是通过何种方式连接的。

3.4　综合训练：S7-300 PLC 的硬件组态

1. 训练目的

（1）掌握 STEP 7 的项目创建方法。

（2）熟悉 S7-300 PLC 的模块。

（3）掌握识别现有设备类型及设备订货号的方法。

（4）掌握 MPI 编程通信接口配置方法。

2. 训练任务

创建一个 STEP 7 的项目，对所在实训台实际设备进行硬件组态。

3. 训练步骤

（1）启动 STEP 7 的编程软件创建一个项目。

（2）插入一个 S7-300 工作站。

（3）通过 HW Config 对所在实训台实际设备进行硬件组态，并把组态结果填入表 3-2 中。

表 3-2　　项目组态结果

槽位号	设备型号	订货号	模块名称
1	PS307	6ES7-307-1BA01-OAAO	电源模块（10A）
2			
3			
4			
5			
6			
7			
8			
9			
10			
11			

（4）修改硬件模块参数，将时钟信号保存在 MB10 中，保存组态。

（5）在“SIMATIC Manager”中，通过菜单项“Options”→“Set PG/PC Interface”配置 MPI 编程通信接口。

（6）将组态下载到 CPU 中，观察运行状态。

4. 完成训练报告

（1）写出创建项目的过程。

（2）写出硬件组态的方法和注意事项。

（3）写出 MPI 地址配置的方法和注意事项。

（4）记录过程中出现的问题及解决方法（要求具体说明）。

（5）写出本次综合训练的收获、体会。

第4章 STEP 7编程基础

内容简介

STEP 7 采用了比较抽象的结构化编程体系，要使用 STEP 7 进行编程，必须了解程序底层的结构原理，才能真正理解和运用这种结构化的编程方法。本章介绍 STEP 7 的数据结构、S7 CPU 的存储区（即了解 S7 系列 PLC 为用户提供的用于编程的软元件以及各元件的访问方式）、S7 的块的结构、程序结构和编程语言，为后续学习指令编程打下基础。

学习目标

（1）熟悉 STEP 7 的数据结构。

（2）熟悉 S7 系列 PLC 的 CPU 存储区。

（3）熟悉系统存储区的地址区。

（4）了解 STEP 7 的寻址方式。

（5）了解 STEP 7 的块的结构。

（6）了解 STEP 7 的程序结构。

（7）了解 STEP 7 的编程语言。

4.1 数据类型

数据是程序处理和控制的对象，在程序运行过程中，数据是通过变量来存储和传递的。变量具有两个要素，即名称和数据类型。对程序块或数据块中的变量声明时，都要包括这两个要素。

数据的类型决定了数据的属性，例如数据长度、取值范围等。STEP 7 中的数据可分为三个大类：基本数据类型、复杂数据类型和参数数据类型。

4.1.1 基本数据类型

基本数据类型是根据 IEC 61131-3（国际电工委员会制定的 PLC 编程语言标准）来定义的，每个基本数据类型具有固定的长度且不超过 32 位，如 INT 类型的长度是 16 位。

基本数据类型共包含 12 种，每一个数据类型都具备关键字、数据长度、取值范围和常数表达格式等属性。以字符型数据为例，该类型的关键字是 Char，数据长度 8 位，取值范围是 ASCII 字符集，常数表达格式为两个单引号包含的字符，如‘A’。

表 4-1 列出了 12 种基本数据类型的说明、关键字、长度、取值范围等。

表 4-1　　STEP 7 基本数据类型

数据类型	关键字	长度（位）	取值范围/常数格式示例
布尔	Bool	1	True 或 False 1 或 0
字节	Byte	8	B#16#0～B#16#FF
字	word	16	二进制表达： 2#0000_0000_0000_0000～2#1111_1111_1111_1111 十六进制表达： W#16#0000～W#16#FFFF 无符号十进制表达： B#(0,0)～B(225,225) BCD（二进制编码十进制）表达： C#000～C#999
双字	Dword	32	二进制表达： 2#0000_0000_0000_0000_0000_0000－_0000_0000～2#1111_1111_1111_1111_1111_1111_1111_1111 十六进制表达： W#16#0000_0000～W#16#FFFF_FFFF 无符号十进制表达： B#(0,0,0,0)～B#(255,255,255,255)
整数	Int	16	－32768～32767
双整数	Dint	32	－L#2147483648～L#2147483647
浮点数	Real	32	－3.402823E＋38～－1.175495E－38 0 ＋1.175495E－38～＋3.402823E＋38
SIMATIC 时间	S5TIME	16	S5T#0H_0M_0S_0MS S5T#0H_0M_0S_10MS～S5T#2H_46M_30S_0MS
IEC 时间	TIME	32	－T#24D_20H_31M_23S_648MS－T#24D_20H_31M_23S_648MS
IEC 日期	Date	16	D#1990-1-1～D#2168-12-31
日计时	Time _ Of _ Day	32	TOD#0:0:0.0～TOD#23:5959.999
字符	CHAR	8	“A”“b”等

4.1.2　复杂数据类型

复杂数据类型是由其他数据类型组合而成或者长度超过 32 位的数据类型。STEP 7 中的复杂数据类型主要有以下五种。

1. 日期时间数据类型 （Data _ And _ Time）

日期时间数据类型长度为 8 字节，取值范围为 DT#1990－1－1－0：0：0.0～DT#

208912－31－23：59：59.999。

2. 字符串类型（String）

字符串类型最大长度为256字节，String类型的前两个字节存储字符串长度信息，因此一个String类型数据最多包含254个字符。其常数表达形式为有两个单引号包括的字符串，例如，“SIMATIC S7-300”。用户在定义String类型变量的时候也可以限定它的最大长度，例如，String【9】，则该变量最多只能包含9个字符。

3. 数组类型（Array）

数组类型由相同类型的数据组成的数组。数组的维数最大可以到6维；数组中的元素可以是基本数据类型或者复杂数据类型中的任一数据类型（Array类型除外，即数组类型不可以嵌套）；数组中每一维的下标取值范围是－32768～32767，但是下标的下限必须小于上限，例如，1..2、－5～－1都是合法的下标定义。定义一个数组，需要指明数组的元素类型、维数和每一维的下标范围，例如，ARRAY [1..3，1..5，1..6] Int定义了一个元素为整数型，大小为3×5×6的三维数组。可以用变量名加上下标来引用数组中的某一个元素，例如a [1，2，3]。

4. 结构（STRUCT）

结构类型是有不同数据类型组成的复合型数据，通常用来定义一组相关的数据。例如，电机的一组数据可以按如下方式定义：

```
Motor：STRUCT
Speed：INT
Current：REAL
    END _ STRUCT
```

5. 用户定义类型（UDT）

UDT也是不同数据类型组成的复合型数据类型，与STRUCT不同的是，UDT是一个模板，可以用来定义其他变量。它在STEP 7中也是以块的形式存储的，称为UDT块（UDT1～DT65535）。在程序的Blocks目录下单击右键，在弹出的快捷菜单中选择“Insert New Object”→“Data Type”就可以新建一个UDT块。定义了一个UDT块之后就可以将一个变量声明变成UDT类型的了。

4.1.3 参数数据类型

参数数据类型是一类用于功能FC或功能块FB的数据类型，主要包括以下4种：

（1）Timer，Counter：定时器、计数器类型；

（2）BLOCK _ FB、BLOCK _ FC、BLOCK _ DB、BLOCK _ SDB：块类型；

（3）Pointer：6字节指针类型，传递数据块号和数据地址；

（4）Any：10字节指针类型，传递数据块号、数据地址、数据数量以及数据类型。

使用这些参数类型，可以把定时器、计数器、程序块、数据块甚至不确定长度和类型的数据通过参数传递给 FC 和 FB。参数数据类型为程序提供了很好的灵活性，可以实现更通用的控制功能。

4.2 存储区和寻址方式

4.2.1 CPU 的存储区

CPU 的存储区可以分为装载存储区、工作存储区、系统存储区三个区域，如图 4-1 所示。

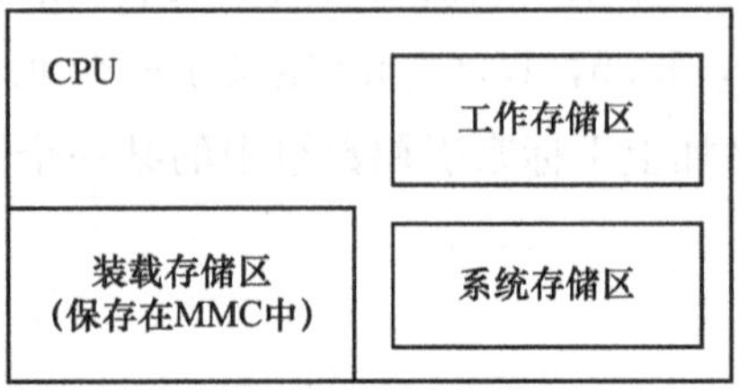

图 4-1 CPU 的存储区

1. 装载存储区

装载存储区位于 SIMATIC 微型存储卡（MMC）中。装载存储区的容量与 MMC 的容量一致，用于保存程序指令块和数据块以及系统数据，也可以将项目的整个组态数据保存在 MMC 中。

2. 工作存储器（RAM）

RAM 集成在 CPU 中，包括代码存储区和数据存储区，用于运行程序指令，处理用户程序数据，不能被扩展。程序只能在 RAM 和系统存储器中运行。CPU 的 RAM 具有保持功能。

3. 系统存储区

系统存储区集成在 CPU 中，是 CPU 为用户程序提供的存储区组件，被划分为若干个地址区域。系统存储区是不能被扩展的 RAM，用于存放用户程序的操作数据，例如过程映像输入、过程映像输出、位存储区、定时器和计数器、块堆栈（B 堆栈）、中断堆栈（I 堆栈）和诊断缓冲区等。

系统存储区还提供临时临时存储区（局域数据堆栈，即 L 堆栈），用来存储程序块被调用时的临时数据。访问局域数据比访问数据块中的数据更快。用户生成块时，可以声明临时变量（TEMP），它们只能在执行该块是有效，执行完就被覆盖了。

系统存储区的地址区见表 4-2。在用户程序中使用相应的指令时，可以在相应的地址区直接对数据进行寻址。

表 4-2 系统存储区的地址区

地址区	说明
输入过程映像区（I）	输入映像区每一位对应一个数字量输入点，在每个扫描周期的开始时，CPU 对输入点进行采样，并将采样值存于输入映像寄存器中，CPU 在接下来的本周期各阶段不再改变输入过程映像寄存器中的值，直到下一个扫描周期的输入处理阶段进行更新

续表

地址区	说明
输出过程映像区（Q）	输出映像区的每一位对应一个数字量输出点，在扫描周期的末尾，CPU 将输出映像寄存器的数据传送给输出模板，再由后者驱动外部负载
位存储区（M）	用来保存控制继电器的中间操作状态或其他控制信息
定时器（T）	定时器相当于继电器系统中的时间继电器，用定时器地址（T 和定时器号，如 T5）来存取当前值和定时器状态位，带位操作数的指令存取定时器状态位，带字操作的指令存取当前值
计数器（C）	用计数器地址（C 和计数器号，如 C20）来存取当前值和计数器状态位，带位操作数的指令存取计数器状态位，带字操作的指令存取当前值
数据块（DB）	可以作为暂时存储器或给子程序传递参数，局部变量只在本单元有效
局部数据（L）	在程序执行的过程中存放中间结果，或用来保存与工序或任务有关的其他数据

4. 外部输入/输出存储区 （PI/PQ）

用户可以通过外部输入/输出存储区（PI/PQ）直接访问输入/输出模块，不必经过输入过程映像区和输出过程映像区。在处理连续变化的模拟量时，一般使用外部输入/输出这一存储区域。注意只能以字节、字和双字为单位访问外部输入/输出存储区。

4.2.2 绝对地址寻址

STEP 7 中要访问一个变量，必须要找到它在存储区中的位置，这一过程称为寻址。STEP 7 编程访问存储区时可采用绝对地址寻址和符号地址寻址两种方式。绝对地址寻址是直接指定所访问的存储区域、访问形式及地址数据。STEP 7 对于各存储区域（定时器、计数器除外）基本上采用位寻址、字节寻址、字寻址和双字寻址 4 种直接访问寻址方式。

位寻址是最小存储单元的寻址方式。寻址时，采用以下结构：存储区地址标识符＋字节地址＋位或位地址，如图 4-2 所示。

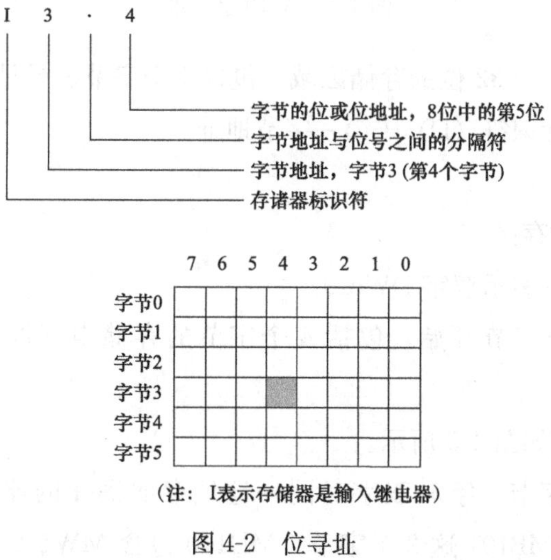

图 4-2 位寻址

字节寻址时，访问一个8位的存储区域。寻址时，采用以下结构进行寻址：存储区地址标识符＋字节的标识符（B）＋字节地址。

例如MB0，M表示位存储区；B表示字节Byte；0表示第0个字节，其中最低位的位地址为M0.0，最高位的为M0.7。

MB0字节寻址方式如图4-3所示。

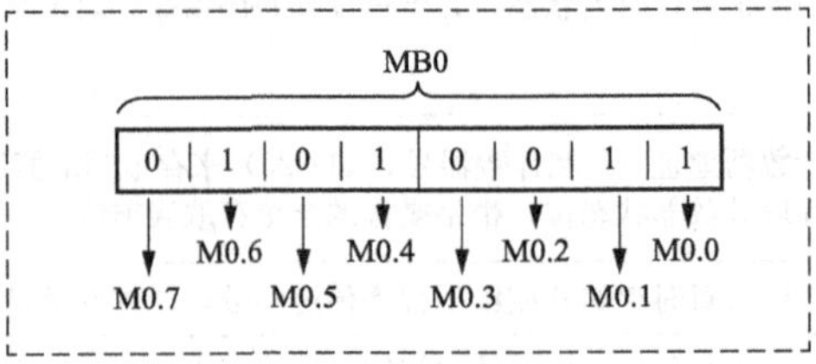

图4-3　字节寻址

字寻址时，访问一个16位的存储区域，包含两个字节。寻址时采用以下结构：存储区地址标识符＋字的标识符（W）＋第一字节地址。

例如，IW10，I表示输入过程映像区；W表示字word；10表示从第10个字节开始，包括两个字节的存储空间，即IB10和IB11。

IW10字寻址方式如图4-4所示。

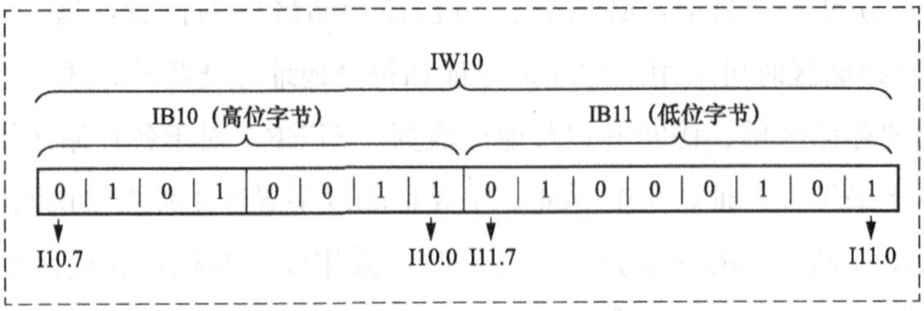

图4-4　IW10字寻址

双字寻址时，访问一个32位的存储区域，包含4个字节。寻址时采用以下结构：存储区地址标识符＋双字的标识符（D）＋第一字节地址。

例如：LD20

L：表示局部数据暂存区

D：表示字DWord（表示双字DWord）

20：表示从第20个字节开始，包括4个字节的存储空间即LB20、LB21、LB22和LB23四个字节。

LD20双字寻址方式如图4-5所示。

图4-6所示为位、字节、字和双字对同一地址存取操作的比较。由图4-6可以看出MW100包括MB100和MB101这2个字节；MD100包含MW100和MW102，即MB100、

MB101、MB102 和 MB103 这 4 个字节。值得注意的是，这些地址是互相交叠的。

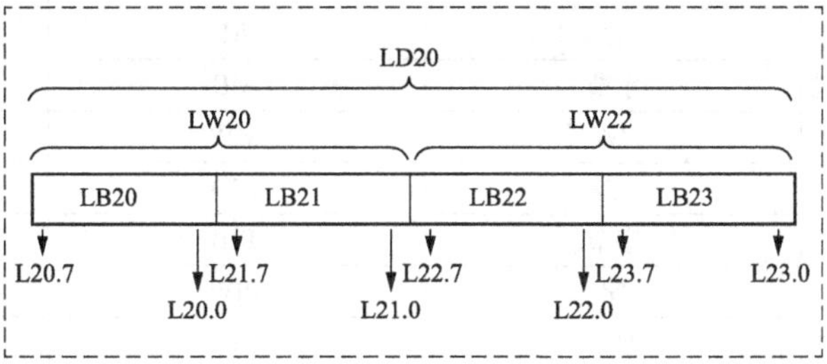

图 4-5　LD20 双字寻址

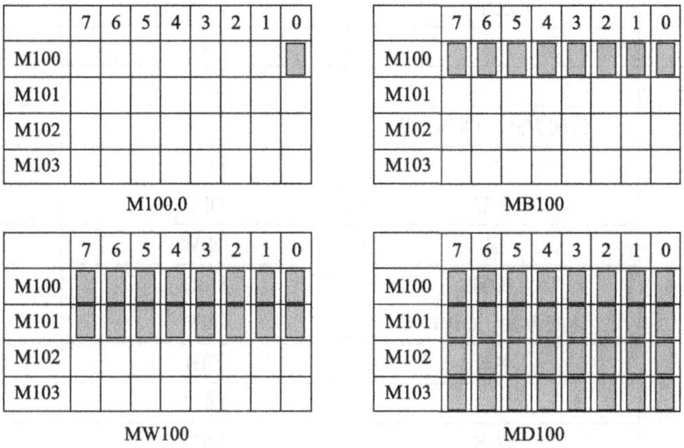

图 4-6　位、字节、字和双字对同一地址存取操作的比较

当涉及多字节组合寻址时，STEP 7 遵循“高地址、低字节”的规律。如果将 16＃AB（十六进制立即数）送入 MB100，16＃CD 送入 MB101，那 MW100 的值将是 16＃ABCD。即 MB101 作为高地址字节，保存数据的低字节部分。

表 4-3 列出了 STEP 7 存储区的寻址方式。

表 4-3　STEP 7 存储区的寻址方式

存储区	可访问的地址单元	地址标识符	举例
输入过程映像区	位	I	I0.0、I4.3、I10.7
	字节	IB	IB2、IB103
	字	IW	IW12
	双字	ID	ID8
输出过程映像区	位	Q	Q4.0
	字节	QB	QB2
	字	QW	QW4
	双字	QD	QD0

续表

存储区	可访问的地址单元	地址标识符	举例
位存储区	位	M	M10.0
	字节	MB	MB10
	字	MW	MW20
	双字	MD	MD1
直接外设输入	字节	PIB	PIB2
	字	PIW	PIW4
	双字	PID	PID0
直接外设输出	字节	PQB	PQB0
	字	PQW	PQW2
	双字	PQD	PQD4
定时器		T	T0、T1、T20
计数器		C	C0、C1～C255
共享数据块	访问方式：OPN DB		
	位	DBX	DBX0.0、DBX20.5
	字节	DBB	DBB1
	字	DBW	DBW10
	双字	DBD	DBD10
背景数据块	访问方式：OPN DI	DIX	DIX0.2
	字节	DIB	DIB0
	字	DIW	DIW12
	双字	DID	DID14
局部数据	位	L	L0.0
	字节	LB	LB2
	字	LW	LW10
	双字	LD	LD3

4.2.3 符号地址寻址

STEP 7 中的符号寻址方式是通过符号访问存储单元。在使用符号寻址之前，用户需要先为所要寻址的存储区绝对地址或参数变量定义符号并保存，然后在程序中使用所定义好的符号进行编程寻址。只有编辑过的符号才可以在程序中使用。

STEP 7 中可以定义的符号有两种：全局符号和局部符号。全局符号是在符号编辑器中定义的符号，在以站为单位的所有的块中都可使用；局部符号是仅在一个块中有效的符号，在块变量声明区定义。

输入全局符号时，系统自动为其添加“”；输入局部符号时，系统自动为其添加＃号。当全局符号和局部符号相同时，系统默认将其认为是局部符号，可以修改添加引号“”。

STEP 7 的一个项目中可以包含多个工作站，每个工作站的 S7 程序中都有符号编辑器，可为本工作站编辑全局符号。对于一个新项目，在 S7 程序目录下单击右键，在下拉菜单中选择“插入新对象”→“符号表”，可以新建一个符号表。在“示例项目”的“S7-my Pro1”目录下可以看到已经存在一个符号表，如图 4-7 所示。

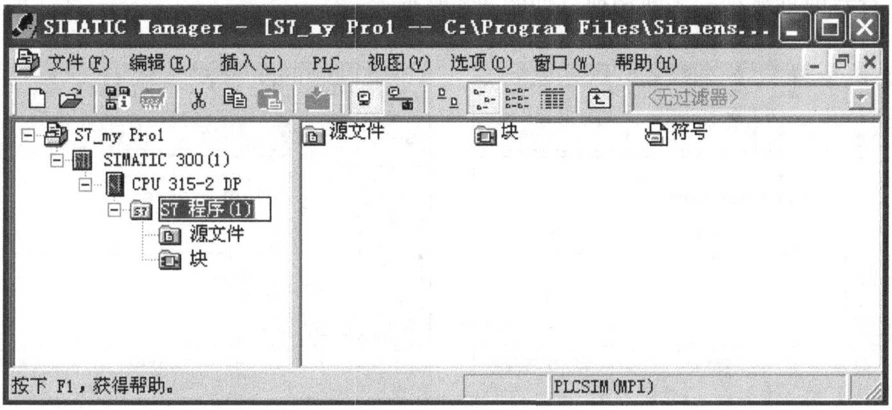

图 4-7 项目中的符号表

双击“符号”图标，在符号编辑器中打开并编辑符号表，如图 4-8 所示。

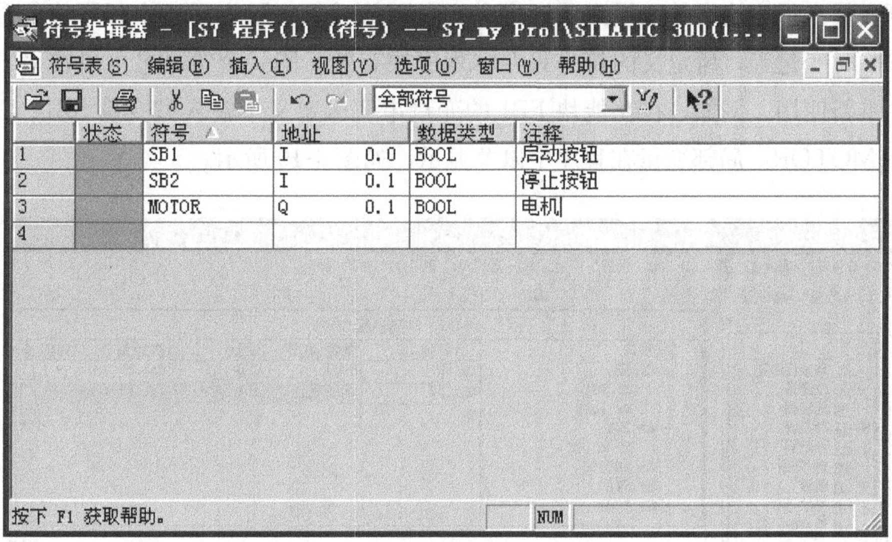

图 4-8 在符号编辑器中编辑符号

在符号表中每个变量占据一行，包含全局符号的名称、绝对地址、类型和注释。将鼠标移到符号表的最后一个空白行，可以向表中添加新的符号定义；将鼠标移到表格左边的标号处，选中一行，单击“Delete”键即可删除一个符号。在“状态”列，如果出现以下无效符号，其标记如下：

“=”：表示该符号的名称或地址与符号表内其他条目的名称或地址相同；

“X”：表示符号不完整（缺少符号名称和/或地址）。

STEP 7 是一个集成的环境，在符号编辑器中对符号表所做的修改可以自动被程序编辑器识别。打开编辑器窗口，在工具栏中单击“符号表达式”图标，可以在“绝对地址显示”和“符号地址显示”之间切换，如图 4-9 所示。

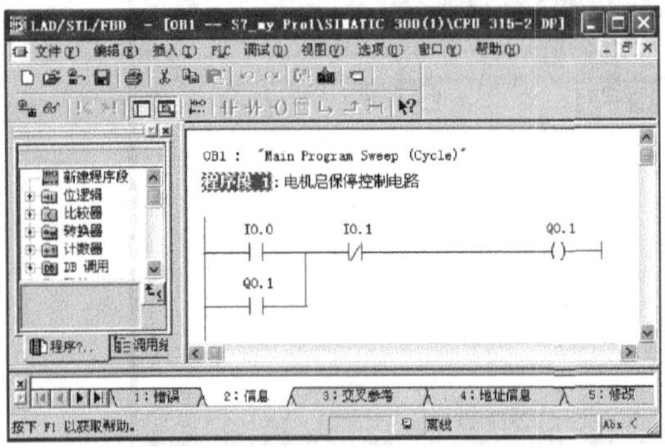

(a)

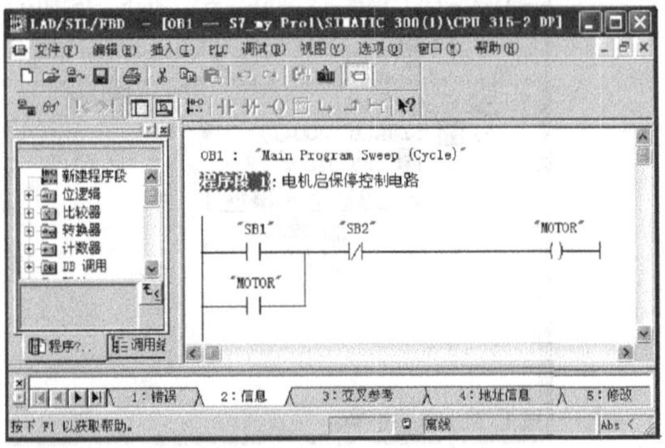

(b)

图 4-9　显示切换

(a) 绝对地址显示；(b) 符号地址显示

局部变量在程序块中的变量声明区定义，定义的对象仅限应用于本程序块的参数、静态变量和临时变量等，所定义的符号只在本程序块有效，同一个符号名可以在另一个块的声明区中重新使用。例如，在功能块 FB1 的变量申明区定义了输入型变量 SB1、SB2 和输出型变量 MOTOR，局部变量在程序中以＃显示，如图 4-10 所示。

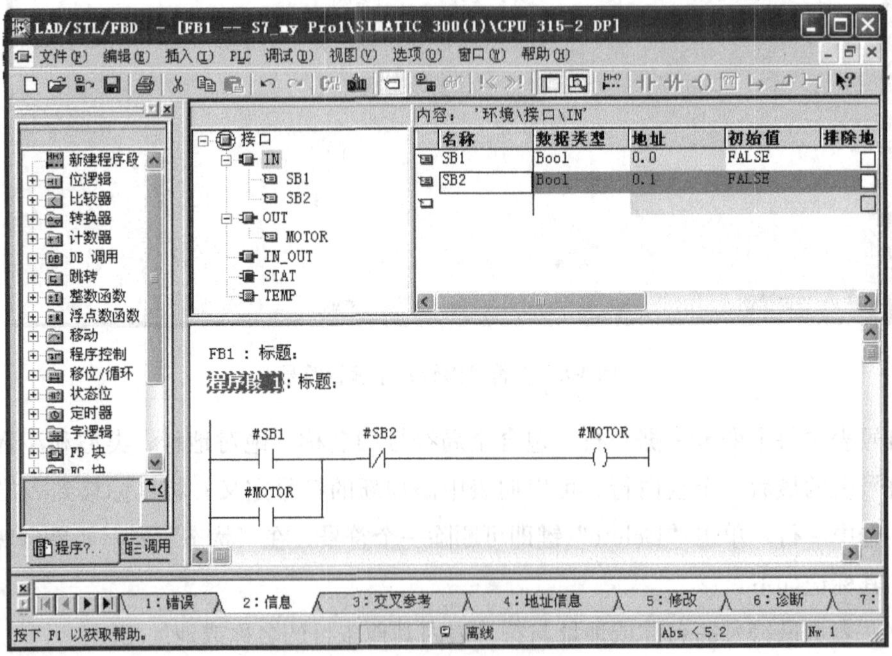

图 4-10　使用局部变量编写程序

在开始项目编程之前，首先花一些时间规划好所用到的绝对地址，并创建一个符号表，这样可以为后面的编程和维护工作节省更多的时间。

4.3 STEP 7 中的块

STEP 7 提供各种类型的块，在这些块中可以存放用户程序和相关数据。根据处理需要，程序可以由不同的块组成。在 STEP 7 软件中主要有以下七种类型的块。

（1）组织块：OB（Organization Block）；

（2）功能：FC（Function）；

（3）功能块：FB（Function Block）；

（4）系统功能：SFC（System Function）；

（5）系统功能块：SFB（System Function Block）；

（6）背景数据块：DB（Instance Data Block）；

（7）共享数据块：DB（Share Data Block）。

组织块 OB、功能 FC、功能块 FB、系统功能 SFC 和系统功能块 SFB 是存放指令代码的块，称为程序块或者逻辑块；背景数据块 DB 共享数据块 DB 用于存放用户数据，称为数据块。

4.3.1 组织块 OB

组织块 OB 构成操作系统和用户之间的接口。整个程序可以保存在操作系统周期调用的 OB1 中（线性化程序），也可以把程序分开放在几个块中（结构化程序）。

组织块 OB 是由操作系统自动启动的，在满足不同条件时，操作系统会执行不同的组织块，只有编写在组织块中的指令或在组织块中调用的 FC、FB 才能被操作系统执行。

S7-300 PLC 组织块分为三大类：启动组织块、循环执行的组织块和中断组织块。为避免组织块执行时发生冲突，操作系统为每个组织块分配了优先级，如果同时满足几个组织块的执行条件，则系统首先执行优先级高的组织块。S7-300 PLC 常用的组织块 OB 的类型及优先级见表 4-4。

表 4-4 S7-300 PLC 常用组织块 OB 的类型及优先级

类型	OB	优先级（默认）
主程序循环	OB1	1
日期时间中断	OB10～OB17	2
时间延迟中断	OB20～OB23	3 ～6
循环中断	OB30～OB38	7 ～15
硬件中断	OB40～OB47	16 ～23

续表

类型	OB	优先级（默认）
异步错误	OB80 时间错误 OB81 电源故障 OB82 诊断中断 OB83 插入/移走模板中断 OB84 CPU 硬件故障 OB85 程序循环错误 OB86 机架故障 OB87 通信故障	26 （如果异步错误出现在启动程序中则为 28）
启动	OB100 暖启动 OB101 热启动 OB102 冷启动	27
同步错误	OB121 编程错误 OB122 访问错误	引起错误的 OB 的优先级

下面介绍表中各组织块的功能。

1. 循环执行的组织块

OB1 是循环执行的组织块，一般用户主程序写在 OB1 中，其优先级最低。PLC 在运行时将反复循环执行 OB1 中的程序，当有优先级较高的事件发生时，CPU 将中断当前的任务，去执行优先级较高的组织块，执行完成以后，CPU 将回到断点处继续执行 OB1 中的程序，并反复循环下去，直到停机或者下一个中断发生。

2. 启动组织块

S7 系列 PLC 有 OB100、OB101 和 OB102 三个启动组织块，对应暖启动、热启动和冷启动三种不同的启动方式。PLC 采用哪种启动方式与 CPU 的型号以及启动模式有关。当 CPU 上电，或者操作模式由停止状态改变为运行状态时，CPU 首先执行启动组织块，且只执行一次，然后开始循环执行主程序组织块 OB1。

（1）OB100（暖启动）。大多数 S7-300 PLC CPU 采用暖启动方式。启动时，过程映像区和不保持的标志存储器、定时器及计数器被清零，保持的标志存储器、定时器和计数器以及数据块的当前值保持原状态，执行 OB100，然后开始执行循环主程序 OB1。

（2）OB101（热启动）。启动时，所有数据（无论是保持型或非保持型）都将保持原状态，并且将 OB101 中的程序执行一次，然后程序从断点处开始执行，剩余循环执行完以后开始执行循环程序 OB1。一般只有 S7-400 PLC 具有热启动功能。

（3）OB102（冷启动）。冷启动时，所有过程映像区和标志存储器、定时器和计数器（无论是保持型还是非保持型）都将被清零，而且数据块的当前值被装载存储器的原始值覆盖，然后将 OB102 中的程序执行一次后执行循环主程序 OB1。CPU318-2 和 CPU417-4 具有冷启动型的启动方式。

3. 中断组织块

（1）日期时间中断（OB10～OB17）。通过日期中断组织块，可以在指定的日期时间执行一次程序，或者从某个特定的日期时间开始，间隔指定的时间（如一天、一个星期、一个月等）执行一次程序。

（2）时间延迟中断（OB20～OB23）。当某一事件发生后，延时中断组织块将在延时指定的时间后执行。OB20～OB23 只能通过调用系统功能 SFC32 激活，同时设置延时时间。

（3）循环中断（OB30～OB38）。通过循环中断组织块可以每隔一段预定的时间执行一次程序。循环中断组织块的时间间隔较短，最长为 1min，最短为 1ms。在使用循环中断组织块时，应该保证设定的循环间隔时间大于执行该程序块的时间，否则 CPU 将报错。

（4）硬件中断（OB40～OB47）。一旦硬件中断事件发生，硬件中断组织块 OB40～OB47 将被调用。硬件中断可以由不同的模块触发。对于可分配参数的信号模块 DI、DO、AI、AO 等，可使用硬件组态工具来定义触发硬件中断的信号；对于 CP 模块和 FM 模块，利用相应的组态软件可以定义中断的特性。

（5）异步错误（OB80～OB87）。异步错误是 PLC 的功能性错误，它们在程序执行不同步出现，不能跟踪到程序中的某个具体位置。在运行模式下检测到一个故障后，如果已经编写了相关的组织块，则调用并执行该组织块中的程序；如果发生故障时，相应的故障组织块不存在，则 CPU 将进入 STOP 模式。

（6）同步错误（OB121、OB122）。如果在某特定的语句执行时出现错误，CPU 可以跟踪到程序中某一具体的位置。由同步错误所触发的错误处理组织块，将作为程序的一部分来执行，与错误出现时正在执行的块具有相同的优先级。同步错误有编程错误（OB121）和访问错误（OB122）两种类型，如在程序中调用了一个不存在的块，将调用 OB121；如在程序中访问了一个有故障或不存在的模块，将调用 OB122。

4.3.2 功能 FC 和功能块 FB

FC 和 FB 都是用户编写的程序块，用户可以将具有相同控制过程的程序编写在 FC 或 FB 中，然后在主程序 OB1 或其他程序块中（包括组织块和功能块）调用 FC 或 FB。FC 或 FB 相当于子程序的功能，都可以定义自己的参数。其调用关系如图 4-11 所示。

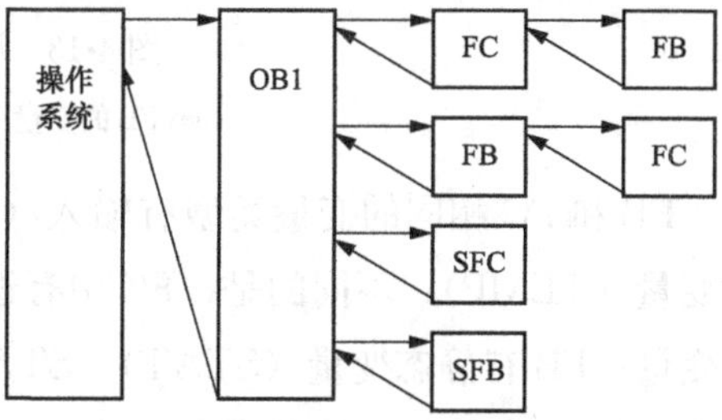

图 4-11 块的调用关系

FC 没有自己的背景数据块，因此在调用 FC 的形参时必须赋予实参。在调用带参数的 FC 时，参数位置出现红色问号，必须指定实际值，否则程序不能保存下载。FB 有自己的背景数据块，所有参数在其背景数据块中有对应的存储位置，所以调用 FB 时，只需指定背景数据块，其形参位置为黑点，可根据需要填写。图 4-12 所示为调用带参数的 FB 和 FC 时出现的情况。

FC 和 FB 的变量声明区也略有差别，如图 4-13 所示。

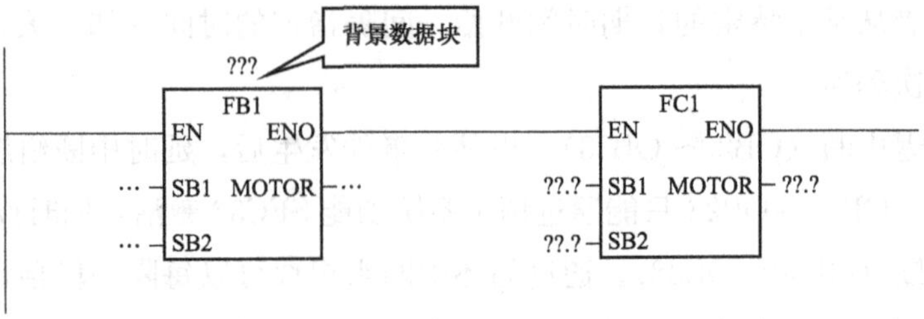

图 4-12　FB 和 FC 的调用

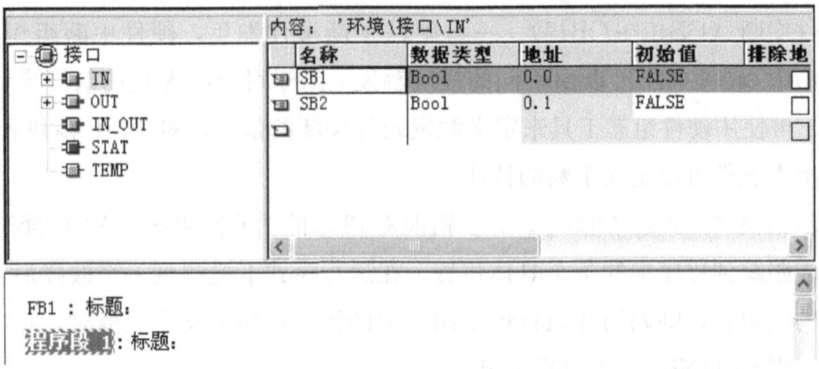

(a)

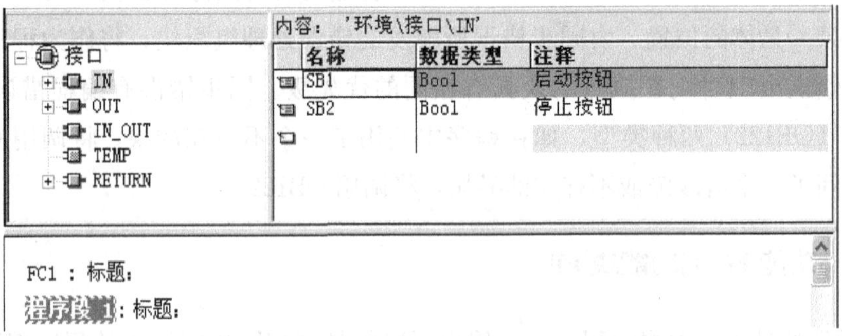

(b)

图 4-13　FB 和 FC 的变量声明区

(a) FB 的变量声明区；(b) FC 的变量声明区

FB 和 FC 相同的变量类型有输入（IN）、输出（OUT）、输入/输出（IN/OUT）和临时变量（TEMP）；不同的是，FC 中有返回值变量（RETURN），在 FC 结束调用后输出这一变量；FB 有静态变量（STAT），STAT 变量类型存储在 FB 的背景数据块中，当 FB 调用完以后，静态变量的数据仍然有效。临时变量（TEMP）为临时局部数据存储区，在 CPU 内部根据执行程序块情况临时分配，一旦程序执行完毕，该区域被收回，下一个扫描周期执行到该程序块时再重新分配。

4.3.3　系统功能 SFC 和系统功能块 SFB

SFC 和 SFB 是预先编好的可供用户调用的程序块，它们已经固化在 S7 PLC 的 CPU

中，其功能和参数已经确定。一台 PLC 所具有的 SFC 和 SFB 功能是由 CPU 型号决定的。具体信息可查阅 CPU 的相关技术手册。通常 SFC 和 SFB 提供一些系统级的功能调用，如通信功能、高速处理功能等。注意：在调用 SFB 时，需要用户指定其背景数据块（CPU 中不包含其背景数据块），并确定将背景数据块下载到 PLC 中。

4.3.4 背景数据块和共享数据块

数据块 DB 的作用是为用户提供一个保存数据的区域，用户可以根据需要设定数据块的大小及内部数据类型等。STEP 7 中的数据块分为背景数据块和共享数据块。

背景数据块和某个 FB 或 SFB 相关联，其内部数据的结构与其对应的 FB 或 SFB 的变量声明表一致。

共享数据块的主要目的是为用户程序提供一个可保存的数据区，数据块的数据结构和大小并不依赖于特定的程序块，而是由用户自己定义。需要说明的是，背景数据块和共享数据块没有本质的区别，它们的数据可以被任何一个程序块读写。

4.4 STEP 7 的程序结构和编程语言

4.4.1 STEP 7 的程序结构

STEP 7 程序结构有三种类型，即线性化编程、模块化编程和结构化编程，如图 4-14 所示。

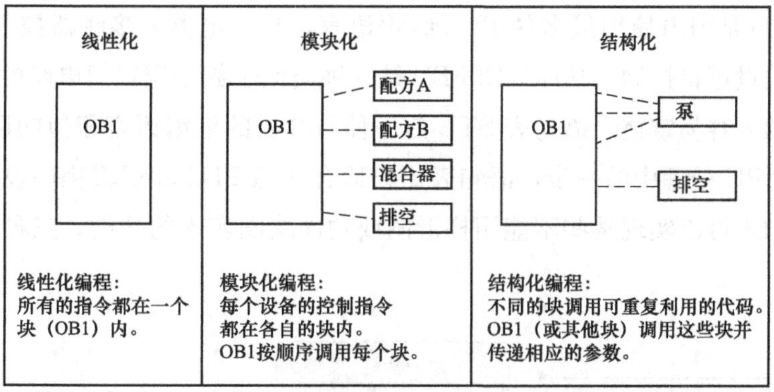

图 4-14　程序结构形式

1. 线性化编程

将用户的所有指令均放在 OB1 中，从第一条到最后一条顺序执行。这种方式不利于多人合作和程序调试，适合一个人完成的小项目。

2. 模块化编程

当工程项目比较大时，可以将大项目分解成多个子项目，由不同的人编写相应的子程序块，在 OB1 中调用，最终合作完成项目的设计与调试。

建议在程序设计时采用模块化编程的优点是：

（1）程序较清晰，可读性强，容易理解；

（2）程序便于修改、扩充或删减，可改性好；

（3）程序可标准化，特别是一些功能程序，如实现 PID 算法的程序等；

（4）程序设计与调试可分块进行，便于发现错误及时修改，提高程序调试的效率；

（5）程序设计可实现多人参与编程，提高编程的速度；

（6）若存在不需要每次都执行的程序块时，可节约扫描周期的时间，提高 PLC 的响应速度。

3. **结构化编程**

如果项目中多处使用控制程序指令相同，只是程序中所用的地址不同，为了避免重复编写相同的指令，减少程序量，可以编写带形参的函数，多次调用时赋不同的实参。结构化编程有利于对常用功能进行标准化设计，减少重复劳动。

4.4.2 STEP 7 的编程语言

STEP 7 的标准软件包支持三种编程语言：梯形图编程语言（LAD）、语句表编程语言（STL）和功能块图编程语言（FBD），通常它们在 STEP 7 中可以相互转换。此外，STEP 7 还有多种语言作为可选软件包，如 CFC、SCL、S7 Graph 和 S7 HiGraph。在这些语言中，LAD、FBD 和 S7 Graph 为图形化语言，STL、SCL 和 S7 HiGraph 为文字语言，CFC 则是一种结构块控制程序流程图。

梯形图 LAD 是国内使用最多的 PLC 编程语言，与继电器—接触器控制电路图相似，特别适用于开关量逻辑控制。功能块图 FBD 是一种类似于数字逻辑门电路的编程语言，有数字电路基础的人容易掌握。语句表 STL 是一种与微机的汇编语言相似的助记符表达式，每条语句对应 CPU 处理中的一步，语句表比较适合熟悉 PLC 和逻辑程序设计的经验丰富的程序员。语句表可以实现某些不能用梯形图或功能块图实现的功能。三种编程语言示例如图 4-15 所示。

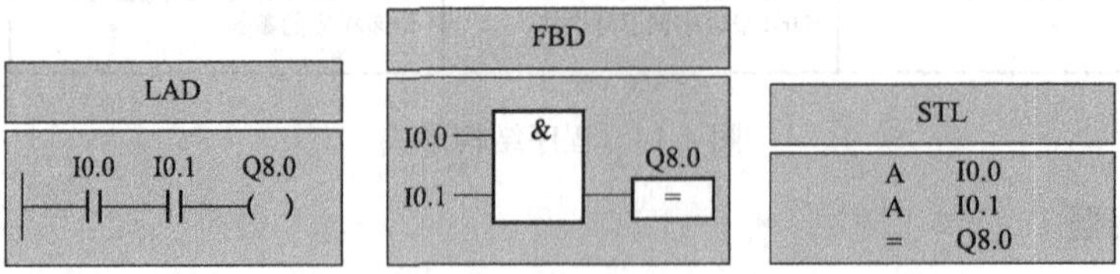

(a) (b) (c)

图 4-15　三种编程语言示例

第5章 STEP 7基本指令系统

内容简介

程序是由基本的指令构成的，LAD、STL和FBD三种编程语言分别对应不同的指令系统。本章主要以LAD编程语言为例学习STEP 7基本指令系统，进一步熟悉STEP 7编程软件，通过有针对性的具体编程训练，熟悉指令的应用方法和技巧，提升编程能力。

学习目标

（1）掌握S7-300 PLC编程软件的使用方法和程序的输入、下载和调试方法。

（2）掌握S7-300 PLC输入/输出模块接线方法。

（3）熟悉S7-300 PLC的基本位逻辑指令使用方法。

（4）熟悉S7-300 PLC的数据装载和传送指令、定时器指令使用方法。

（5）熟悉S7-300 PLC的置位/复位指令、边沿检测指令使用方法。

（6）熟悉S7-300 PLC的跳转指令、移位指令和循环指令使用方法。

（7）熟悉S7-300 PLC的计数器指令、比较指令、算术运算指令、转换指令使用方法。

（8）提升S7-300 PLC的程序编制和调试能力。

5.1 基本逻辑指令

1. PLC控制系统与电气控制系统的比较

最初，PLC技术的引进大都应用在电气控制电路的工程改造项目，PLC是继电器控制柜的理想替代物，在实际应用中，常遇到对旧设备的改造，即用PLC取代继电器控制柜。因此，本节首先探讨如何将电动机的电气控制电路转化为PLC控制的梯形图程序（简称梯形图）。

图5-1为电气控制系统组成框图，图5-2为PLC控制系统组成框图。显而易见，PLC控制系统的输入/输出部分与传统的电气控制系统基本相同，其差别仅仅在于控制部分。电气控制系统是用硬接线将许多继电器、接触器按某种固定方式连接起来完成逻辑功能，因此，其逻辑功能不能灵活改变，并且接线复杂，故障点多。而PLC控制系统是通过存放在存储器中的用户逻辑控制程序来完成控制功能的。在PLC控制系统中由逻辑控制程序代替了电气控制电路，使其不仅能实现逻辑运算，还具有数值运算及过程控制等复杂控制功能。

由于PLC采用软件实现控制功能，因此可以灵活、方便地通过改变用户逻辑控制程序以实现控制功能的改变，从根本上解决了电气控制系统控制电路难以改变逻辑关系的问题。

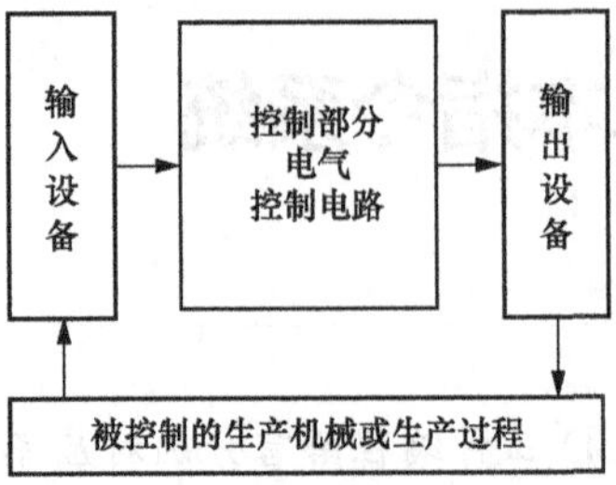

图 5-1　电气控制系统组成框图

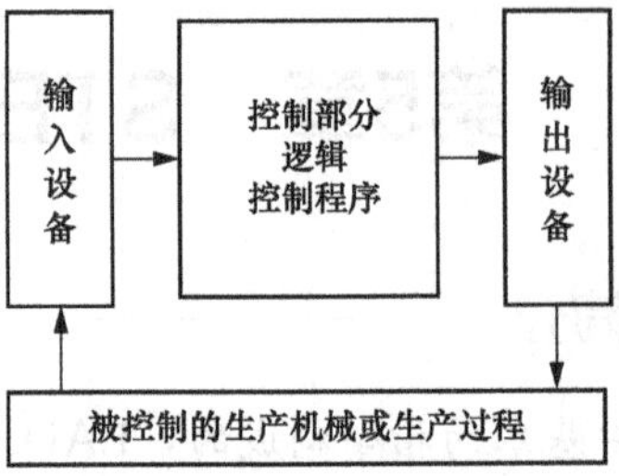

图 5-2　PLC 控制系统组成框图

2. PLC与电气控制系统的电气符号对照

要想实现由电气控制电路向PLC控制的梯形图的程序转化，还要了解两者的符号对照关系。表5-1列出了PLC与电气控制系统的电气符号对照关系。

表 5-1　　**电 气 符 号 对 照 表**

名称	电气控制电路	PLC
动合触点		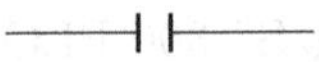
动断触点		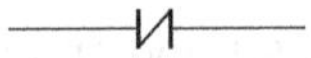
线圈	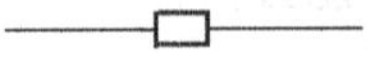	

3. 逻辑与、逻辑或、逻辑异或

图5-3所示为"与"逻辑关系，只有输入信号均为高电平时输出信号才显示为高电平。

图5-4所示为"或"逻辑关系，输入信号至少有一个高电平时输出信号显示为高电平。

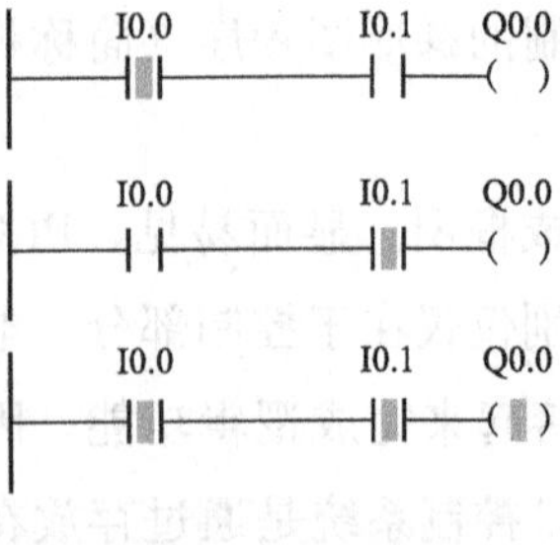

图 5-3　"与"逻辑关系

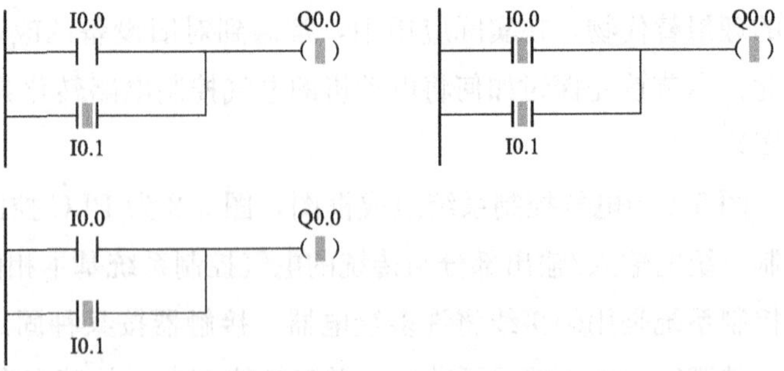

图 5-4　"或"逻辑关系

图5-5所示"异或"逻辑关系，即I0.0和I0.1电位相同输出为逻辑"0"，I0.0和I0.1

电位相异输出为逻辑“1”。

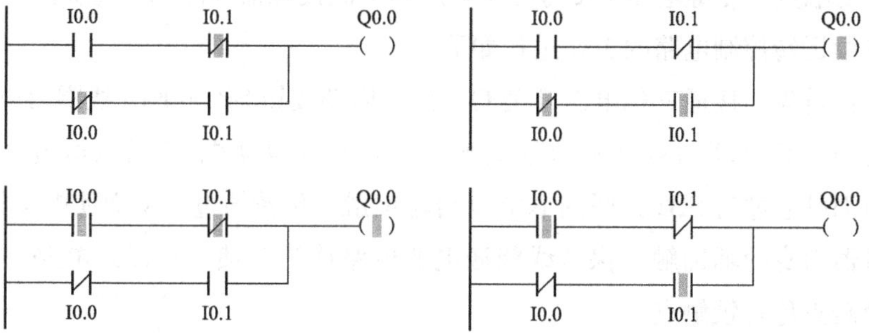

图 5-5 “异或”逻辑关系

4. 电气控制电路与 PLC 程序的转换

（1）转换的一般步骤。将电气控制电路转换为 PLC 控制梯形图可遵循的一般步骤如下：

1）认真研究电气控制电路及有关资料，深入理解控制要求。

2）对电气控制电路中用到的输入设备和输出负载进行分析、归纳。

3）将归纳出的输入/输出设备进行 PLC 控制的 I/O 地址设置，做出 PLC 的资源配置，并进行输入/输出模块接线。

4）用 PLC 的符号和输入/输出地址取代原电气控制电路中的电气符号及设备编号。

5）整理梯形图（注意避免因 PLC 的周期扫描工作方式可能引起的双线圈等错误）。

（2）转换过程。下面以一个电动机的单方向连续运转控制电路为例，说明电气控制电路转换为 PLC 控制梯形图的过程。

图 5-6 所示为电动机的单方向连续运转控制电路，由主电路和控制电路两部分构成。主电路由电源开关 Q、熔断器 FU1、交流接触器 KM 的动合主触点、热继电器 FR 发热元

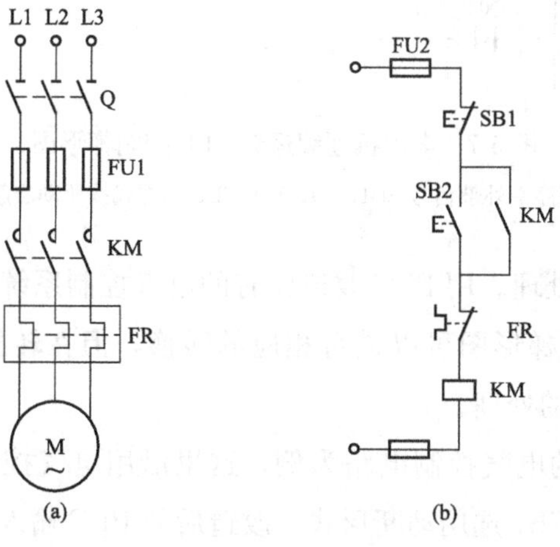

图 5-6 电动机连续运转控制电路

（a）主电路；（b）控制电路

件和电动机 M 构成；控制电路由熔断器 FU2、启动按钮 SB2、停止按钮 SB1、交流接触器 KM 的动合辅助触点、热继电器 FR 的动断触点和交流接触器线圈 KM 组成。

电动机连续运转控制电路的工作过程如下：

启动过程：首先，接通三相电源开关 Q，按下启动按钮 SB2→KM 线圈得电→KM 主触点闭合（同时与 SB2 并联的 KM 动合辅助触点闭合）→电动机 M 通电运转。当松开 SB2 时，KM 线圈仍可通过与 SB2 并联的 KM 动合辅助触点保持通电，从而使电动机连续转动。这种依靠接触器自身的辅助触点保持线圈通电的电路称为自锁（自保）电路。起到自锁作用的辅助动合触点称自锁触点。

停机过程：按下停止按钮 SB1→KM 线圈失电→KM 主触点、辅助触点断开→电动机断电停止运行。

在理解控制电路工作过程的前提下，首先对电路中用到的输入设备和输出负载进行分析，归纳出电路中出现三个输入设备：启动按钮 SB2、停止按钮 SB1，热继电器 FR；一个输出负载：接触器线圈 KM。将归纳出的输入/输出设备进行 PLC 控制的 I/O 设置，见表 5-2。

表 5-2　I/O 设置表

设备/信号类型	名称	PLC 地址	电气符号
输入	启动按钮	I0.0	SB2
	停止按钮	I0.1	SB1
	热继电器	I0.2	FR
输出	接触器线圈	Q0.0	KM

依照表 5-2，把电动机的电气控制电路转成 PLC 控制的梯形图形式，如图 5-7 所示。

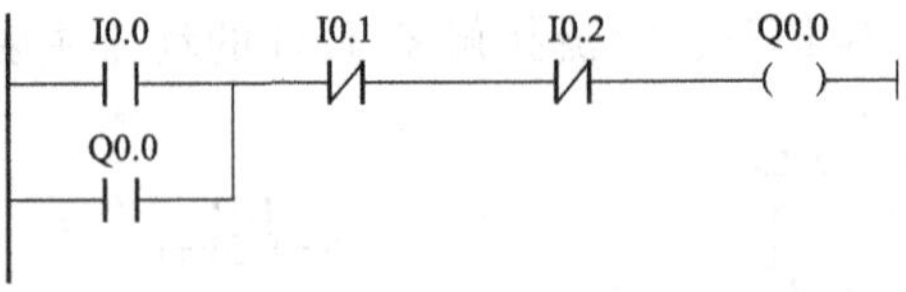

图 5-7　电动机连续运转 PLC 控制梯形图

（注：此程序中外部信号 SB1、FR 接入 PLC 的方式按照动合触点处理）

（3）动断输入触点的处理。用 PLC 改造原有的电气控制系统时，已经有了电气控制原理图，此原理图与 PLC 的梯形图可以进行相应的转换，但在转换过程中必须注意对作为 PLC 输入信号的动断触点的处理。

以图 5-6 所示电动机的电气控制电路为例，这里沿用电气控制的习惯，启动按钮 SB2 选用动合形式，停止按钮 SB1 选用动断形式，改造后的 PLC 输入/输出接线示意图如图 5-8（a）所示。

此时，如果直接将图 5-6 所示的原电气控制原理图转换为图 5-7 所示的 PLC 梯形图，运行程序时会发现输出继电器 Q0.0 无法接通，电动机不能启动。这是由于图 5-8（a）中停止按钮 SB1、热继电器 FR 的输入均为动断形式，在没有按下 SB1 和热继电器无动作时两个触点始终保持闭合状态，即相应的输入继电器 I0.1 和 I0.2 始终得电，I0.1 动断触点和 I0.2 动断触点一直处于断开状态，所以输出继电器 Q0.0 无法得电，必须将图 5-7 所示梯形图中的 I0.1 和 I0.2 触点形式改变为动合形式，如图 5-8（b）所示，才能满足控制要求。但此类梯形图形式与通常习惯不太符合。

实际上，设计梯形图时，输入继电器的触点状态全部按相应的输入设备为动合形式进行设计更为合适。因此，建议尽可能用输入设备的动合触点与 PLC 输入端连接，尤其在改造项目中，要尽量将作为 PLC 输入的原动断触点的接线形式做改动（某些只能用动断触点输入的除外）。这是因为，采用动合触点输入时，可使 PLC 的输入接口在大多数时间内处于断开状态，这样做既可以节电，又可以延长 PLC 输入接口的使用寿命，同时在转换为梯形图时也能保持与电气控制原理图的习惯相一致，不会给编程带来麻烦。

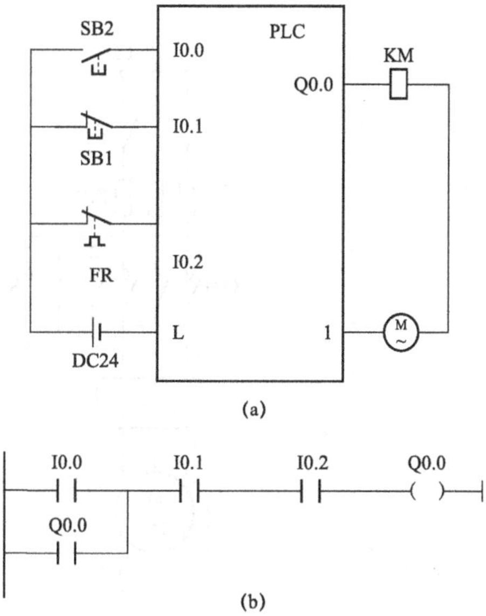

图 5-8　动断输入触点的处理

（a）PLC 输入/输出接线示意图；（b）梯形图

5.2　综合训练：电动机正反转控制

1. 控制要求

在日常生活和生产加工过程中，往往要求能够实现正反两个方向的运动，如车库大门的升降、电梯轿厢的上下运行、起重机吊钩的上升与下降、机床工作台的前进与后退等。图 5-9 所示为双向限位的机床工作台示意图。图中，SQ1 为左限位，SQ2 为右限位，M 为电动机，要求用 PLC 控制电动机正反转拖动工作台实现往返运动，电动机正转拖动机床工作台前进，电动机反转机床工作台后退。

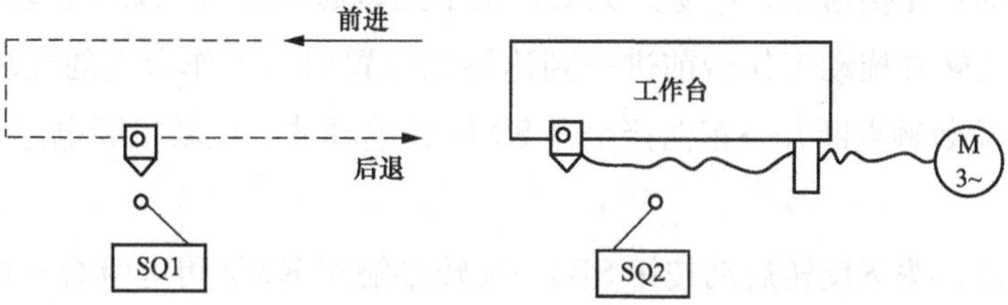

图 5-9　双向限位的机床工作台示意图

2. 任务分析

以电动机的电气控制电路为切入点，在已有的电气控制电路基础上，实施 PLC 的控制系统改造。图 5-10 所示为双向限位的电动机正反转电气控制电路。此电路具有启停、双向限位、过载保护等功能。

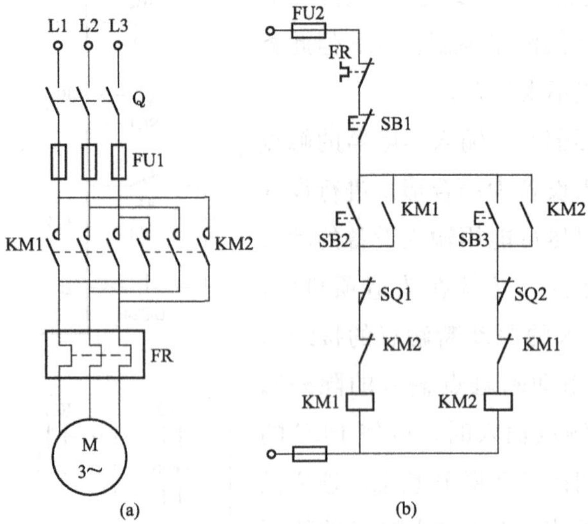

图 5-10 双向限位的电动机正反转电气控制电路

（a）主电路；（b）控制电路

图中，KM1 为正转接触器，KM2 为反转接触器，SB1 为停止按钮，SB2、SB3 为电动机正、反转启动按钮，SQ1 为电动机正转行程开关，SQ2 为电动机反转行程开关。从主电路可以看出，KM1 和 KM2 的主触头是不允许同时闭合的，否则会发生相间短路，因此要求在各自的控制电路中串接入对方的动断辅助触点。当正转接触器 KM1 的线圈通电时，其动断触点断开，即使按下 SB3 也不能使 KM2 线圈通电；同理，当 KM2 的线圈通电时，其动断触点断开，也不能使 KM1 线圈通电。这两个接触器利用各自的触点封锁对方的控制电路，称为“互锁”。这两个动断触点称为互锁触点。控制电路中加入互锁环节后，就能够避免两个接触器同时通电，从而防止了相间短路事故的发生。

双向限位的电动机正反转工作过程如下：

（1）正转启动：先接通三相电源开关 Q，按下正转启动按钮 SB2→正转接触器 KM1 得电吸合→电动机正转并拖动工作台前进→到达终端位置时，工作台上的撞块压下换向行程开关 SQ1，SQ1 动断触点断开→正向接触器 KM1 失电释放，电动机断电停转，运动部件停止运行。

（2）反转启动：按下反转启动按钮 SB3→反转接触器 KM2 得电吸合→电动机反转并拖动工作台后退→当工作台上的撞块压下行程开关 SQ2 时，SQ2 动断触点断开→反转接触器 KM2 失电释放，电动机断电停转，运动部件停止运行。

(3) 停止：在电动机运行时，任何时刻按下停止按钮 SB1 时，电动机停止旋转。

理解了电路的工作过程，根据电气控制电路转换为 PLC 控制梯形图的一般步骤和方法，便可完成相应的转换。

3. I/O 地址设置和接线

对上述电气控制电路中用到的输入设备和输出负载进行分析，归纳出应有六个输入设备：正转启动按钮 SB2、反转启动按钮 SB3、停止按钮 SB1、热继电器 FR、正转限位开关 SQ1 和反转限位开关 SQ2；两个输出负载：正向接触器 KM1 和反向接触器 KM2。

将归纳出的输入/输出设备进行 PLC 控制的 I/O 设置，见表 5-3。

表 5-3　　I/O 设置表

设备/信号类型	序号	名称	PLC 地址	电气符号
输入	1	停止按钮	I0.0	SB1
	2	正向启动按钮	I0.1	SB2
	3	反向启动按钮	I0.2	SB3
	4	热继电器	I0.3	FR
	5	正向限位	I0.4	SQ1
	6	反向限位	I0.5	SQ2
输出	1	正向接触器线圈	Q0.0	KM1
	2	反向接触器线圈	Q0.1	KM2

对应的输入/输出设备与 PLC 输入/输出模块的接线如图 5-11 所示。

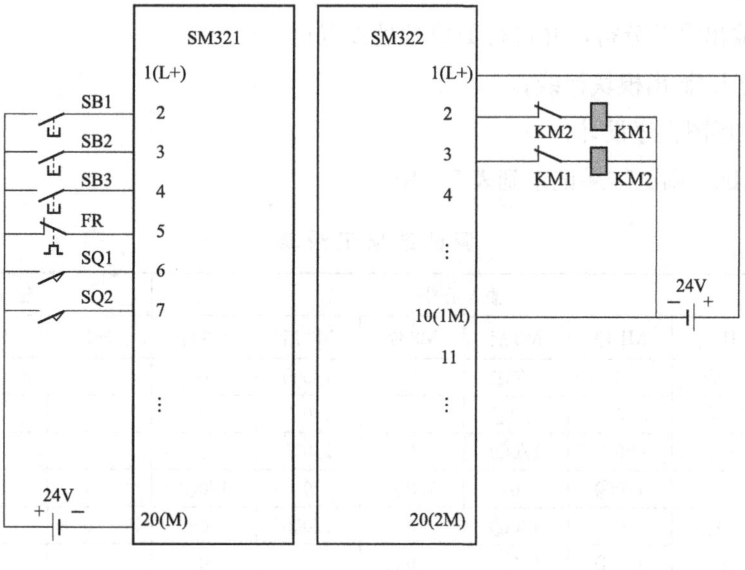

图 5-11　输入/输出模块接线

4. 程序编制

整理双向限位PLC控制的电动机正反转梯形图如图5-12所示。

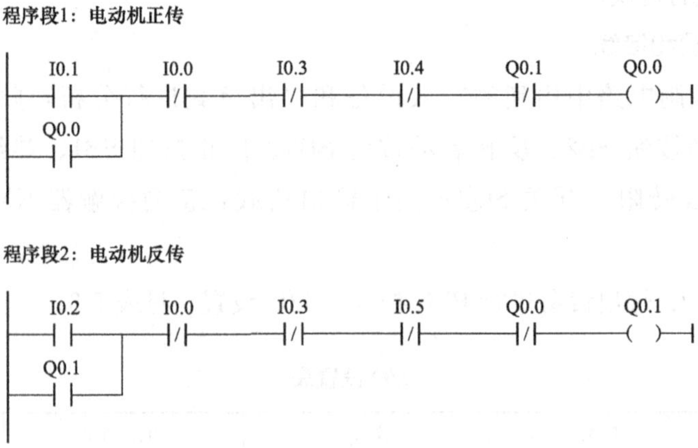

图5-12 电动机正反转梯形图

5. 任务拓展：多台电动机的顺序启停

（1）控制要求：3个电动机M1～M3，分别设置各自启停按钮。

1）前级电动机不启动，后级电动机无法启动，即M1电动机不启动时，M2电动机无法启动，如此类推；前级电动机停止时，后级电动机也停止，如果M1停止时，也停止M2、M3。

2）前级电动机不启动，后级电动机无法启动；后级电动机停止后，前级电动机才能停止，即后级电动机没有停止时，前级电动机不能停止。

（2）在理解控制要求的基础上，完成以下内容：

1）输入/输出设备分析，并进行I/O地址设置；

2）PLC输入/输出模块接线；

3）PLC梯形图程序设计；

4）系统调试，调试结果记录到表5-4中。

表5-4　　调试结果记录表

序号	输入信号						输出信号		
	M1启	M1停	M2启	M2停	M3启	M3停	M1	M2	M3
1	1/0③	0	1/0①	0	1/0②	0			
2	1/0①	0	1/0③	0	1/0②	0			
3	1/0①	0	1/0②	0	1/0③	0			
	0	1/0③	0	1/0②	0	1/0①			
4	1/0①	0	1/0②	0	1/0③	0			
	0	1/0①	0	0	0	0			

注　表格中“1”表示线圈为接通状态；“0”表示线圈为断开状态；“1/0”表示线圈接通后断开；○内标号表示线圈动作顺序。

（3）撰写技术报告，可参考本书配套数字资源。

5.3 数据装载和传送指令

数据装载和传送指令如图 5-13 所示。

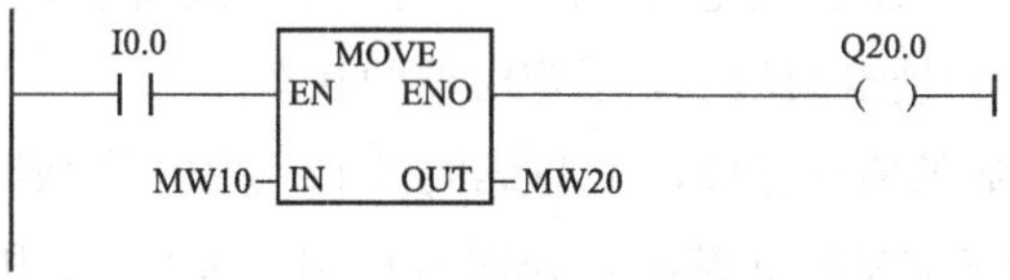

图 5-13 数据装载和传送指令

如果 I0.0 为“1”，则执行指令，把 MW10 的内容复制到 MW20 中。如果执行了指令，则 Q20.0 为“1”。

S7-300 PLC 的 CPU 有两个累加器 ACCU1 和 ACCU2，执行数据装载和传送指令时，先将 ACCU1 的数据传给 ACCU2，再将输入端的数据传送到 ACCU1。

MOVE 指令可以传送字 BYTE、WORD、DWORD 数据类型的数据，要注意传送时数据源地址与目的地址要匹配。

S7-300 PLC 的 CPU 的累加器是 32 位的，传送中如果数据源的数据小于 32 位，则累加器空出的高位用 0 填充。如果目的地址的长度小于 32 位，则只能将累加器低字节的数据传送到目的地址，高字节的信息丢失。

【实例 5-1】 需要传送双字：1111 1111 0000 1111 1111 0000 0101 0101

传送到双字，结果：1111 1111 0000 1111 1111 0000 0101 0101

传送到字，结果：1111 0000 0101 0101

传送到字节，结果：0101 0101

【实例 5-2】 需要传送字节：1111 0000

传送到字节，结果：1111 0000

传送到字，结果：0000 0000 1111 0000

传送到双字，结果：0000 0000 0000 0000 0000 0000 1111 0000

【实例 5-3】 在程序当中，经常用 MOVE 指令作清“0”处理，用如图 5-14 所示的程序实现。

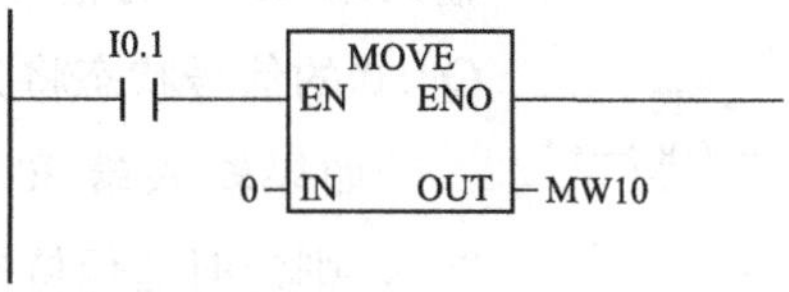

图 5-14 用 MOVE 指令清“0”

5.4　定 时 器 指 令

S7-300 PLC 的 CPU 有 5 种不同类型定时器，包括接通延时定时器（SD）、保持型接通延时定时器（SS）、脉冲定时器（SP）、扩展脉冲定时器（SE）、关断延时定时器（SF）。

每个定时器均占用一个 16 位的地址空间和一个 1 位的地址空间，16 位的地址空间用于存储定时时间值，1 位的地址空间用于表示定时器的状态。

定时时间值以 BCD 码的格式存放，BCD 码的低 12 位用于存放时间常数，其范围为 0～999，高 4 位中的 2 位用于定义时间基准，分别为 0.01、0.1、1s 和 10s，高 2 位无用，如图 5-15 所示。

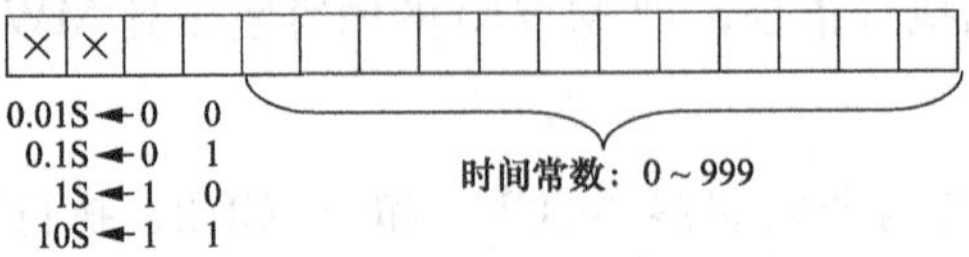

图 5-15　定时器的时间格式

定时器的时间范围为 10ms～9990s。固定的时间输入格式为 S5T＃ah _ bbm _ ccs _ ddms（此处 a 为小时，bb 为分钟，cc 为秒，dd 为毫秒），如 S5T＃1h30m20s、S5T＃10s30ms 等。

5.4.1　接通延时定时器（SD）

接通延时定时器（SD）指令是当 RLO 状态有一个上升沿时，开始启动指定的定时器并开始计时，计时过程中定时器信号状态为“0”。定时时间到，定时器的信号状态变为“1”。如果在定时器运行期间 RLO 状态从“1”变为“0”，则定时器停止计时，直到下一个上升沿发生。接通延时定时器（SD）指令梯形图程序如图 5-16 所示，对应的时序图如图 5-17 所示。

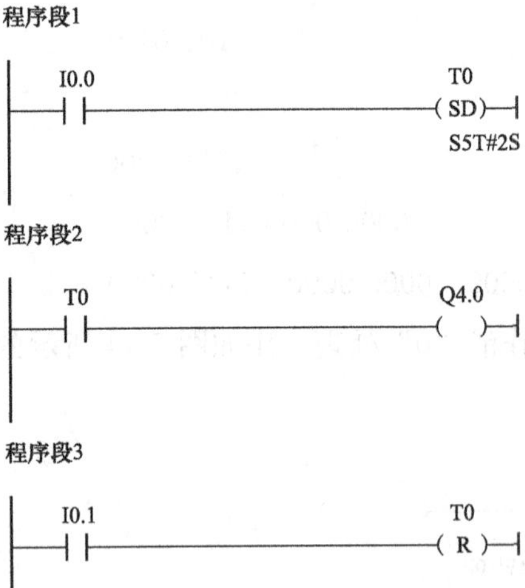

图 5-16　接通延时定时器（SD）指令梯形图

从时序图可以看出，如果输入端 I0.0 的信号状态从“0”变为“1”（RLO 中的上升沿），则定时器 T0 启动并开始计时。如果指定时间结束而输入端 I0.0 的信号状态仍为“1”，则输出端 Q4.0 的信号状态将为“1”。

如果输入端 I0.0 的信号状态从“1”变为“0”，则定时器保持空闲，并且输出端 Q4.0 的信号状态将为“0”。如果输入端 I0.1 的信号状态从

“0”变为“1”，定时器 T0 将复位，定时器停止，并将时间值的剩余部分清为“0”。

接通延时定时器（SD）指令对应的定时器方框指令如图 5-18 所示。

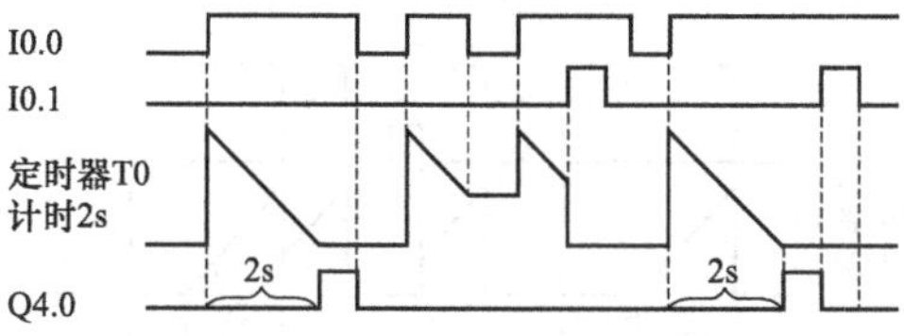

图 5-17 接通延时定时器（SD）指令时序图

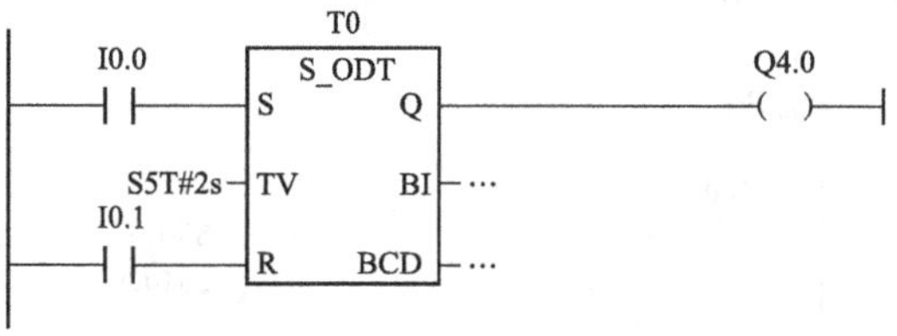

图 5-18 接通延时定时器方框指令

定时器方框指令参数见表 5-5。

表 5-5 接通延时定时器方框指令参数

参数	数据类型	存储区	描述
<地址>	TIMER	T	定时器标识号，范围取决于 CPU
S	BOOL	I、Q、M、L、D	使能输入
TV	S5TIME	I、Q、M、L、D	预设时间值
R	BOOL	I、Q、M、L、D	复位输入
BI	WORD	I、Q、M、L、D	剩余时间值，整型格式
BCD	WORD	I、Q、M、L、D	剩余时间值，BCD 格式
Q	BOOL	I、Q、M、L、D	定时器的状态

可在输出端 BI 和 BCD 扫描当前时间值。时间值在 BI 处为二进制编码，在 BCD 处为 BCD 编码。当前时间值为初始 TV 值减去定时器启动后经过的时间。

5.4.2 保持型接通延时定时器（SS）

与接通延时定时器（SD）类似，但保持型接通延时定时器（SS）具有保持功能。如果启动端是脉冲信号，不能维持高电平，又需要接通延时定时器正常工作，选用保持型接通延时定时器（SS）。

保持型接通延时定时器（SS）只有通过复位才能将定时器的信号状态设为“0”。如果在定时器运行期间 RLO 从“0”变为“1”，则定时器以指定的时间值重新启动。保持型接通延时定时器（SS）指令梯形图、时序图如图 5-19 和图 5-20 所示。

从时序图可以看出，如果输入端 I1.0 的信号状态从“0”变为“1”（RLO 中的上升沿），则定时器 T1 启动。如果在定时器达到指定时间前输入端 I1.0 的信号状态从“0”变为“1”，则定时器将重新触发。如果定时器达到指定时间，则输出端 Q4.1 将变为“1”。如果输入端 I1.1 的信号状态从“0”变为“1”，无论 I1.0 的状态如何，定时器 T1 都将复位，并将时间值的剩余部分清为“0”。

保持型接通延时定时器（SS）指令对应的定时器方框指令如图 5-21 所示，其参数与表 5-5 相同。

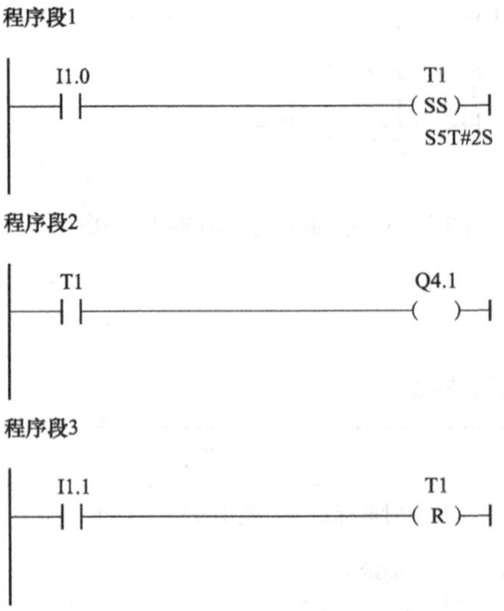

图 5-19　保持型接通延时定时器（SS）指令梯形图

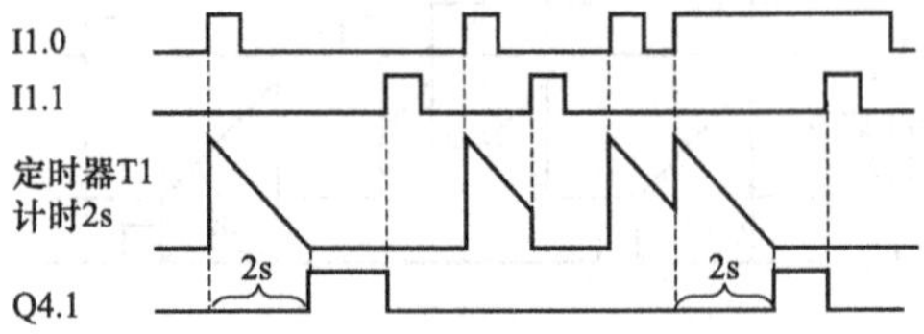

图 5-20　保持型接通延时定时器（SS）指令时序图

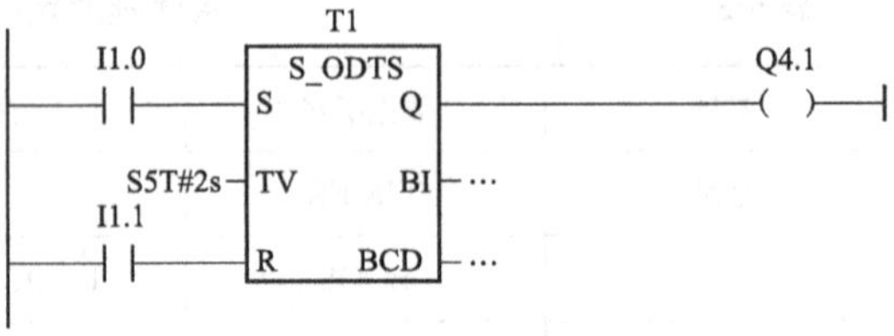

图 5-21　保持型接通延时定时器方框指令

5.4.3　脉冲定时器（SP）

脉冲定时器（SP）指令是产生指定时间宽度脉冲的定时器。当 RLO 状态有一个上升沿时，脉冲定时器（SP）指令启动，开始计时。计时过程中定时器信号状态为“1”，直到时间到，定时器信号状态自动变为“0”。脉冲定时器可以将长信号变成指定长度的脉冲。只要定时器运行，定时器的信号状态就为“1”。如果在达到时间值前，RLO 中的信号状态从“1”变为“0”，则定时器停止计时，输出也立刻变成低电平“0”，直到 RLO 下一个上升沿到来，脉冲定时器（SP）重新启动并计时。脉冲定时器（SP）指令梯形图程序如图 5-22 所示，对应的时序图如图 5-23 所示。

从时序图可以看出，如果输入端 I2.0 的信号状态从“0”变为“1”（RLO 中的上升沿），则定时器 T2 启动。只要输入端 I2.0 的信号状态为“1”，定时器就继续运行指定的 2s 时间。如果在指定的时间结束前输入端 I2.0 的信号状态从“1”变为“0”，则定时器停止。

在定时器运行期间，输出端 Q4.2 的信号状态为“1”。如果输入端 I2.1 的信号状态从“0”变为“1”，定时器 T2 将复位，定时器停止，并将时间值的剩余部分清为“0”。

脉冲定时器（SP）方框指令如图 5-24 所示。

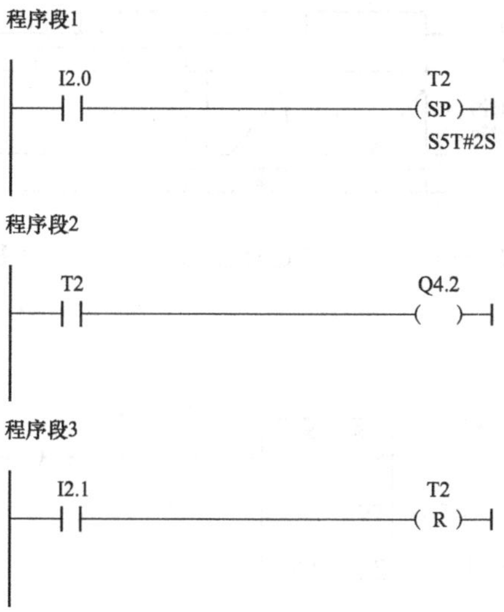

图 5-22　脉冲定时器（SP）指令梯形图

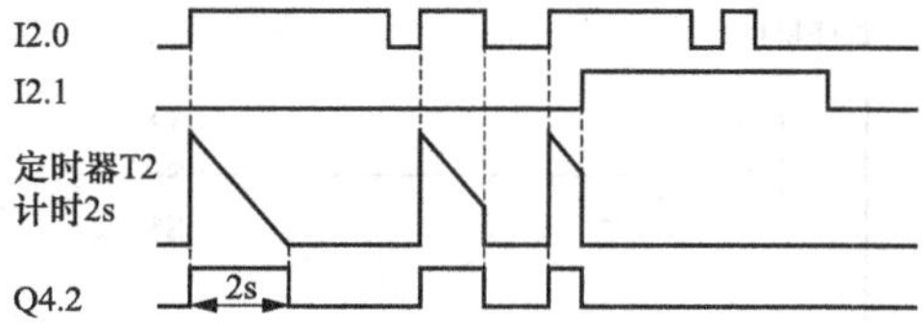

图 5-23　脉冲定时器（SP）指令时序图

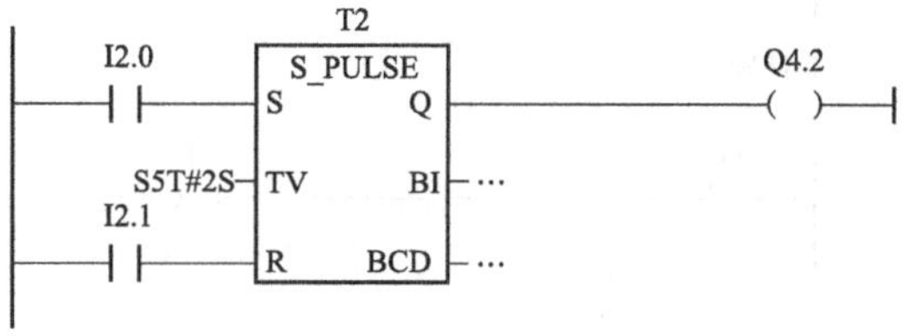

图 5-24　脉冲定时器方框指令

5. 4. 4　扩展脉冲定时器（SE）

扩展脉冲定时器（SE）指令与脉冲定时器（SP）指令相似，但扩展脉冲定时器（SE）指令有保持功能。其梯形图如图 5-25 所示，对应的时序图如图 5-26 所示。

从时序图可以看出，如果输入端 I3. 0 的信号状态从“0”变为“1”（RLO 中的上升沿），则定时器 T3 启动，同时输出高电平“1”。定时时间到以后，输出自动变成低电平“0”。如果定时时间尚未到达，I3. 0 的信号状态就从“1”变为“0”，此时定时器仍然继续运行，直到计时完成。如果在定时器达到指定时间前 I0. 0 的信号状态从“0”变为“1”，则定时器重新触发。

只要定时器运行，输出端 Q4. 3 的信号状态就为“1”。如果输入端 I3. 1 的信号状态从“0”变为“1”，定时器 T3 将复位，定时器停止，并将时间值的剩余部分清为“0”。

扩展脉冲定时器（SE）方框指令如图 5-27 所示。

5. 4. 5　关断延时定时器（SF）

关断延时定时器（SF）指令是定时器指令中唯一的由下降沿驱动的定时器指令。当 RLO 状态为“1”时，定时器节点立即输出高电平，但定时器未启动计时。只有当 RLO 状态有一个从“1”到“0”的下降沿时，定时器开始启动计时，并继续输出高电平“1”，当计时完成后，输出自动变为“0”，定时器停止工作。如果在定时器运行期间 RLO 从“0”变为“1”，则定时器复位。只有 RLO 从“1”重新变为“0”时，定时器才会重新启动。关断延时定时器（SF）指令梯形图程序如图 5-28 所示，对应的时序图如图 5-29 所示。

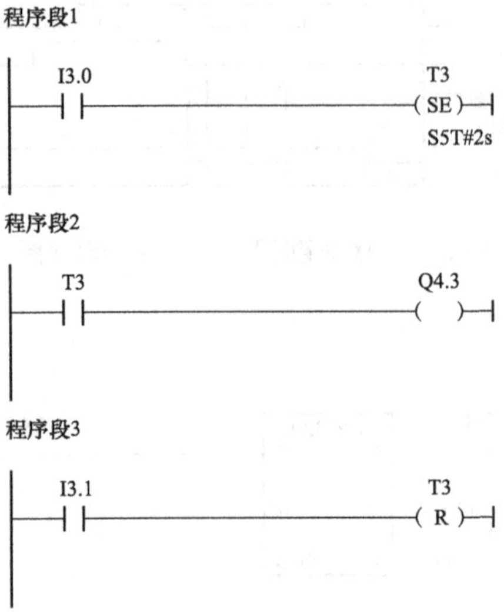

图 5-25　扩展脉冲定时器（SE）指令梯形图

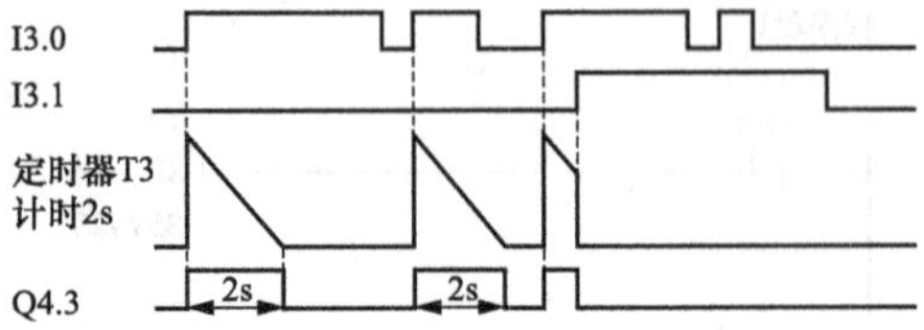

图 5-26　扩展脉冲定时器（SE）指令时序图

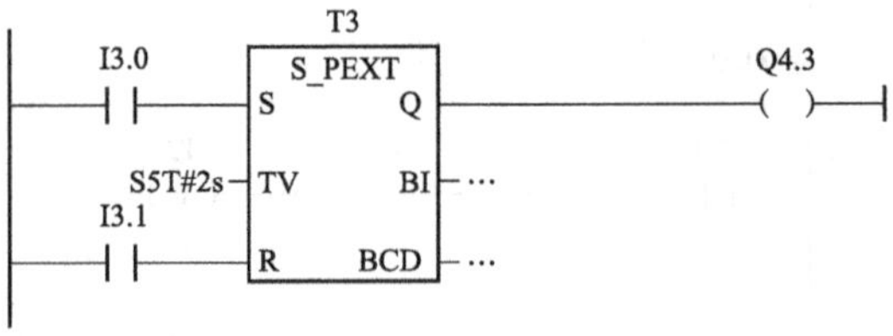

图 5-27　扩展脉冲定时器（SE）方框指令

从时序图可以看出，如果输入端 I4.0 的信号状态从“1”变为“0”，则定时器 T4 启动。

如果输入端 I4.0 为“1”或定时器正在运行，则输出端 Q4.0 的信号状态为“1”。如果输入端 I4.1 的信号状态从“0”变为“1”，定时器 T4 将复位，定时器停止，并将时间值的剩余部分清为“0”。

关断延时定时器（SF）方框指令如图 5-30 所示。

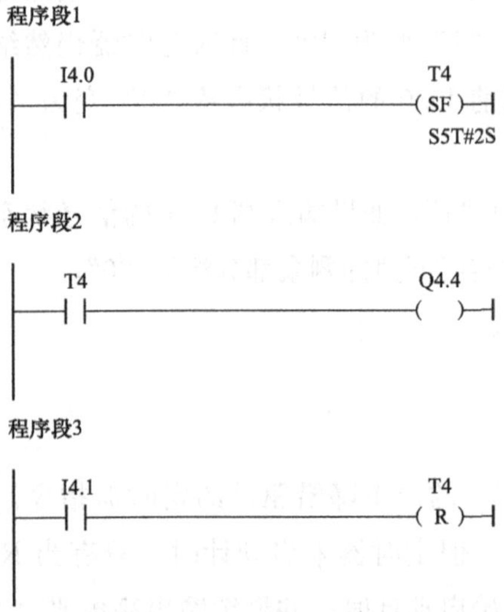

图 5-28　关断延时定时器（SF）指令梯形图

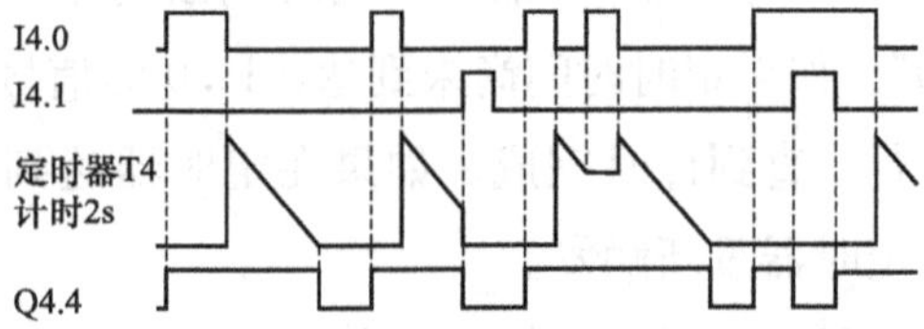

图 5-29　关断延时定时器（SF）指令时序图

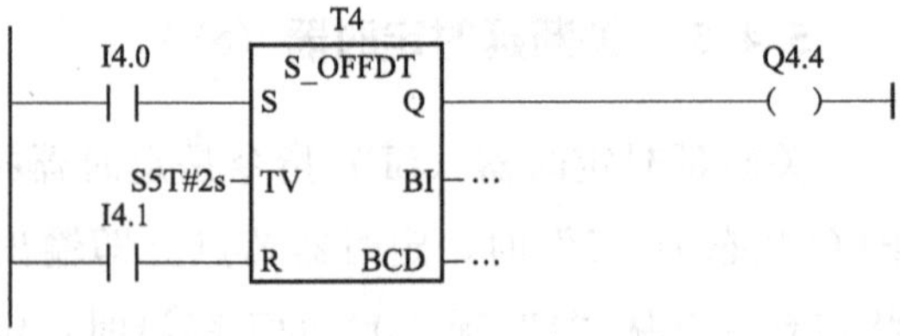

图 5-30　关断延时定时器（SF）方框指令

【实例 5-4】　当程序中定时器的设定时间可变化时，可以用 MOVE 指令先将时间值写入存储器，再以存储器的方式赋值给定时器，如图 5-31 所示程序，可以选择延时时间是 60s 或 90s。

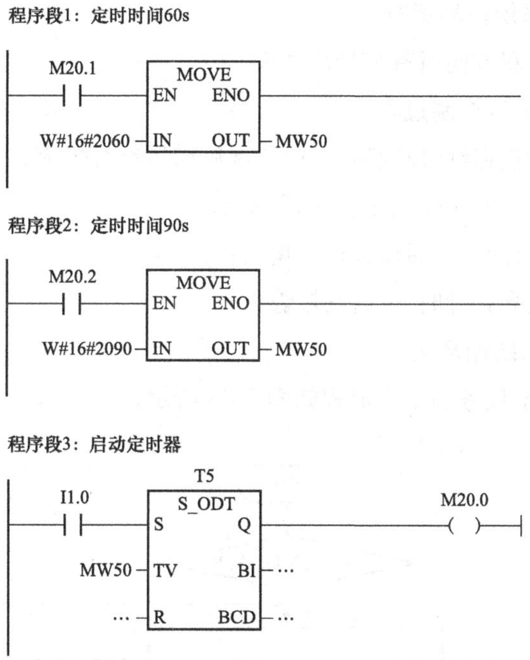

图 5-31 定时器设定时间可变程序

5.5 综合训练：十字路口交通信号灯控制

1. 控制要求

图 5-32 所示为十字路口交通指挥灯时序图，按下启动按钮，十字路口交通指挥灯按图示规律自动循环；按下停止按钮，所有灯光熄灭。

2. 任务分析

根据控制要求对任务进行分析，从十字路口交通信号灯系统的运行时序图可以看出，纵道与横道的信号灯运行时，要同时启动，时间上也需要相互配合的，按下停止按钮后，两个方向的交通灯必须同时关闭，否则将会出现交通事故。

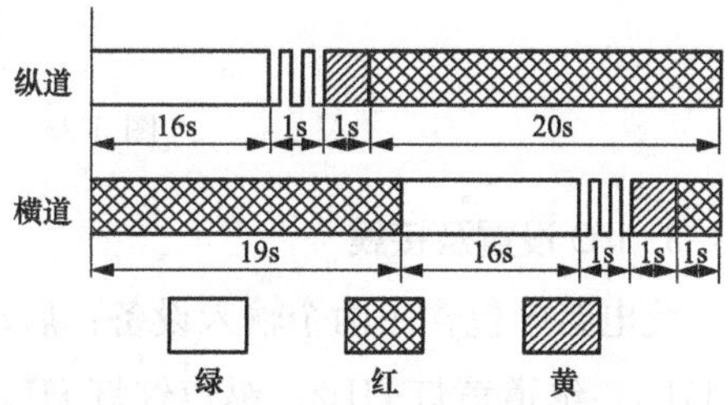

图 5-32 十字路口交通指挥灯时序图

根据分析可以把任务分为两个重点环节，即纵道交通灯的运行过程控制和横道交通灯的运行过程控制。具体过程分析如下：

（1）纵道交通灯的运行控制过程。

1）按下启动按钮，纵道绿灯点亮，计时 16s，闪烁 1s 后熄灭；

2）纵道黄灯点亮，计时 1s 后纵道黄灯熄灭；

3）纵道红灯点亮，计时 20s 后纵道红灯熄灭；

4）返回步骤 1)，系统循环运行；

5）按下停止按钮，双方向所有信号灯熄灭。

（2）横道交通灯的运行控制过程。

1）按下启动按钮，横道红灯点亮，计时 19s 后横道红灯熄灭；

2）横道绿灯点亮，计时 16s，闪烁 1s 后熄灭；

3）横道黄灯点亮，计时 1s 后横道黄灯熄灭；

4）横道红灯再次点亮，计时 1s 后红灯熄灭；

5）返回步骤 1)，系统循环运行。

经过以上分析制定本任务的工作流程如图 5-33 所示。

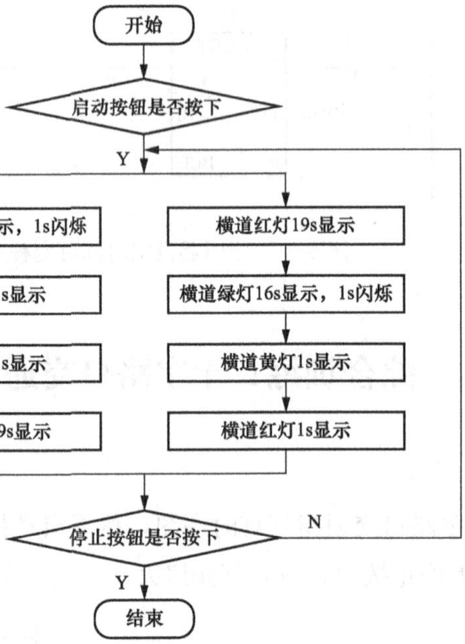

图 5-33　交通信号灯工作流程图

3. I/O 设置及接线

此电路中包含了两个输入设备：启动按钮 SB1，停止按钮 SB2；六个输出负载：纵道绿灯 HL1、纵道黄灯 HL2、纵道红灯 HL3、横道红灯 HL4、横道绿灯 HL5、横道黄灯 HL6。I/O 设置见表 5-6。

表 5-6　　**I/O 设置表**

设备/信号类型	设备名称	PLC 地址
输入	启动按钮 SB1	I0.0
	停止按钮 SB2	I0.1

续表

设备/信号类型	设备名称	PLC 地址
输出	纵道绿灯 HL1	Q4.0
	纵道黄灯 HL2	Q4.1
	纵道红灯 HL3	Q4.2
	横道红灯 HL4	Q4.3
	横道绿灯 HL5	Q4.4
	横道黄灯 HL6	Q4.5

根据要求设计出系统输入/输出接线图，如图 5-34 所示。

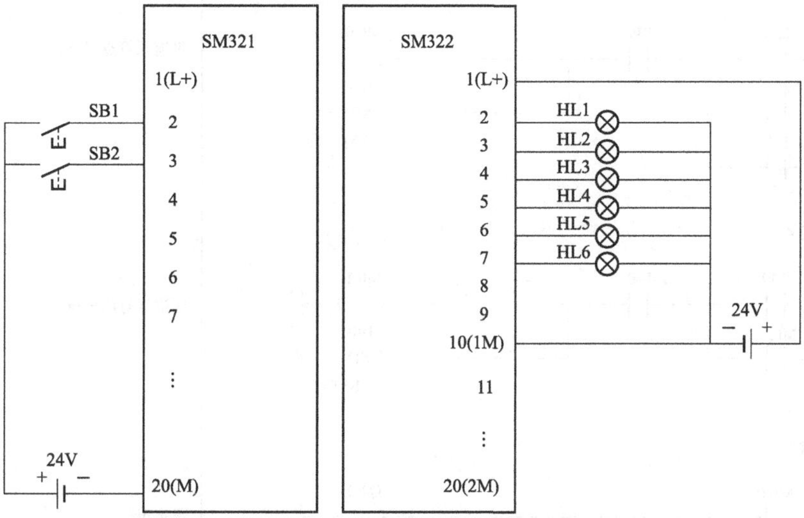

图 5-34 PLC 输入/输出模块接线图

4. 程序编制

（1）纵道交通灯的运行控制程序如图 5-35 所示。

（2）横道交通灯的运行控制程序如图 5-36 所示。

（3）按下停止按钮，双向交通信号灯熄灭的控制程序如图 5-37 所示。

5. 系统调试

调试的主要目的是验证完成的项目是否符合控制要求，在调试过程中可以发现各种设计前未知的问题，不断验证修改程序，对程序和系统进行不断优化和调整。

调试的内容有两方面：一方面是通过系统调试功能中的程序状态监控，观察程序是否符合工作流程图，判断程序编制是否正确；另一方面是观察交通灯负载运行状况，看是否满足控制要求，判断硬件电路是否符合要求。

调试的过程可以依据表 5-7 的步骤进行。

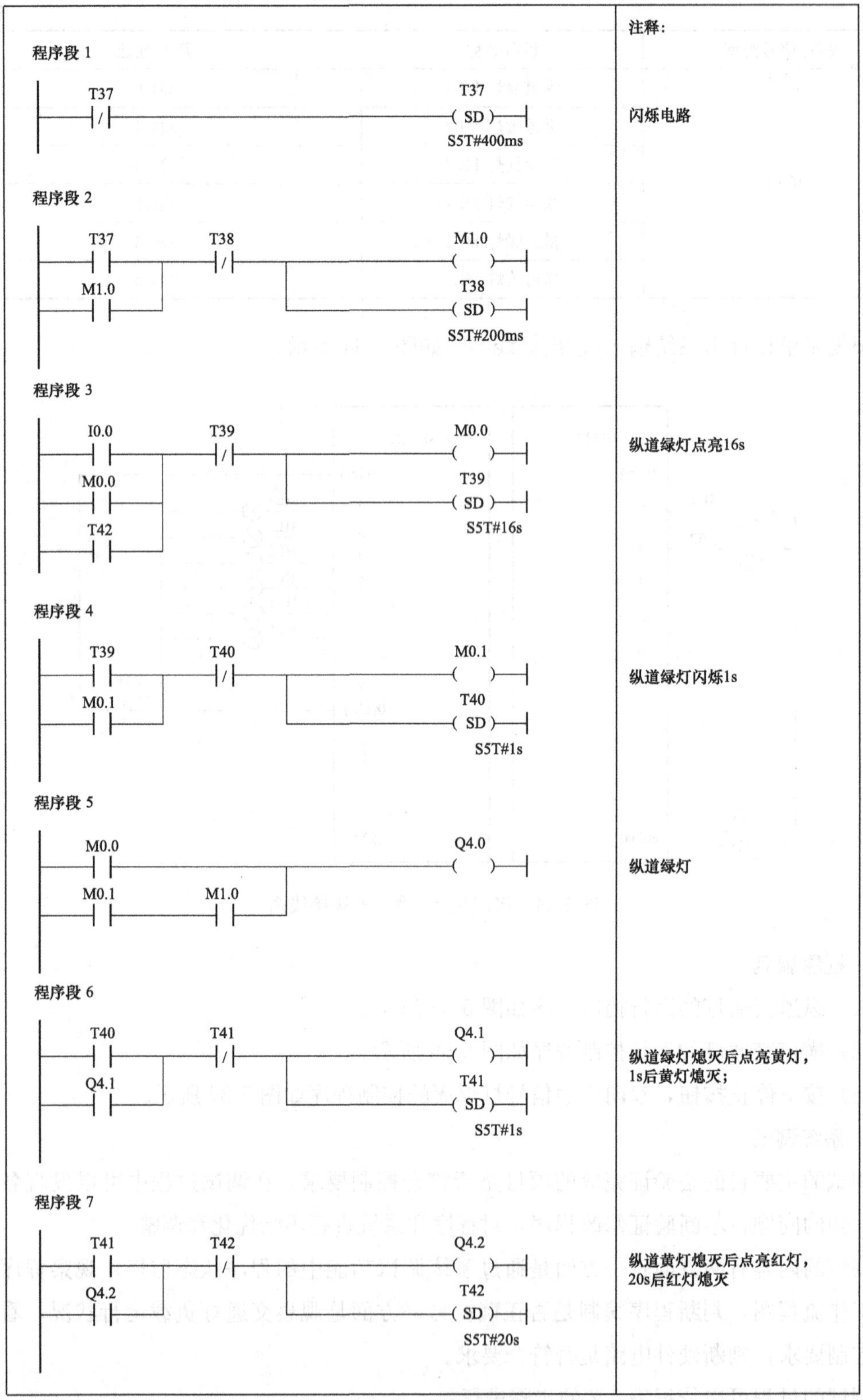

图 5-35　纵道交通灯控制程序

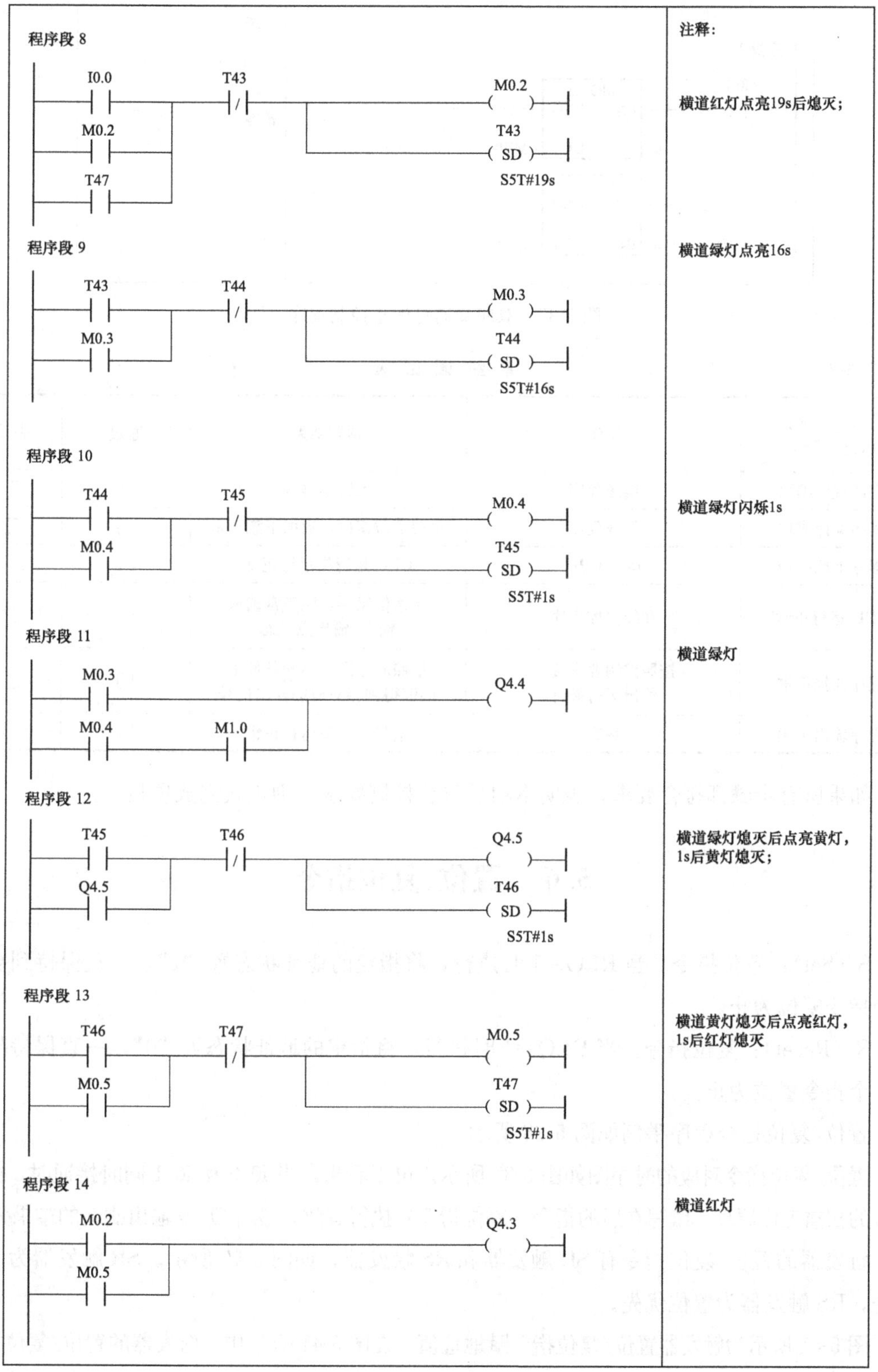

图 5-36　横道交通灯控制程序

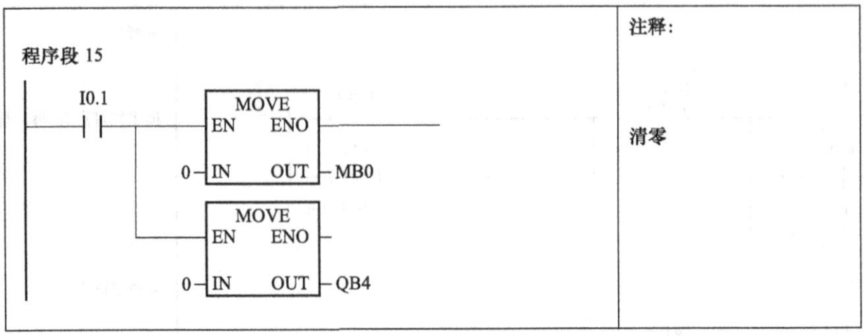

图 5-37　双向交通灯停止控制程序

表 5-7　　**系统调试表**

当前状态 \ 项目	操作	预测结果	通过	失败
完成程序编写	编译程序	无错误报告	□	□
程序编译成功	下载程序	出现下载窗口，数据下载正常	□	□
程序下载成功	运行 CPU	CPU 运行指示灯正常	□	□
CPU 运行正常	在线监控程序	无通信错误，能正常读取输入/输出点状态	□	□
程序监控正常	按照控制要求逐一给出运行条件	依照时序图，不同条件下能够得到相对应的输出信号	□	□
程序输出正确	观察	信号灯负载运行正常	□	□

如果所有步骤都符合要求，表明本项目符合控制要求，则正式完成项目。

5.6　置位/复位指令

S（Set）：置位指令。当 RLO=1 时执行，将指定的地址状态置“1”，一直保持到被另一个指令复位为止。

R（Reset）：复位指令。当 RLO=1 时执行，将指定的地址状态置“0”，一直保持到被另一个指令置位为止。

置位/复位指令程序举例如图 5-38 所示。

置位/复位指令对应的时序图如图 5-39 所示。可以看出，当 I0.0 和 I0.1 同时接通时，由于 PLC 的扫描工作原理，编写在后的指令（复位指令）执行有效，最后 Q0.0 输出刷新的结果为 0。

触发器的置位/复位指令有 SR 触发器和 RS 触发器，如图 5-40 所示。SR 触发器为复位优先，RS 触发器为置位优先。

图 5-41 所示为触发器置位/复位指令赋地址值。在图 5-41（a）中，触发器的置位/复位指令的问号处必须赋地址值，Q 端的状态等于该地址的值。所以 Q 端可以不赋地址值，如图 5-41（b）所示；Q 端也可以与问号处赋相同的地址值或不同的地址值，如图 5-41（c）所示。

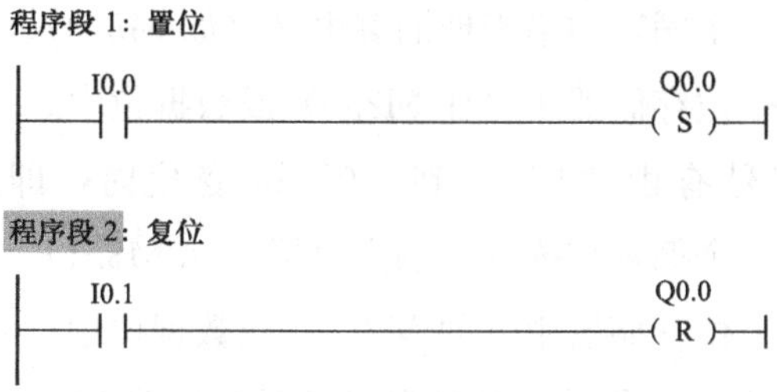

图 5-38 置位/复位指令程序举例

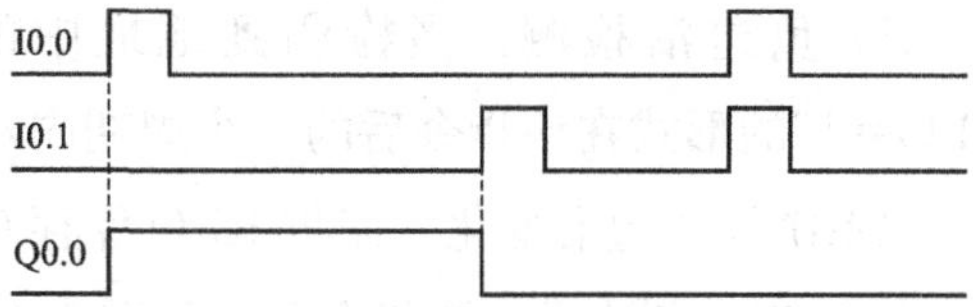

图 5-39 置位/复位指令时序图

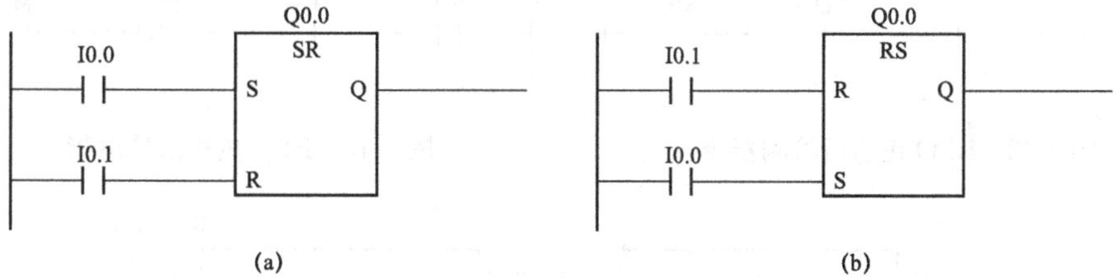

图 5-40 触发器的置位/复位指令

（a）SR 触发器；（b）RS 触发器

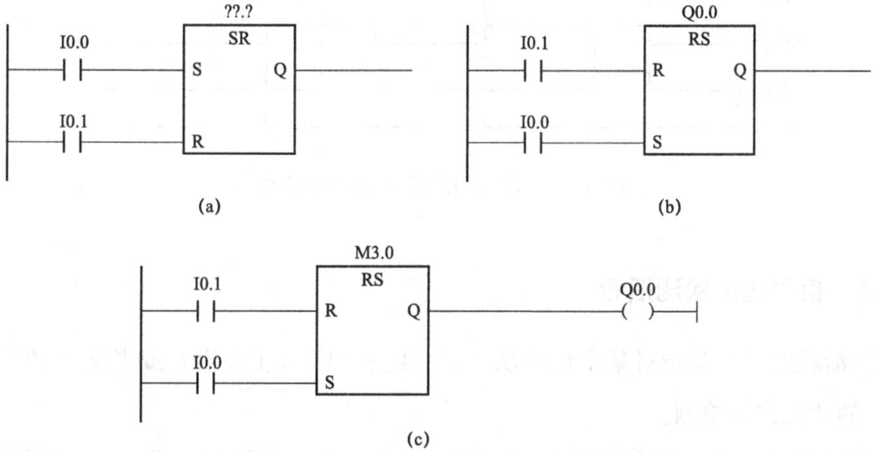

图 5-41 触发器的置位/复位指令赋地址值

5.7 边沿检测指令

5.7.1 RLO 边沿检测指令

RLO 边沿检测指令是对逻辑操作结果从“0”变到“1”（正边沿，又称上开沿）或者从“1”变到“0”（负边沿，又称下降沿）的状态进行检测。

（1）正边沿检测：当检测到地址中的信号有由“0”变到“1”的变化时，即以

"RLO＝1"的形式在该指令后的一个周期内输出一个循环扫描周期的高电平（如 M8.0）。为了方便系统检查边沿变化，需将 RLO 保存在一个位存储器中（如 M2.0）或数据位中。

（2）负边沿检测：当检测到地址中的信号有由"1"变到"0"的变化时，即以"RLO＝1"的形式在该指令后的一个周期内输出一个循环扫描周期的高电平（如 M8.1）。为了方便系统检查边沿变化，需将 RLO 保存在一个位存储器中（如 M2.1）或数据位中。

RLO 正、负边沿检测指令分别如图 5-42、图 5-43 所示，其时序图如图 5-44 所示。

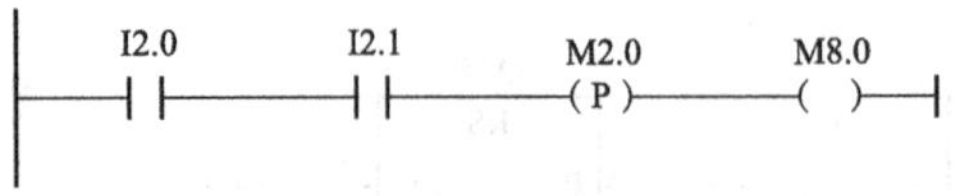

图 5-42　RLO 正边沿检测指令

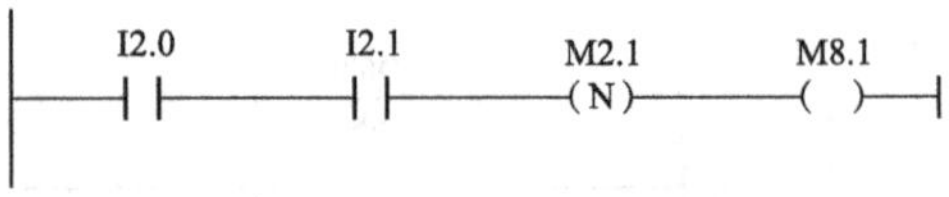

图 5-43　RLO 负边沿检测指令

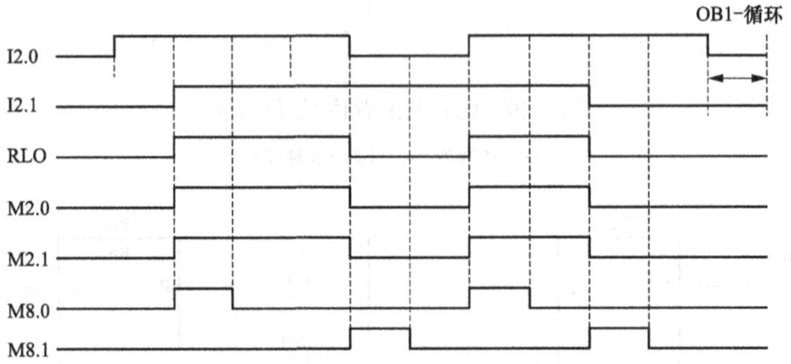

图 5-44　RLO 边沿检测指令时序图

5.7.2　信号边沿检测指令

信号边沿检测指令是指对某个信号从"0"变到"1"（正边沿）或者从"1"变到"0"（负边沿）的状态进行检测。

（1）信号 I2.1 的正边沿检测如图 5-45 所示。M2.0 记录信号 I2.1 前一个扫描周期的信号状态。只有当 I2.0 为"1"信号且 I2.1 有正边沿时，M8.0 才输出一个扫描周期的"1"信号。

（2）信号 I2.1 的负边沿检测如图 5-46 所示。M2.1 记录信号 I2.1 前一个扫描周期的信号状态。只有当 I2.0 为"1"信号且 I2.1 有负边沿时，M8.1 才输出一个扫描周期的"1"信号。

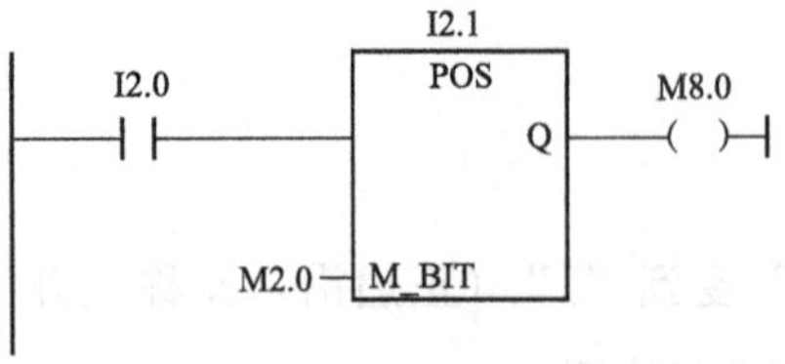

图 5-45　信号正边沿检测指令

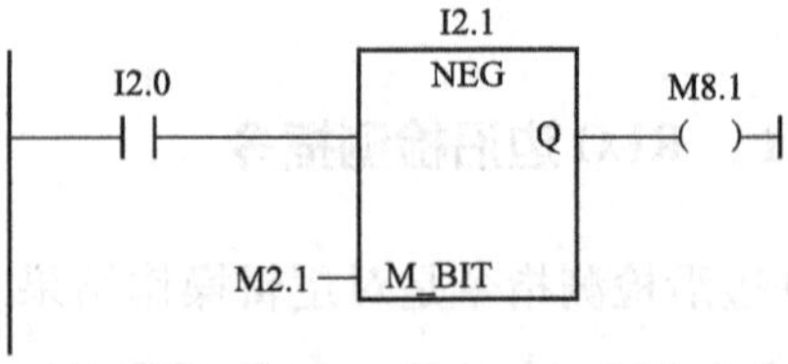

图 5-46　信号负边沿检测指令

信号边沿检测指令的时序图如图 5-47 所示。

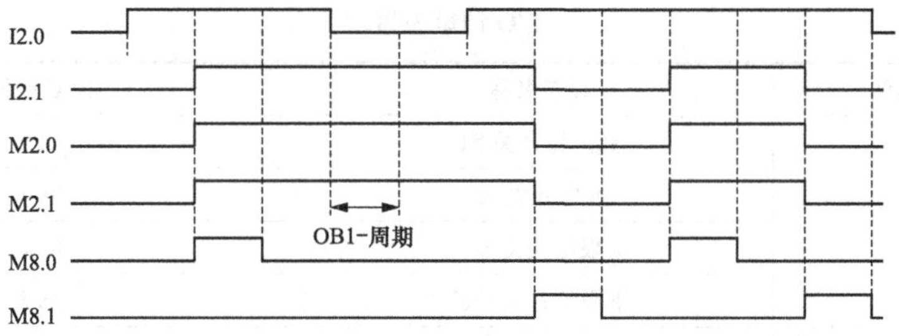

图 5-47 信号边沿检测指令时序图

【实例 5-5】 车库自动门控制。图 5-48 所示为车库自动门控制示意图。当有车辆到达车库大门前时，自动门开始上升打开，当门升到一定高度后，升门动作停止。当车辆完全通过大门时，自动开始降门动作，下降到一定高度时，完成关门动作。由 PLC 控制电动机完成升门和降门动作。

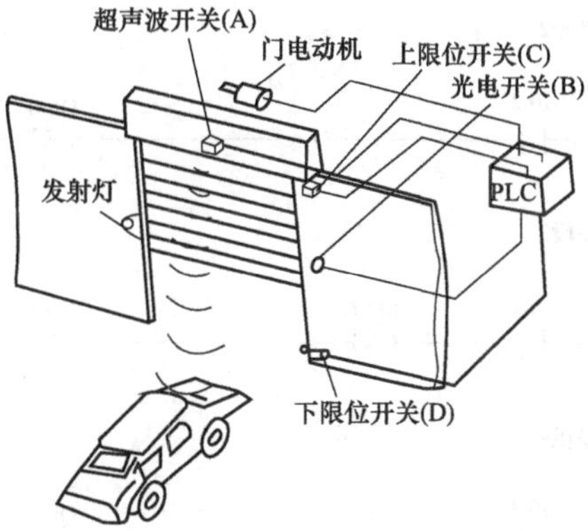

图 5-48 车库自动门控制示意图

系统采用一台 PLC、两套不同的传感器来完成控制要求。其中超声波开关用来检测接近大门的物体，光电开关用来检测通过大门的物体。

超声波开关的工作原理：当物体（汽车）进入超声波的检测范围时，超声波开关便检测出物体反射回来的超声波，开关动作。

光电开关的工作原理：光电开关由光源和接收器组成。光源连续发射光束，接收器连续接收光束。当物体遮挡住光源发射的光束时，光电开关动作；当物体离开大门时，光束可以正常到达接收器，接收器又恢复原状。

将这两个开关的接点连接到 PLC 的输入端子，分别控制两个输出继电器，控制大门电动机的正、反转，就可以实现大门的自动打开和关闭。另外，还需两个限位开关，分别检测大门是否到达上极限和下极限，控制大门在适当位置停下来。

系统中包含了四个输入设备：超声波开关 S1，光电开关 S2，上限位开关 SQ1，下限位开关 SQ2；两个输出负载：升门继电器 KA1、降门继电器 KA2。I/O 地址设置见表 5-8。

表 5-8　　I/O 地址设置

设备/信号类型	设备名称	PLC 地址
输入	超声波开关 S1	I0.0
	光电开关 S2	I0.1
	上限位开关 SQ1	I0.2
	下限位开关 SQ2	I0.3
输出	升门继电器 KA1	Q0.0
	降门继电器 KA2	Q0.1

按照控制要求编制的车库自动门控制梯形图，如图 5-49 所示。

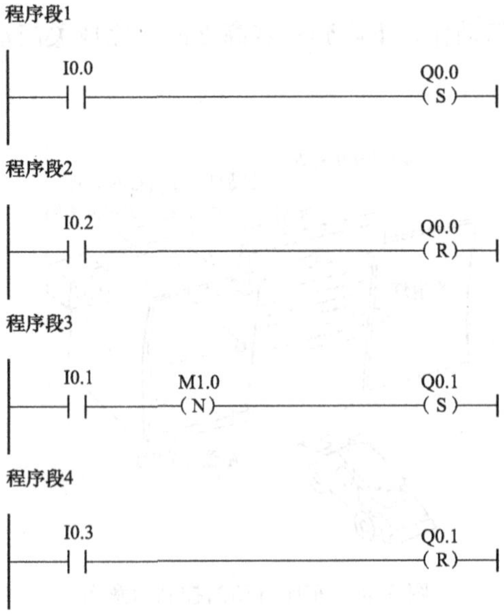

图 5-49　车库自动门控制梯形图

工作过程：

(1) 当车进入超声波检测范围，超声波开关有信号，即 I0.0 有输入信号。程序段 1 中 I0.0 动合触点闭合，Q0.0 线圈得电，车库自动门上升。

(2) 门上升至上限位开关，I0.2 有输入信号，程序段 2 中 I0.2 动合触点闭合。Q0.0 线圈失电，门上升动作停止。

(3) 当车进入自动门，光电开关有信号，程序段 3 中 I0.1 动合触点闭合；当车完全进入自动门，光电开关复位，程序段 3 中 M1.0 线圈得电一个扫描周期，Q0.1 线圈得电，自动门下降。

(4) 当自动门下降碰到下限位开关时，下限位开关转换，程序段 4 中的 I0.3 动合触点闭合，Q0.1 线圈失电，自动门下降停止。

5.8 综合训练：自动定时搅拌机控制

1. 控制要求

初始状态时，罐内液体为空，液位传感器SL1、SL2没有信号，出料电磁阀A、进料电磁阀B均为失电关闭状态，搅拌电动机M为失电停止状态。运行开始，进料电磁阀B打开，开始进料，罐内液体液位上升，淹没液位传感器SL2时，SL2有信号，液位继续上升，当罐内的液位上升到一定高度，高液位传感器SL1的动合触点接通，关闭进料电磁阀B，同时启动搅拌电动机M，开始搅拌。搅拌1min后，停止搅拌，打开出料电磁阀A，当罐内液位下降到一定位置，低液位传感器SL2动合触点断开，关闭出料电磁阀A，重新打开进料电磁阀B，又一次进料。重复上述过程，完成定时搅拌。

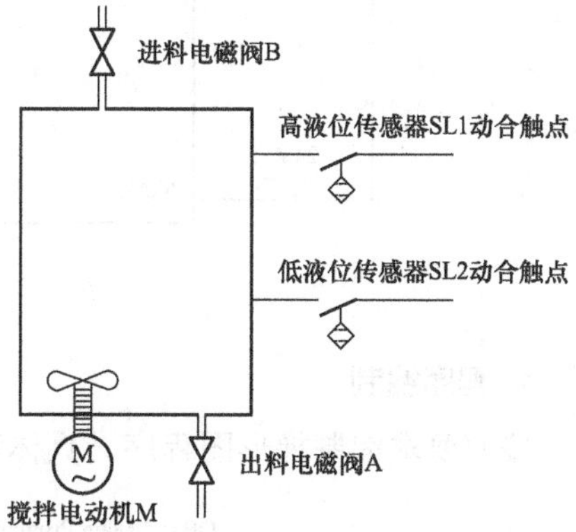

图5-50 自动定时搅拌机

2. 任务分析

初始状态控制出料电磁阀A为关闭状态。按下启动按钮电磁阀B打开，开始进料；当高液位传感器SL1动合触点接通后，关闭电磁阀B，同时启动电动机M并开始计时；计时1min（应用定时器指令）后，电动机M停止，出料电磁阀打开；SL2由接通到断开（应用边沿检测指令），电磁阀A关闭，电磁阀B打开，进行循环。打开、关闭电磁阀可以应用置位/复位指令完成。

3. I/O设置与接线

此电路中包含了四个输入设备：启动按钮SB1，停止按钮SB2，高液位传感器SL1，低液位传感器SL2；三个输出负载：出料电磁阀A，进料电磁阀B，搅拌电动机M。I/O设置见表5-9。

表5-9 I/O设置表

设备/信号类型	设备名称	PLC地址
输入	启动按钮SB1	I0.0
	停止按钮SB2	I0.1
	高液位传感器SL1	I0.2
	低液位传感器SL2	I0.3
输出	出料电磁阀A	Q4.0
	进料电磁阀B	Q4.1
	搅拌电动机M	Q4.2

其PLC输入/输出模块接线如图5-51所示。

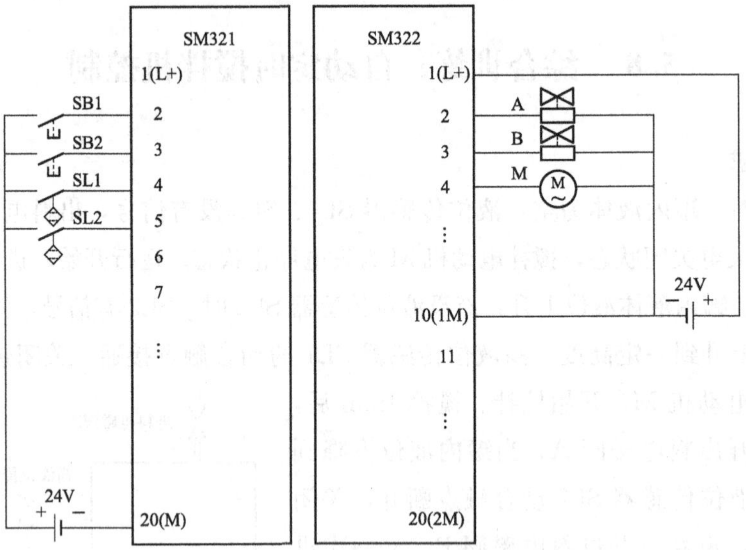

图 5-51　PLC 输入/输出模块接线

4. **程序编制**

按照要求编制梯形图程序，具体程序如图 5-52 所示。

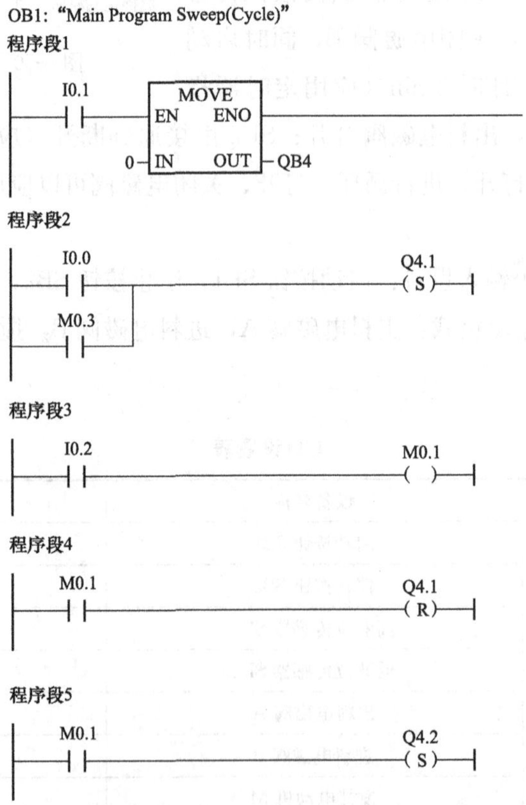

图 5-52　自动定时搅拌机控制程序（一）

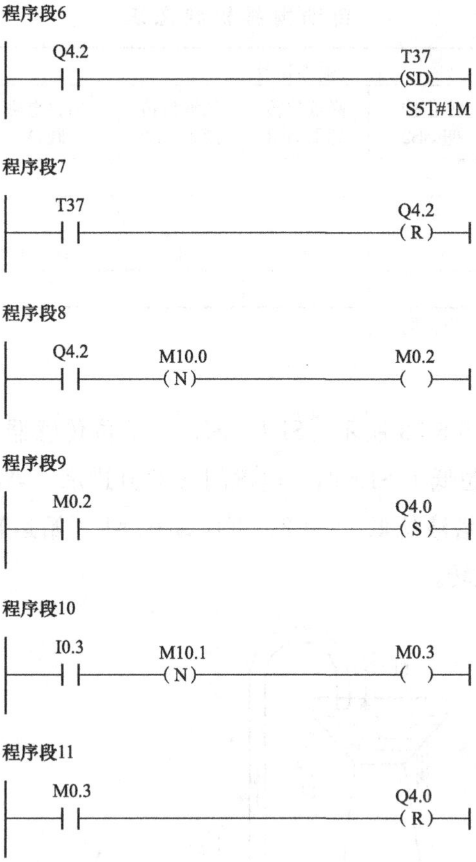

图 5-52　自动定时搅拌机控制程序（二）

自动定时搅拌机的工作过程如下：

初始状态控制出料电磁阀 A 为关闭状态。按下启动按钮 SB1，程序段 2 的 I0.0 动合触点闭合，Q4.1 线圈得电，进料电磁阀 B 打开，开始进料；当罐内的液位上升到一定高度，液位传感器 SL1 的触点接通，程序段 3 的 I0.2 动合触点闭合，M0.1 线圈得电，程序段 4、5 中 M0.1 动合触点闭合，Q4.1 线圈失电，进料电磁阀 B 关闭，同时 Q4.2 线圈得电，启动搅拌电机 M，开始搅拌；程序段 6 中 Q4.2 动合触点闭合，定时器 T37 开始定时，在搅拌 1min 后，程序段 7、8 中的 T37 动合触点闭合，Q4.2 线圈失电，停止搅拌，Q4.0 线圈得电，打开出料电磁阀 A。当罐内液位下降到一定位置，液位传感器 SL2 触点断开，程序段 9 中 I0.3 动合触点由闭合到断开，M0.3 线圈得电，程序段 11 和程序段 2 中 M0.3 动合触点闭合，Q4.0 线圈失电，关闭出料电磁阀 A，程序段 2 中的 Q4.1 线圈得电，重新打开进料电磁阀 B，又一次进料。重复上述过程，完成定时搅拌。

5. 任务测试

程序调试成功后，运行整个控制系统，对照表 5-10 列出的状态进行测试，分析和排除故障，直到测试结果和状态表一致。

表 5-10　　自动搅拌机状态表

动作顺序	输入信号				输出信号		
	启动按钮 SB1	停止按钮 SB2	高液位传感器 SL1	低液位传感器 SL2	出料电磁阀 A	进料电磁阀 B	搅拌电动机 M
0	—	—	—	—	—	—	—
1	+/—	—	—	—	—	+	—
2	—	—	+	+	—（1min）/+	—	+（1min）/—
3	—	—	—	—	—	+	—

注　“+”为得电状态，“—”为失电状态。

6. 任务拓展

水塔液位控制系统如图 5-53 所示，SL1～SL4 为液位传感器，液位淹没时接通。系统控制要求如下：当水池液位低于 SL4 时，电磁阀 Y 打开进水，当液位升至 SL3 时，电磁阀关闭停止进水；此时若水塔液位低于 SL2，则电动机 M 开始运转抽水，当水塔液位升至 SL1 时，电动机 M 停止运转。

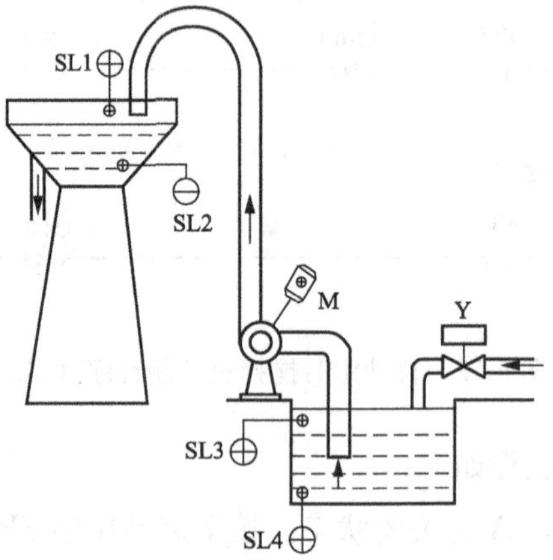

图 5-53　水塔液位控制系统

在理解控制要求的基础上，完成以下工作内容：

（1）输入/输出设备分析，并进行 I/O 地址设置。

（2）PLC 输入/输出模块接线。

（3）PLC 梯形图程序设计。

（4）系统调试。

参考答案

5.9　跳　转　指　令

在工业现场控制中常遇到选择操作方式，以实现不同工作方式的切换。例如，电动机启/停的手/自动控制，应用跳转指令可以实现这一功能。梯形图程序是按照从上到下的顺序依次执行的，使用跳转指令可以跳过部分程序使其不执行。跳转指令的应用使 PLC 程序的灵活性和智能性大大提高，主机可以根据对不同条件的判断，选择执行不同的程序段。

跳转指令只能在一个块（OB、FC、FB）内部跳转。一个块中同一跳转目的地址只能出现一次。

跳转指令的操作数为目标标号，标号由最多 4 个字符组成，第一个字符必须为字母，其余可以为字母和数字。在梯形图中，目标标号必须是一个网络的开始。

跳转指令包括有条件跳转和无条件跳转。执行无条件跳转指令后直接跳转到指令给出的目标标号处，开始顺序执行以后的程序，跳转指令和标号之间的程序不予执行，如图 5-54 所示。

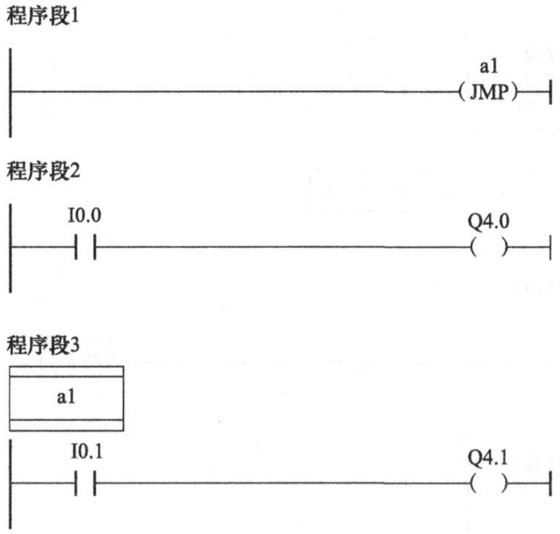

图 5-54　无条件跳转

有条件跳转受触点控制，只有当逻辑位 RLO 状态为“1”时才跳转，如图 5-55 所示。

JMPN 指令在其逻辑位状态为“0”时执行跳转，如图 5-56 所示。如果 I0.0＝“0”，则执行跳转到标号 a3。由于此跳转的存在，即使 I1.0 处有逻辑“1”，也不会执行输出 Q4.0 的指令。

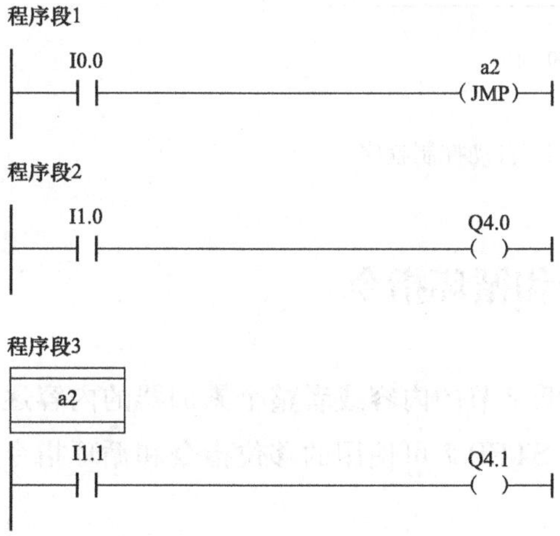

图 5-55　有条件跳转

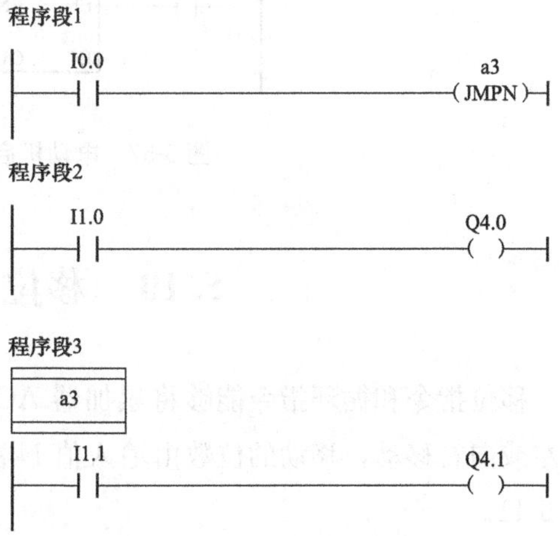

图 5-56　JMPN 跳转

使用跳转指令要注意避免目标标号的程序段在跳转指令之前，以免程序出现死循环，造成扫描周期超过 CPU 规定的最大扫描时间，使 CPU 出错停机。

【实例 5-6】 在编制电动机启/停的手/自动控制程序时，使用跳转指令可以采用如图 5-57 所示的程序。

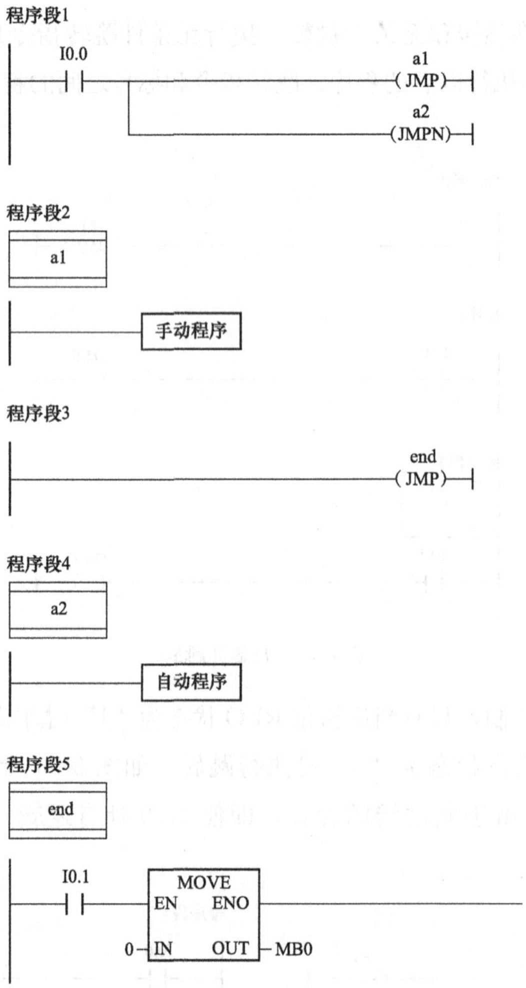

图 5-57 电动机启/停的手/自动控制程序

5.10 移位指令和循环指令

移位指令和循环指令能够将累加器 ACCU1 低字节的内容或者整个累加器的内容逐位向左或向右移动，移动的位数由输入值 N 决定。STEP 7 可使用的移位指令和循环指令见表 5-11。

表 5-11　　移位指令和循环指令

指令名称	梯形图符号	说明
字左移指令	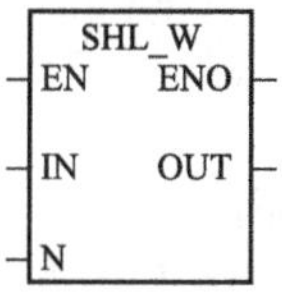	用于将输入 IN 的 0 至 15 位逐位向左移动；输入 N 用于指定移位的位数，将自右移入 N 个 0，用以补上空出的位
字右移指令	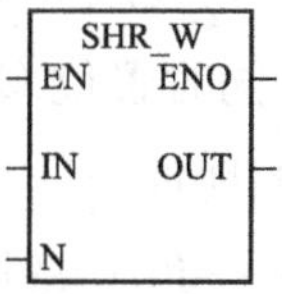	用于将输入 IN 的 0 至 15 位逐位向右移动；输入 N 用于指定移位的位数，将自左移入 N 个 0，用以补上空出的位
双字左移指令	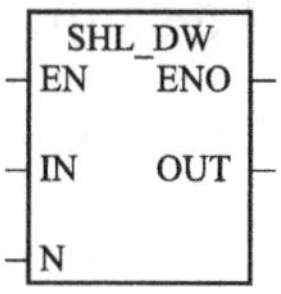	用于将输入 IN 的 0 至 31 位逐位向左移动；输入 N 用于指定移位的位数，将自右移入 N 个 0，用以补上空出的位
双字右移指令	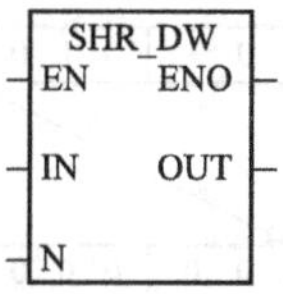	用于将输入 IN 的 0 至 31 位逐位向右移动；输入 N 用于指定移位的位数，将自左移入 N 个 0，用以补上空出的位
有符号整数右移指令	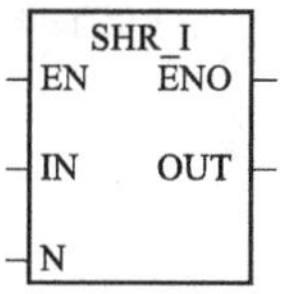	用于将输入 IN 的 0 至 15 位逐位向右移动；输入 N 用于指定移位的位数。自左移入的、用于填补空出位的为原来 15 位值的逻辑状态（整数的符号位），即：当该整数为正时，这些位将被赋值“0”，而当该整数为负时，则被赋值为“1”
有符号双整数右移指令	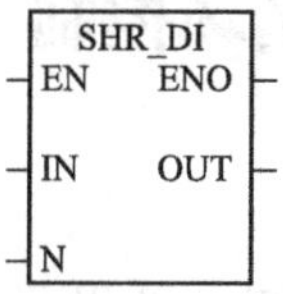	用于将输入 IN 的 0 至 31 位逐位向右移动，输入 N 用于指定移位的位数
双字循环左移指令	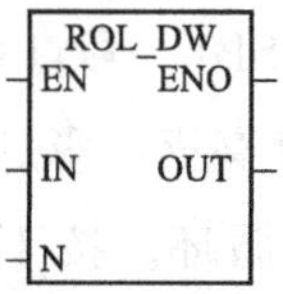	用于将输入 IN 的全部内容逐位向左循环移位，输入 N 用于指定循环移位的位数
双字循环右移指令	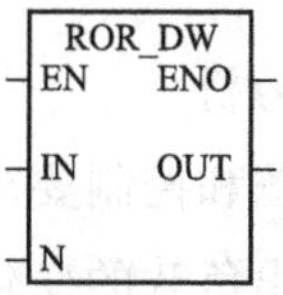	将输入 IN 的全部内容逐位向右循环移位，输入 N 用于指定循环移位的位数

下面就以字左移指令 SHL _ W 为例说明移位指令和循环指令的使用要领，字左移指令梯形图如图 5-58 所示。

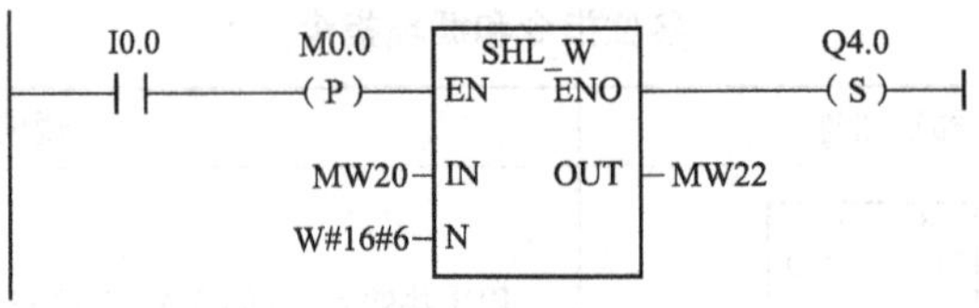

图 5-58　字左移指令梯形图程序

字左移指令 SHL _ W 由 I0.0 位置上的逻辑“1”激活，装载 MW20 并将其左移指定的 6 位，结果将被重新写入 OUT 端指定的地址 MW22 中，同时置位 Q4.0。要想在同一个存储器中看到移位的效果，可以把 IN 和 OUT 端指定相同的地址。

注意：移位指令是高电平执行。为了保证外部输入信号 I0.0 每接通一次，移位指令执行一次，需要在 I0.0 的节点后加边沿检测指令。例如图 5-58 中，加了上升沿检测指令 (P)，将 EN 端的信号变成只有一个扫描周期的高电平信号。

字左移指令 SHL _ W 的移动过程如图 5-59 所示。

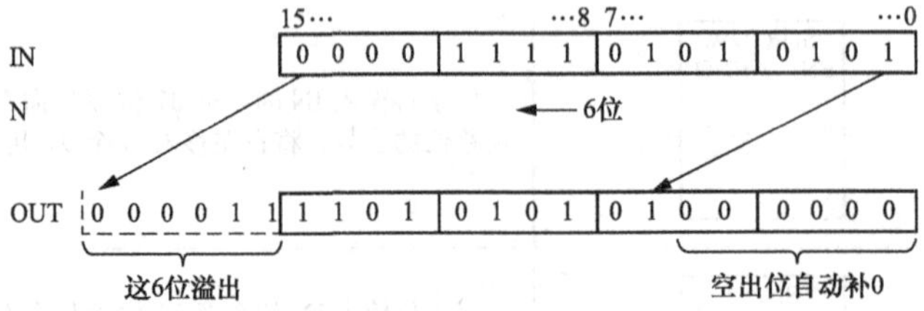

图 5-59　字左移指令的移动过程

5.11　综合训练：彩灯循环控制

1. 控制要求

使用移位指令实现 10 个彩灯循环闪烁的控制系统，可以设计多种运行规律。按图 5-60 所示的彩灯循环闪烁运行时序图按下启动按钮 SB1，彩灯按照 HL1、HL2、…、HL10 的顺序亮灭，彩灯移动的时间间隔为 1s，并自动重复循环。按下停止按钮 SB2，彩灯熄灭。

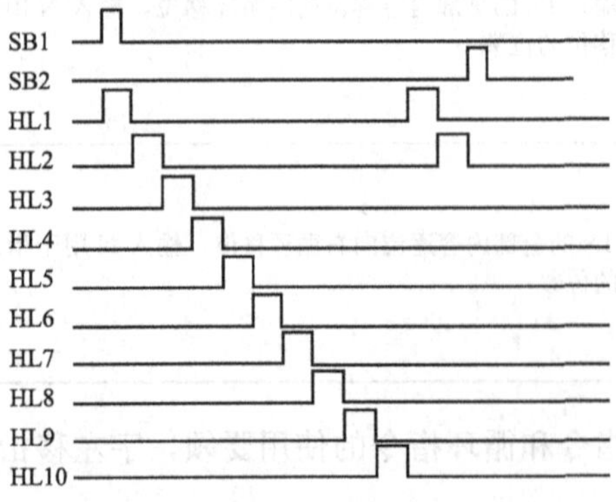

图 5-60　彩灯循环闪烁运行时序图

2. 任务分析

由时序图和控制要求可知，按下启动按钮后，所有输出负载的变化按照均匀的时间间隔 (1s) 进行变化，利用移位寄存器 1s 进行 1 次移位很容易实现其转换的过程。1s 的时钟脉冲可以从 CPU 时钟直接取得。

3. I/O 设置和接线

此电路中包含了两个输入设备：启动按钮 SB1，停止按钮 SB2；10 个输出负载：灯 HL1～HL10。I/O 设置见表 5-12。

表 5-12　　I/O 设置表

设备/信号类型	设备名称	PLC 地址
输入	启动按钮 SB1	I0.0
	停止按钮 SB2	I0.1
输出	HL1	Q0.0
	HL2	Q0.1
	HL3	Q0.2
	HL4	Q0.3
	HL5	Q0.4
	HL6	Q0.5
	HL7	Q0.6
	HL8	Q0.7
	HL9	Q1.0
	HL10	Q1.1

PLC 输入/输出模块接线如图 5-61 所示。

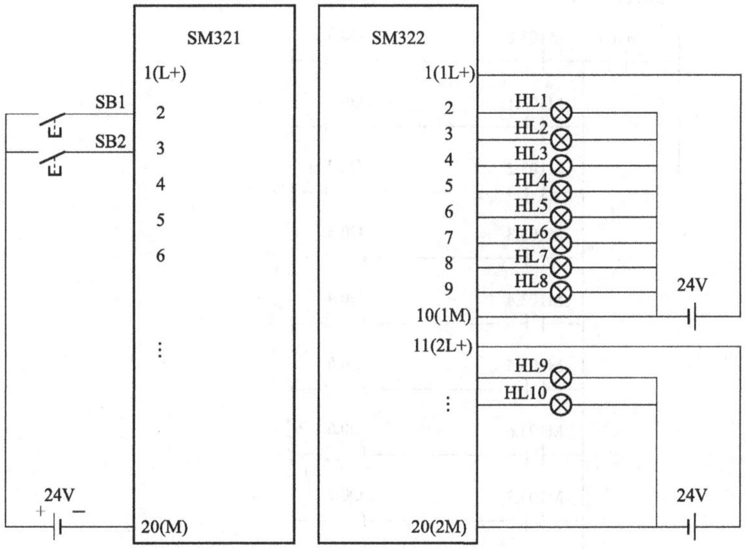

图 5-61　PLC 输入/输出模块接线

4. 程序编制

按照要求编制梯形图程序，参考梯形图程序如图 5-62 所示。

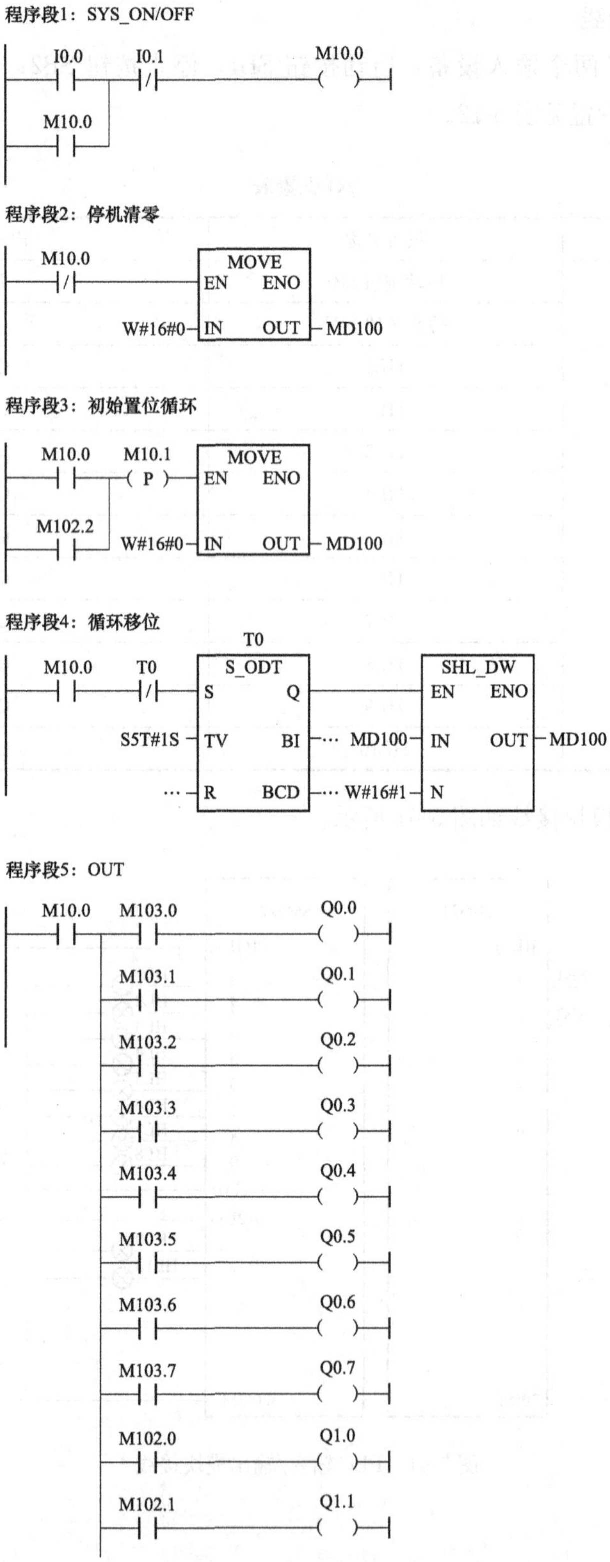

程序段1：SYS_ON/OFF
I0.0
I0.1
M10.0
M10.0
程序段2：停机清零
M10.0
MOVE
EN
ENO
W#16#0
IN
OUT
MD100
程序段3：初始置位循环
M10.0
M10.1
P
MOVE
EN
ENO
M102.2
W#16#0
IN
OUT
MD100
程序段4：循环移位
T0
M10.0
T0
S_ODT
S
Q
SHL_DW
EN
ENO
S5T#1S
TV
BI
MD100
IN
OUT
MD100
R
BCD
W#16#1
N
程序段5：OUT
M10.0
M103.0
Q0.0
M103.1
Q0.1
M103.2
Q0.2
M103.3
Q0.3
M103.4
Q0.4
M103.5
Q0.5
M103.6
Q0.6
M103.7
Q0.7
M102.0
Q1.0
M102.1
Q1.1

图 5-62　梯形图程序

5. 任务拓展

[任务1] 控制要求：按下启动按钮SB1，10个彩灯按照HL1、HL2～HL10的顺序亮灭，移到最高位HL10以后，再按照HL10、HL9～HL2、HL1的顺序亮灭，如此往复循环。按下停止按钮SB2后，彩灯熄灭。(时间间隔1s)

[任务2] 控制要求：按下启动按钮SB1，10个彩灯按照HL1、HL2～HL10的顺序自动亮灭，第一次时间间隔为1s，第二次移动的时间间隔为2s，第三次移动的时间间隔为3s，移动三次后完成一个循环，重复此循环。按下停止按钮SB2后彩灯熄灭。

在理解控制要求的基础上，完成以下工作内容：

(1) 分析输入/输出设备，并进行I/O地址设置。

(2) 对PLC输入/输出模块接线。

(3) 设计PLC梯形图程序。

(4) 进行系统调试。

(5) 撰写技术报告。

参考程序

5.12 综合训练：运料小车运行自动控制

1. 控制要求

图5-63所示为运料小车运行控制示意图。其运行过程如下：

(1) 小车初始时停在最左端，左限位开关SQ2被压下；

(2) 按下启动按钮SB1，小车开始向右运行；

(3) 小车运行到最右端，压下右限位开关SQ1后，漏斗翻门打开，开始装货；

(4) 装货的同时开始计时，10s后，漏斗翻门关闭，小车开始左行返回；

(5) 小车回到最左端，再次压下左限位开关后，小车停止，打开小车底门卸货；

(6) 小车卸货的同时开始计时，5s后，小车底门关闭，小车运行过程结束。

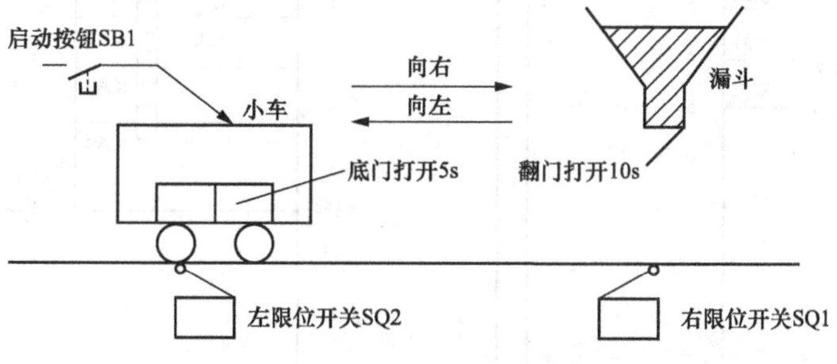

图5-63 运料小车运行控制示意图

2. 任务分析

从小车的运行过程分析得出：小车的运行状态随着过程中外部变量的变化而改变，例如，得到启动信号后，由停止变运行；右限位开关 SQ1 有信号后，小车由运行变停止。如果使用位存储器来代表小车的每一个运行状态，按照小车的运行过程，这些位存储器就随着信号依次得电，移位寄存器的移位特性正好能同这种情况一一对应。所以，此项任务可以使用移位寄存器来完成。

小车左、右运行即小车电动机需要正、反转运行，在实际电路中需要用到两个继电器。且为了保证系统的安全，还要在程序和硬件电路中进行互锁处理。同时，小车运行中，也要保证漏斗的翻门和小车底门都不能打开。

3. I/O 设置与接线

此电路中包含四个输入设备：启动按钮 SB1，停止按钮 SB2，左限位开关 SQ2 和右限位开关 SQ1；四个输出负载：控制小车右行的继电器 KA1，控制小车左行的继电器 KA2，漏斗翻门打开的继电器 KA3 和小车的底门继电器 KA4。进行 I/O 设置，见表 5-13。

表 5-13　　I/O 设置表

设备/信号类型	设备名称	信号地址
输入	启动按钮 SB1	I10.0
	停止按钮 SB2	I10.1
	左限位开关 SQ2	I10.2
	右限位开关 SQ1	I10.3
输出	左行继电器 KA1	Q0.0
	右行继电器 KA2	Q0.1
	漏斗翻门继电器 KA3	Q0.2
	小车底门继电器 KA4	Q0.3

其 PLC 输入/输出模块接线如图 5-64 所示。

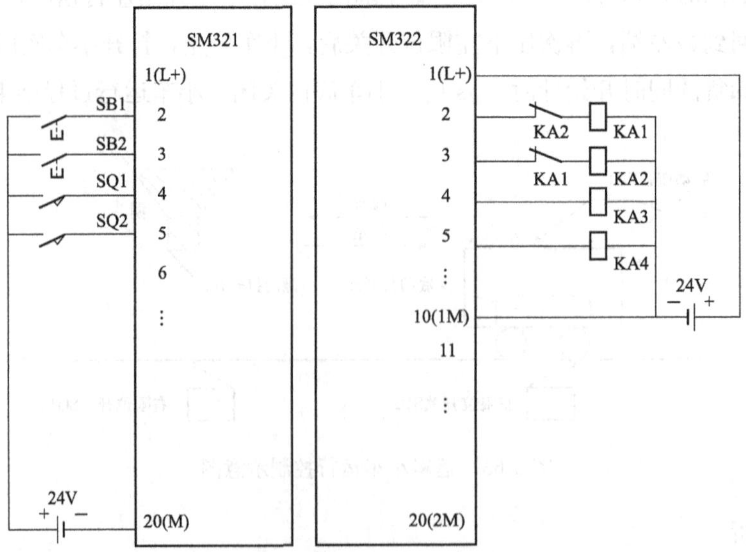

图 5-64　PLC 控制的输入/输出模块接线

4. 程序编制

图 5-65 所示为满足任务控制要求的参考梯形图程序。

5. 任务总结

通过典型训练任务的实施过程可以看出，移位指令适用的控制过程有两类：一类是控制过程能按照均匀的时间间隔划分成连续的若干阶段；一类是控制过程会随着过程中一些变量的变化而改变。

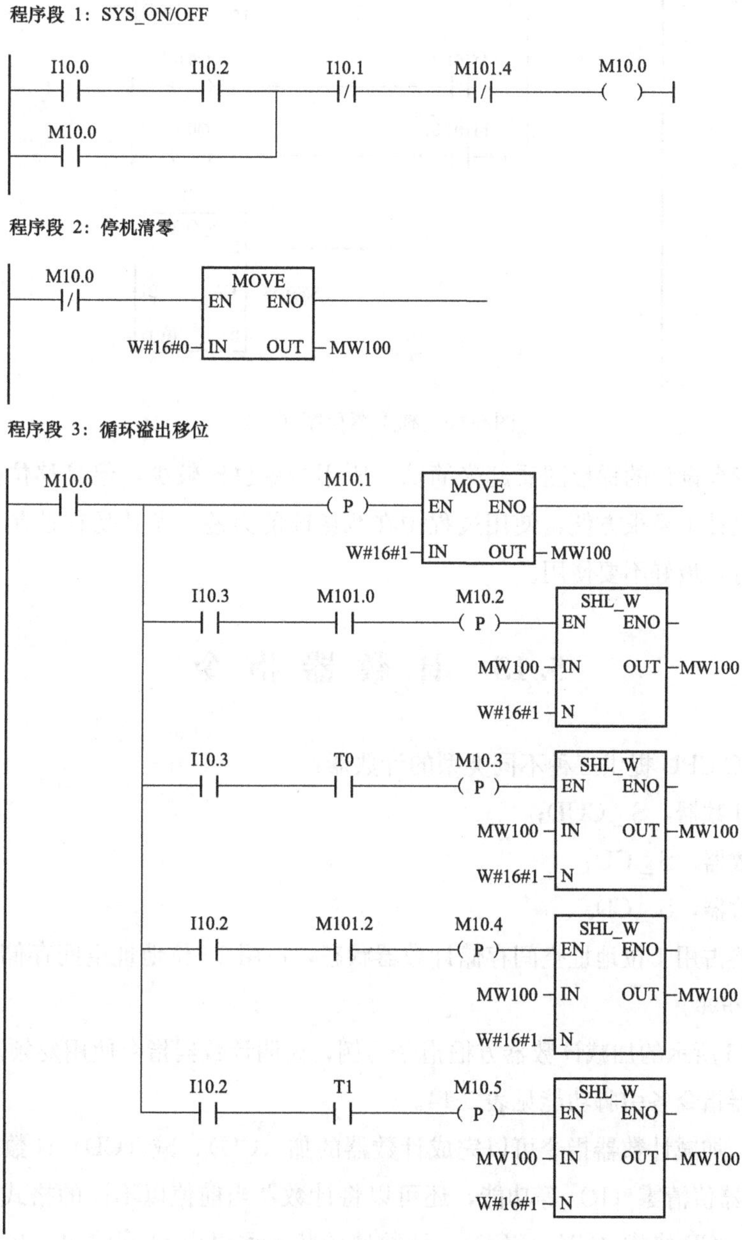

图 5-65 梯形图程序（一）

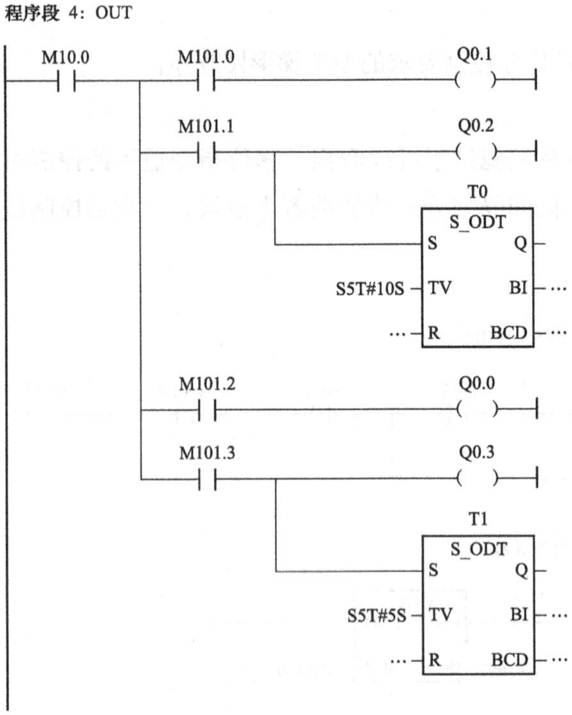

图 5-65　梯形图程序（二）

使用移位指令设计的梯形图看起来简洁，所用指令也比较少，但是移位指令对于较复杂的控制系统设计不是很方便，使用过程中在线修改能力差，尤其是在控制过程中有并列和选择的要求时，最好不要使用。

5.13　计数器指令

S7-300 PLC CPU 提供三种不同类型的计数器：

（1）加减计数器，S _ CUD；

（2）加计数器，S _ CU；

（3）减计数器，S _ CD。

每个计数器占用 1 位地址空间存储计数器状态，占用 16 位地址空间存储计数值，计数器计数范围 0～999。

现以图 5-66 所示的加减计数器方框指令为例，说明计数器指令使用要领。

加减计数器指令各引脚功能见表 5-14。

可以看出，加减计数器指令可以完成计数器的加（CU）、减（CD）计数和置初值（S、PV）以及计数器值清零（R）等功能，还可以将计数器当前值以不同的格式输出，如整数格式（CV）和 BCD 格式（CV _ BCD）。计数器的状态可以由 Q 端输出，也可以由计数器的触点输出。

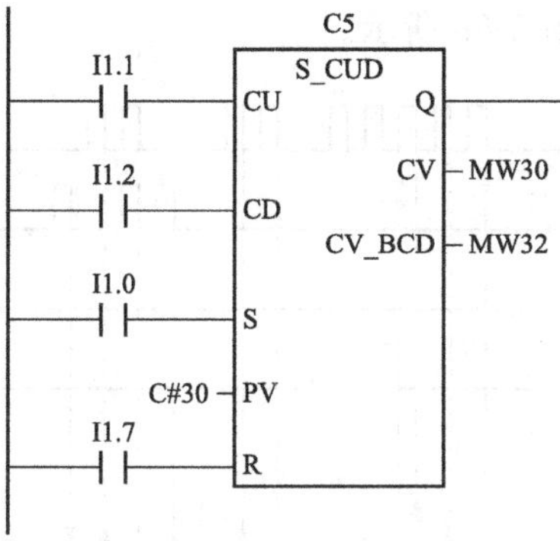

图 5-66　加减计数器方框指令

表 5-14　　　　加减计数器指令各引脚功能

参数	数据类型	存储区	描述
C 编号	COUNTER	C	计数器标识号，其范围依赖于 CPU
CU	BOOL	I、Q、M、L、D	加计数输入
CD	BOOL	I、Q、M、L、D	减计数输入
S	BOOL	I、Q、M、L、D	计数器预置输入
PV	WORD	I、Q、M、L、D 或常数	计数器预置值，格式"C#<值>"，范围 0 至 999
R	BOOL	I、Q、M、L、D	复位输入
CV	WORD	I、Q、M、L、D	计数器当前值，十六进制数字
CV_BCD	WORD	I、Q、M、L、D	计数器当前值，BCD 码
Q	BOOL	I、Q、M、L、D	计数器状态

图 5-66 所示的加减计数器方框指令可以用图 5-67 所示的计数器指令程序段代替。

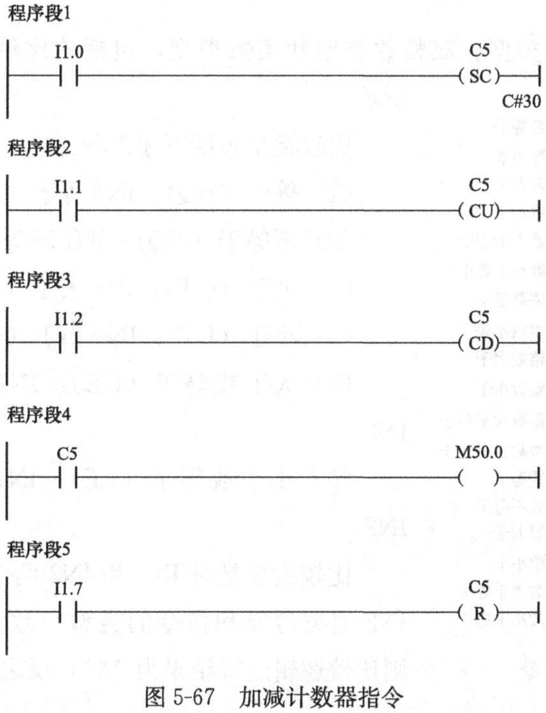

图 5-67　加减计数器指令

加减计数器指令对应的时序图如图 5-68 所示。

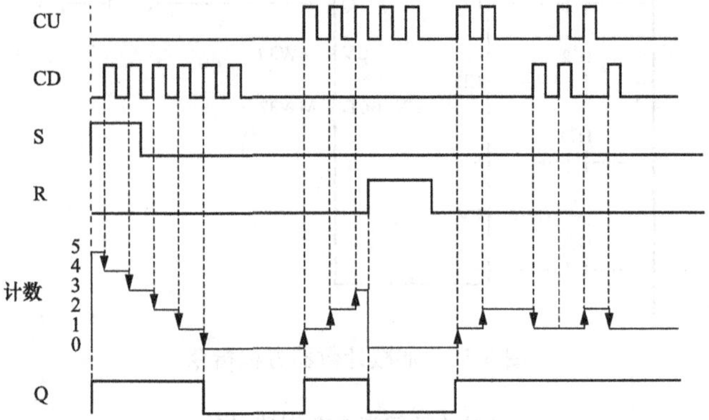

图 5-68　加减计数器指令时序图

使用计数器指令需注意以下问题：

(1) 计数器指令的 CU 端、CD 端、S 端、R 端均为上升沿触发。

(2) 计数器指令的计数范围为 0～999，计数器减到 0 或加到 999 以后，计数器不再动作，保持不变。

(3) Q 端的状态与计数器的位地址（C5）状态相同，只有当计数器的值为 0 时，Q 端输出“0”信号，只要计数器的值不为 0，Q 端就输出“1”信号。

(4) 计数器当前值以不同的格式输出，即整数格式（CV）和 BCD 格式（CV _ BCD）。

5.14　比　较　指　令

比较指令分为整数类型、双整数类型和实数类型，包括的比较逻辑关系，如图 5-69 所示。

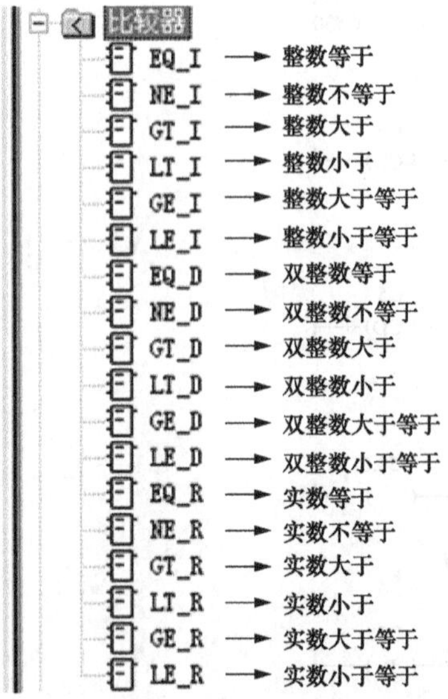

图 5-69　比较指令

比较类型包括下述六种：

(1) 等于（EQ）：IN1 等于（==）IN2；

(2) 不等于（NQ）：IN1 不等于（<>）IN2；

(3) 大于（GT）：IN1 大于（>）IN2；

(4) 小于（LT）：IN1 小于（<）IN2；

(5) 大于或等于（GE）：IN1 大于或等于（>=）IN2；

(6) 小于或等于（LE）：IN1 小于或等于（<=）IN2。

比较指令是对 IN1 和 IN2 两个量进行比较，IN1 和 IN2 的类型要和指令的类型一致。如果比较结果为真，则比较逻辑运算结果为“1”，反之为“0”。

下面以图 5-70 所示的整数等于比较指令为例，说明比较指令的特点和使用要领。

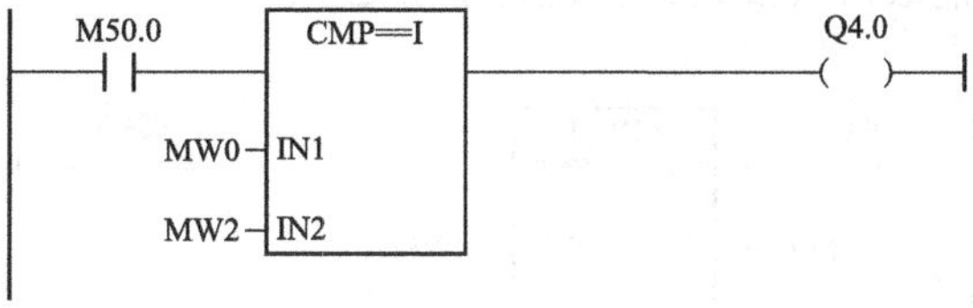

图 5-70　整数等于比较指令

当 M50.0 为 1 时执行比较指令（也可以不加触点无条件执行），两个整数输入值 IN1 和 IN2 做等于的逻辑运算，如果 MW0＝MW2 结果为真，则 Q4.0＝1，结果为假，Q4.0＝0。

5.15　算术运算指令

算术运算指令分为整数运算指令集和浮点数运算指令集。整数运算指令集又分为 16 位整数（I）和 32 位整数（DI），包括加、减、乘、除和取余数运算，如图 5-71 所示。浮点数运算指令集包含了更多的数学函数关系，如图 5-72 所示。

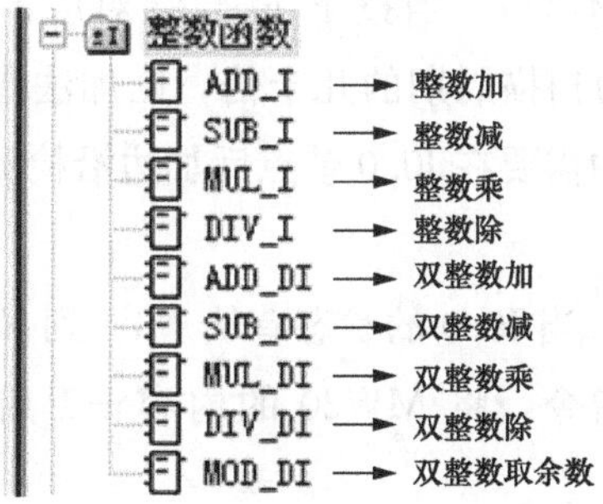

图 5-71　整数运算指令集

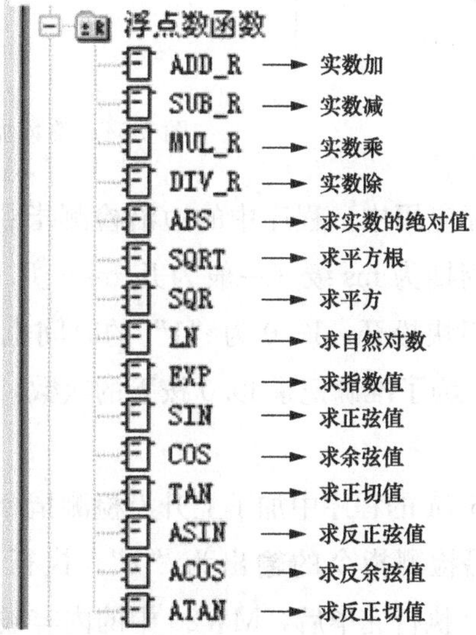

图 5-72　浮点数运算指令集

执行算术运算指令时输入端参与运算的 IN1 和 IN2 的数据类型要与指令的类型一致，结果的地址要与数据类型的长度匹配。要特别注意浮点数运算指令中三角函数类指令的角度单位为弧度。

下面以整数运算指令为例说明算术运算指令的使用要领。图 5-73 所示为整数加法运算方框指令。整数加法指令运算的对象可以是两个整数型的常数，也可以是长度为 16 位的地址，地址内的数据将以整数格式读出，再进行加法运算。

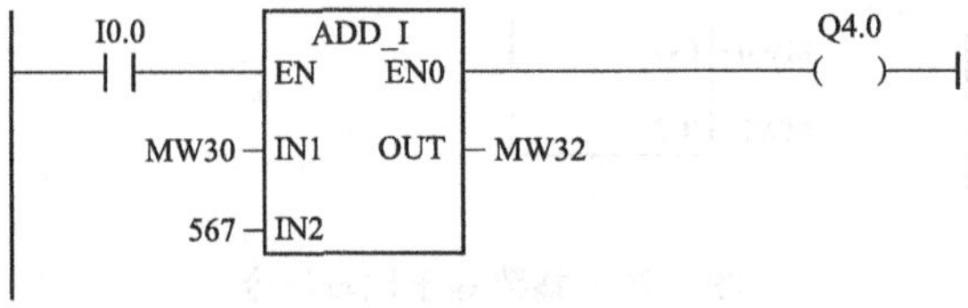

图 5-73 整数加法运算方框指令

如果 I0.0=1，执行加法指令（也可以不加触点无条件执行），将 IN1 和 IN2 的数据相加，运算结果输出到 OUT 端：MW30+567=MW32。如果执行结果没有溢出，则 Q4.0 输出 1；如果运算结果在整数允许范围之外，则 Q4.0 输出 0。

加法指令也可以用来计数，例如每执行一次加法指令，对结果进行加 1 操作，相当于对 EN 端连接的执行条件进行计数。使用整数加法指令计数最大值可达 32767，使用双整数加法指令计数最大值可达 2147483647。图 5-74 所示即为整数加法指令的计数程序。

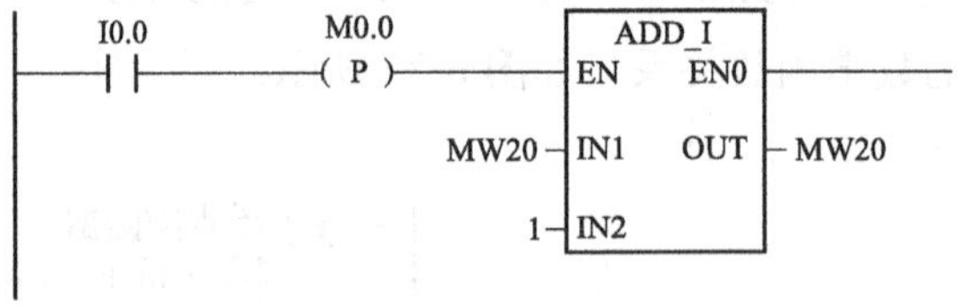

图 5-74 整数加法指令的计数程序

在实际应用中，程序中的边沿检测指令是必不可少的。因为 PLC 是循环扫描工作方式，扫描周期为 ms 级（一般为几 ms～几百 ms 不等）。当按下 I0.0 端对应的控制按钮时，即使很快松开，I0.0 为“1”的时间也可能为扫描周期的几十倍，则加法指令被执行了几十次。为了准确记录 I0.0 按下的次数，程序中需要在 I0.0 节点后加边沿检测指令（P）或（N）。

在图 5-74 的程序中加了上升沿检测指令（P），当 I0.0 的状态有从“0”到（I）的变化时，上升沿检测指令的输出为“1”，执行加法指令，将 MW20 的内容+1 后再送回到 MW20 中，执行完毕后，MW20 中的内容被刷新。

同加法指令计数器相似，使用减法指令也可以实现减计数器的功能。

5.16 转 换 指 令

转换指令是将一种格式的数据转换为另外一种格式进行存储，以便与指令的类型相匹配。转换指令集如图 5-75 所示。

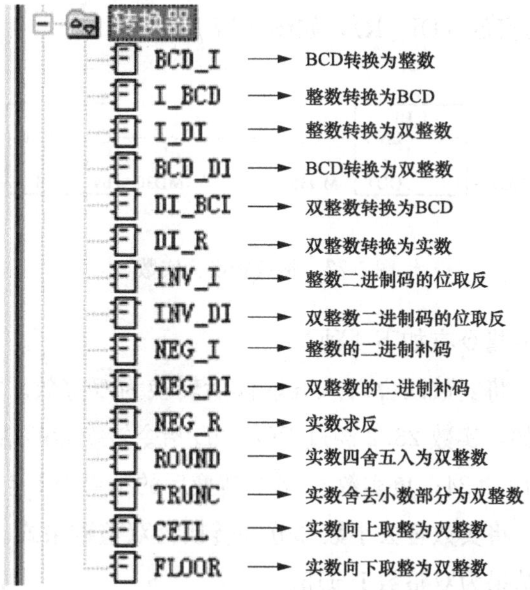

图 5-75 转换指令集

下面以其中几条转换指令为例，介绍转换指令的使用要领。

1. BCD 码与整数之间的转换

当外设数据的输入/输出格式为 BCD 码，在程序中作数据处理时，需要转换为整数或实数类型。16 位的 BCD 码可以与整数相互转换，数值范围为－999～＋999；32 位的 BCD 码可以与双整数相互转换，数值范围为－9999999～＋9999999。

BCD 码与整数的转换指令如图 5-76 所示。要特别注意 BCD _ I 指令输入端的数据类型必须为 BCD 码，不能超出范围（例如，不能出现 4 位二进制数 1010～1111 的组合），否则执行指令时会发生错误，造成 CPU 停机故障（为避免出现停机故障，可以事先将 OB121 编程并下载到 PLC 中）。I _ BCD 指令输入端的数据如果超出允许的取值范围±999，则转换不被执行，输入端数据直接送入输出端。

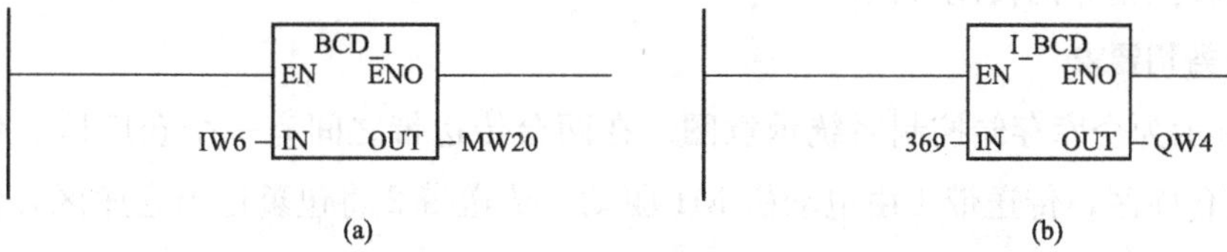

图 5-76 BCD 码与整数的转换指令

(a) BCD 码转整数；(b) 整数转 BCD 码

2. 整数与实数之间的转换

16 位的整数转换为实数分为两步进行，先把 16 位的整数转换为 32 位的双整数（I _ DI)，再由双整数转换为实数（DI _ R)，如图 5-77 所示。

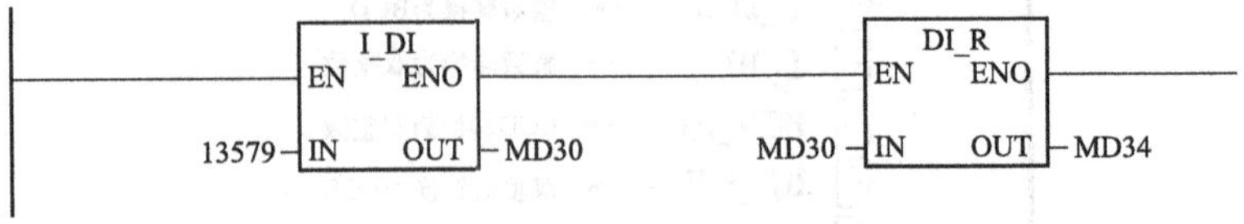

图 5-77　整数转换为实数

实数转换为双整数的指令有如下 4 种：

(1) ROUND 指令：将实数四舍六入五取偶后转换为双整数。如果实数介于两个整数中间，则返回偶数。例如，实数 23.2 经过 ROUND 指令转换后的结果为双整数 L＃23；实数 24.5 转换后的结果为 L＃24；负实数－17.6 转换后的结果为 L＃－18。

(2) TRUNC 指令：将实数舍去小数部分并转换为双整数格式。例如，实数 15.8 经过 TRUNC 指令转换后的结果为双整数 LH15。

(3) CEIL 指令：将实数向上取整为双整数，结果为大于指定实数的最小双整数。例如，实数 23.2 经过 CEIL 指令转换后的结果为双整数 L＃24；负实数－17.6 转换后的结果为 L＃－17。

(4) FLOOR 指令：将实数向下取整为双整数，结果为大于指定实数的最大双整数，例如，实数 23.2 经过 FLOOR 指令转换后的结果为双整数 L＃23；负实数－17.6 转换后的结果为 L＃－18。

5.17　综合训练：仓库存储系统控制

1. 训练目的

(1) 掌握计数器指令的使用方法；

(2) 掌握算术指令的使用方法；

(3) 掌握转换指令的使用方法。

2. 训练任务和要求

图 5-78 所示为仓库存储控制系统示意图。在两台传送带之间有一个仓库区。传送带 1 将包裹运送至仓库区，传送带 1 由电动机 M1 驱动。传送带 2 将包裹运出仓库区，传送带 2 由电动机 M2 驱动。传送带 1 靠近仓库一端安装光电开关 PEB1 确定入库的包裹数，传送带 2 靠近库区一端安装光电开关 PEB2 确定出库的包裹数。

(1) 5 个指示灯（HL1～HL5）显示仓库区的占用程度。

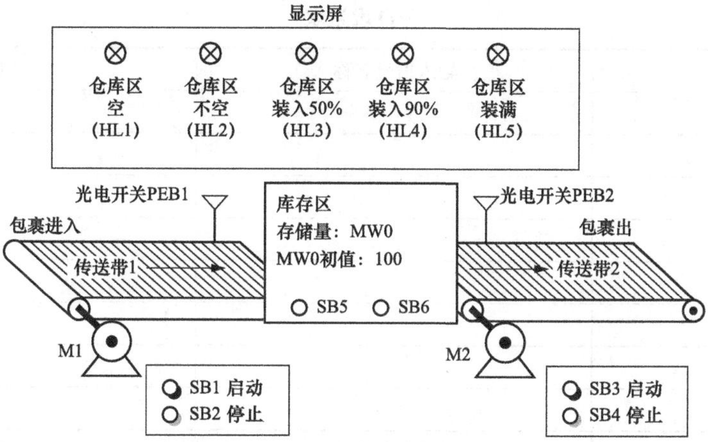

图 5-78 仓库存储控制系统示意图

（2）电动机 M1 的启停由按钮 SB1 和 SB2 控制，若仓库装满则传送带 1 自动停止。电动机 M2 的起停由按钮 SB3 和 SB4 控制，若仓库已空，则传送带 2 自动停止。

（3）库区存储量由 MW0 中的值决定，MW0 的初值为 100。MW0 中的内容可以通过按钮 SB5 增加，每按一次 SB5，MW0 中的内容增加 10，每按一次按钮 SB6，MW0 中的内容减 10。MW0 的内容最小不能小于 10，最大不能大于 200。只有当两台电动机都处于停止状态时才可修改 MW0 中的值。

（4）仓库内剩余空间的包裹存储数以 BCD 码格式保存在 MW10 中。

3. 训练步骤

（1）进行硬件配置，将结果填入表 5-15 中。

表 5-15 硬件配置表

序号	名称	型号说明	数量
1	CPU	CPU315-2DP	1

（2）进行 I/O 设置，将结果填入表 5-16 中。

表 5-16　　　　I/O 设置表

序号	输入信号名称	地址
序号	输出信号名称	地址

（3）编写满足任务控制要求的梯形图程序。

（4）程序调试，记录调试现象及结果，填入表 5-17 中。

表 5-17　　　　调试现象及结果

序号	操作	现象	结果	分析、解决

（5）完成训练报告，反思训练体会。

第6章　结构化编程与程序调试方法

内容简介

结构化编程是通过抽象的方式将复杂的任务分解成一些能够反映过程的工艺、功能或可以反复使用的可单独解决的小任务。这些小任务由相应的程序块来表示，程序运行时所需的大量数据和变量存储在数据块中。本章主要介绍结构化编程的方法、数据块的使用和程序调试的方法。

学习目标

（1）掌握数据块的定义、使用和恢复的方法。

（2）了解结构化编程的思路和方法。

（3）掌握编辑带形参的 FC、FB 的方法。

（4）熟悉 S7-PLCSIM 仿真软件的环境。

（5）掌握使用仿真软件来调试程序。

（6）掌握使用程序编辑器和变量表调试程序的方法。

6.1　数据块的使用

数据块（DB）用于存储用户数据及程序的中间变量。用数据块存储数据的优点是 CPU 掉电时不会丢失数据信息。数据块占用 CPU 的装载存储区和工作存储区，允许创建数据块的数量及每个数据块的最大数据空间与 CPU 的型号有关，一般 S7-300 PLC CPU 一个数据块的最大数据空间为 32KB。

数据块按照功能分为两类：共享数据块（Share DB）和背景数据块（Instance DB）。共享数据块允许项目下的所有程序块进行读写访问，而背景数据块是附属于某个 FB 或 SFB 的数据块。

6.1.1　定义全局数据块

1. 新建数据块

在 SIMATIC Manager 窗口中鼠标选中“块”，在“插入”下拉菜单中单击“S7 块”，选择“数据块”，在弹出的对话框中输入数据块的代码和类型，类型选择“共享的 DB”，如

图 6-1 所示。

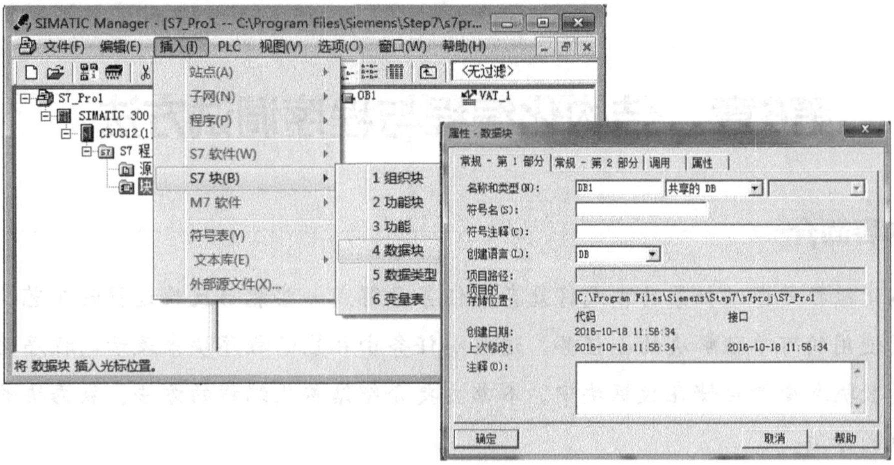

图 6-1　新建数据块

2. **定义数据块**

双击需要编辑的数据块，打开数据块编辑窗口。定义每个单元存放的数据名称、类型、初始值及注释等，如图 6-2 所示。注意名称只能用字符或数字，不能用汉字。数据块各列说明见表 6-1。

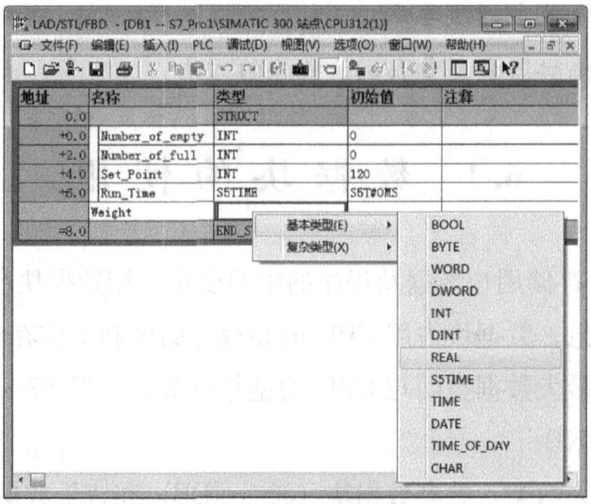

图 6-2　定义数据块

表 6-1　　　　**数 据 块 的 定 义**

列	说明
地址	显示完成声明的输入后由 STEP 7 自动为变量分配的地址
名称	此处输入必须分配给每个变量的符号名
类型	输入想要分配给变量的数据类型（BOOL、INT、WORD、ARRAY 等）变量可以具有基本数据类型、复杂数据类型或者用户自定义的数据类型

续表

列	说明
初始值	可在此处输入初始值，所有的值都必须与数据类型相匹配。初始值不写，默认为 0。当第一次保存块时，如果还没有为变量明确实际值，那么该初始值将用作实际值
注释	在该域中输入对变量的注释，注释最多 80 个字符

3. 保存、下载和监视数据块

定义好的数据块除了要保存在编程器的硬盘中，一定要下载到 CPU。单击工具栏中“眼镜”图标，可在线监视数据块中数值的变化，如图 6-3 所示。

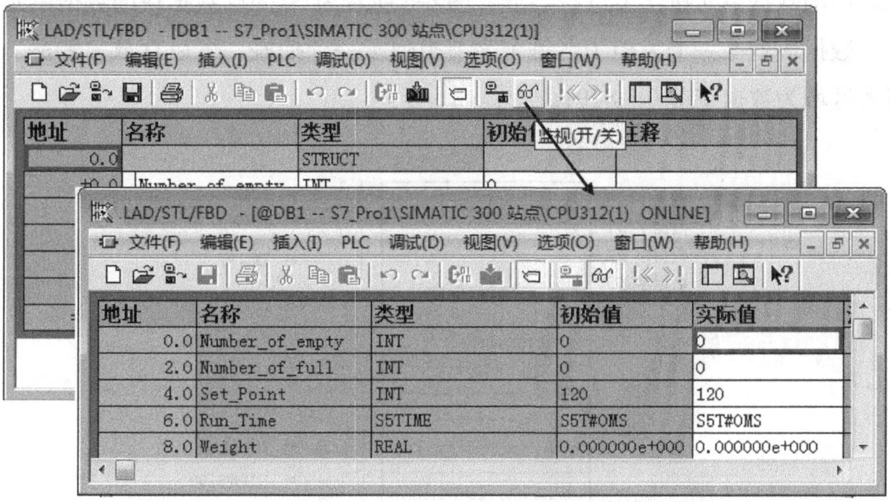

图 6-3 下载、监视数据块

数据块有两种显示方式：数据视图方式和声明视图方式。通过“视图”下拉菜单可以切换显示方式，如图 6-4 所示。

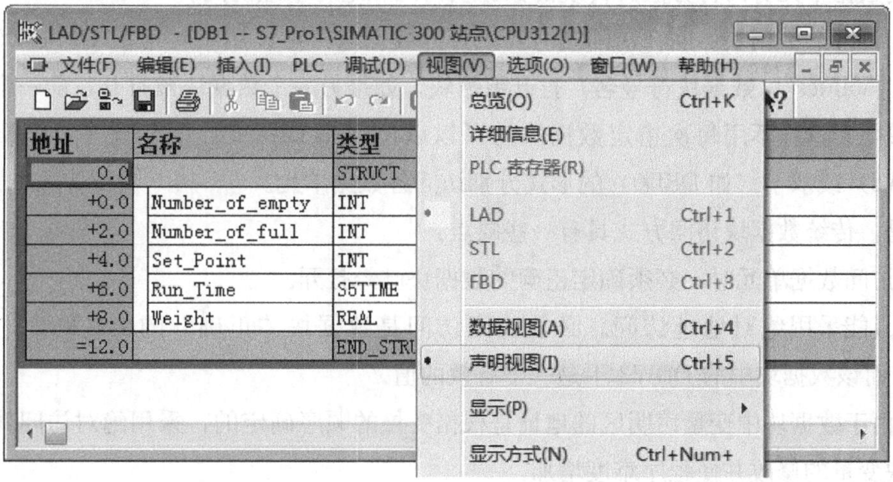

图 6-4 选择数据块的显示方式

需要注意的是：只有在“声明视图”方式下才允许定义和修改数据块，为数据设初始值；只有在“数据视图”方式下才可以监视和修改数据的实际值。

6.1.2 访问数据块

数据块是用来存储过程的数据和相关消息，用户程序中需要对数据块中的数据进行访问。

1. 数据单元示意图

数据块的数目取决于 CPU 的型号，S7-300 最大数据块长度是 8KB，S7-400 最大数据块长度是 64KB。

数据块中的数据单元按字节进行寻址，图 6-5 所示为 S7-300 数据块的数据单元示意图。可以看出，数据块就像一个大柜子，每个字节类似于一个抽屉，可以存放“物品”。S7-300 数据块寻找区域为数据字节 0～8191。

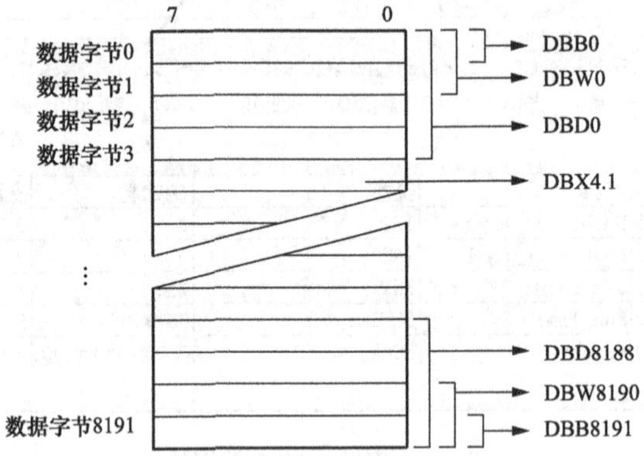

图 6-5 数据单元示意图

2. 访问数据单元

访问数据单元有两种方法：传统的数据块访问和绝对地址访问。

(1) 传统的数据块访问在访问之前要先打开数据块，可以用绝对地址 OPN DB99 或符号 OPN “Values”（数据块符号名）打开数据块。如果另一个数据块被打开，前一个数据块就自动关闭。这样不用每次指定数据块就可以以位（如 DBX4. 0）、字节（如 DBB1）、字（如 DBW2）或双字（如 DBD0）的形式分别访问各数据单元。

但是，传统数据块访问方式具有一些缺点：

1）访问数据单元时，必须确定正确的数据块已经打开。

2）只能采用绝对地址访问。必须确定访问是数据块“正确”的值，例如，若装载 DBW3，而该数据块中的 DBW3 不是一个有效的值。

3）由于数据块中变量声明区的地址是根据变量的顺序确定的，采用绝对访问就限制了对数据块变量的修改并使程序难度增加。

(2) 绝对地址访问是在访问形式中指明数据块名称和地址，则系统自动打开数据块并关闭以前打开的任何数据块。绝对地址访问可以绝对寻址和符号寻址，如 DB10.DBW0 和 “Values”.Start，其中，Values 为数据块的符号名称。

DB10.DBW0 中，DB10 指明数据块 DB10，DBW 的 W 指明了寻址一个字长，其寻址的起始字节为 0，即寻址的是 DB10 数据块中的数据字节 0 和数据字节 1。同样，DBB0、DBD8188 以及 DBX4.1 等分别寻址的是第一个字节、双字和位。

“Values”.Start 中，Values 为数据块的符号名称，Start 为数据块中定义的变量。

绝对地址访问是数据块的打开和数据单元的访问组合指令，其缺点和传统的访问类似。而当数据块和它的单元都用符号表示时，可以使用符号访问数据块中的变量。输入时允许“混合”使用绝对和符号地址，输入确认后转换为安全的符号。另外，符号访问能够实现复杂数据类型变量的使用。

6.1.3 使用数据块

1. 数据的类型

创建数据块就是定义数据存储区每个空间的数据类型。数据块用到的数据类型有两大类：基本数据类型和复杂数据类型，见表 6-2。

表 6-2 STEP 7 数据类型

基本数据类型 （不大于 32 位）	位数据类型（BOOL、BYTE、WORD、DWORD、CHAR） 数学数据类型（INT、DINT、REAL） 定时器类型（S5TIME、TIME、DATE、TIME_OF_DAY）
复杂数据类型 （大于 32 位）	时间（DATE_AND_TIME） 矩阵（ARRAY） 结构（STRUCT） 字符串（STRING）

（1）基本数据类型。基本数据类型有固定的长度且不超过 32 位。

（2）复杂数据类型。复杂数据类型是一类由其他数据类型组合而成的或者长度超过 32 位的数据类型。

2. 完全表示方法访问数据块

访问数据块之前，首先要打开数据块，才能进行读写访问。为了避免访问的数据块的代码和地址出错，建议采用完全表示方法访问数据块，即在数据块的读写指令中包含数据块的名称及地址。下面是采用完全表示方法访问数据块的实例，如图 6-6 所示。

3. 数据块的应用

（1）复杂数据类型的应用。在控制过程中，为了便于对某台设备的数据进行集中管理，可以将这些数据定义成复杂数据类型中的结构（STRUCT）。例如，一台电动机的控制参数一般包括电动机的额定电流、启动电流、转速和转动方向等，见表 6-3。

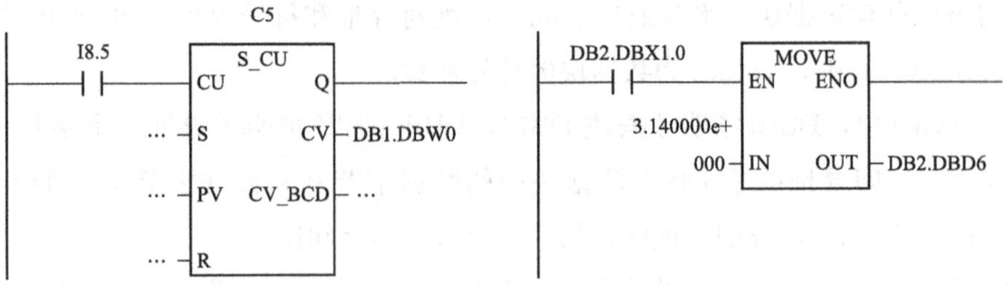

图 6-6 数据块的访问

表 6-3 电动机参数的结构

电动机参数（Motor）	数据类型	电动机参数（Motor）	数据类型
额定电流（Rated_current）	实数（Real）	转速（Speed）	整数（Integer）
启动电流（Starting_current）	实数（Real）	方向（Direction）	布尔型（Bool）

在数据块中定义电动机的结构参数。输入电动机名称，在数据类型处点击鼠标右键，选择复杂类型中的“STRUCT”，定义电动机的一组结构数据，如图 6-7 所示。

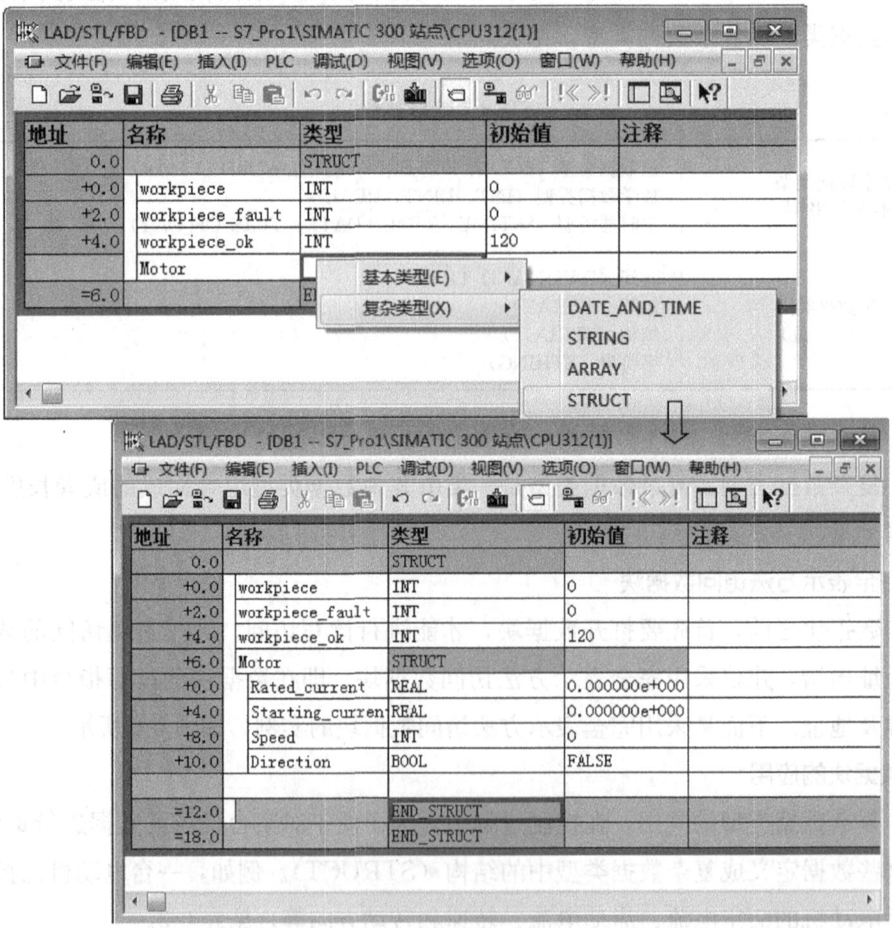

图 6-7 建立电动机的结构参数

在程序中访问电动机的数据时，无需记住数据的绝对地址，只需写出相应的符号名即可。

格式为：数据块名．结构名．数据名。

例如，读取电动机转速值做比较判断，输入地址 db5. motor. speed，回车后显示该参数在数据块中的地址 DB5. DBW14，如图 6-8 所示。

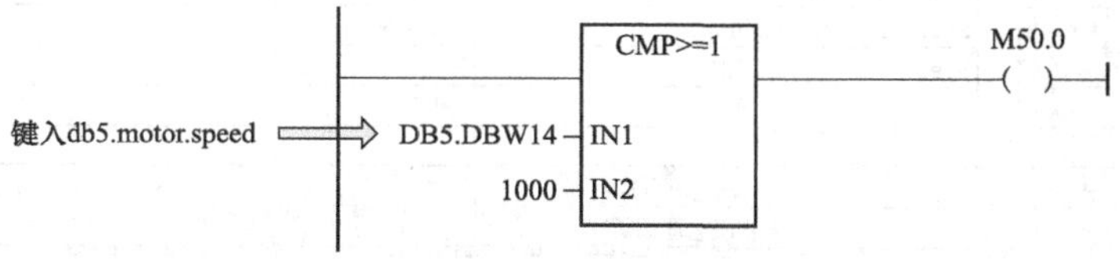

图 6-8 读取电动机的转速

（2）自定义的数据类型的应用。在读取电动机转速例子中，如果生产线上有多台电动机，监控的参数相同，为了节省建立数据块的时间，用户可以自定义一个类型，相当于数据块的模板。步骤如下：

1）在 SIMATIC Manager 窗口中选中“块”，在“插入”下拉菜单中单击“S7 块”，选择“数据类型”，在弹出的对话框中输入数据类型的代码 UDT1，如图 6-9 所示。

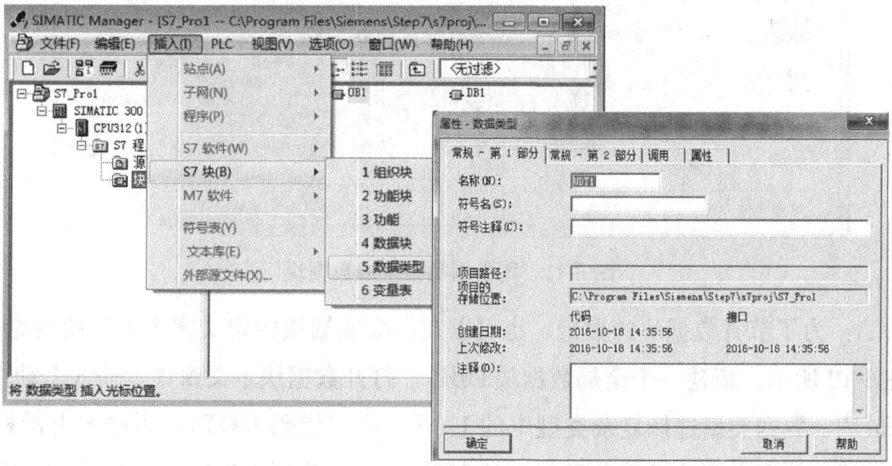

图 6-9 新建用户自定义的数据类型

2）双击 UDT1，打开数据类型的编辑窗口，定义电动机的结构参数，如图 6-10 所示，保存用户自定义的数据类型。

3）使用建好的数据类型有两种方法。

方法一：新建数据块。在自定义数据块的代码和类型的窗口中选择“DB 的类型”，并指定数据类型名 UDT1，确定后系统会按照数据类型 UDT1 的模式定义数据块 DB3，而无须再打开 DB3 输入参数，如图 6-11 所示。DB3 的数据显示为灰色，表明不能修改由数据类型生成的数据块，如需改动，只能在相应的用户自定义数据类型中进行，并重新生成全局数据块。对应不同的电动机，可以用同样的方法快速地定义多个数据块。

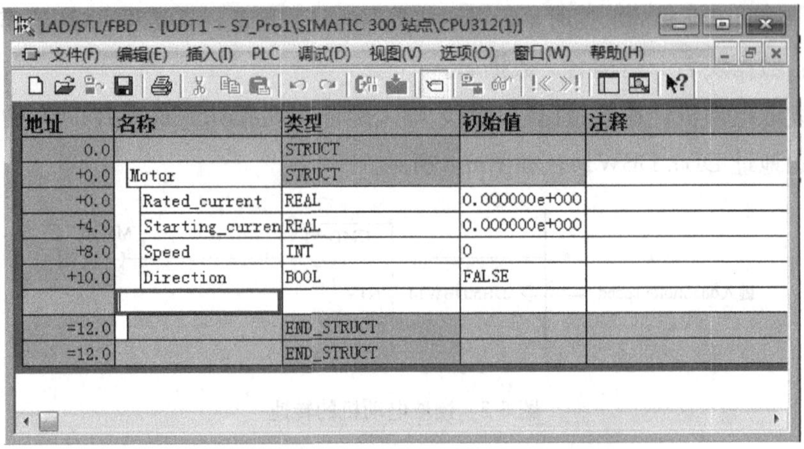

图 6-10 在 UDT1 中定义电动机的结构参数

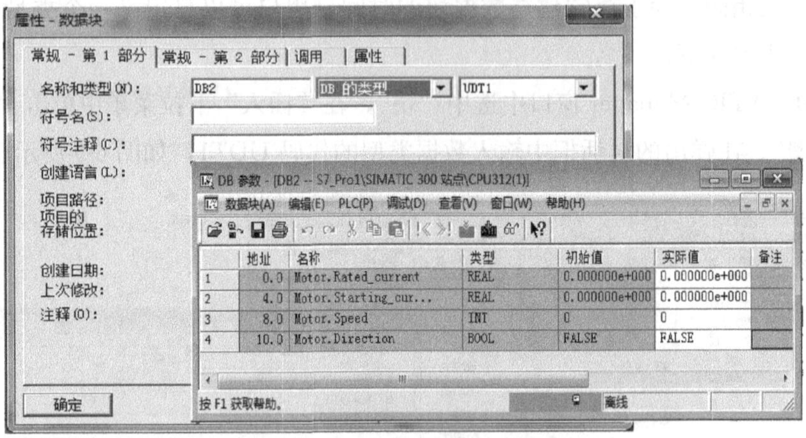

图 6-11 用数据类型生成数据块

方法二：为了节省数据块的数量，也可以在一个数据块中定义多个电动机的结构参数。方法如图 6-12 所示。新建一个全局数据块 DB4.，打开数据块定义窗口，输入电动机 1 的名称“Motor1”，数据类型选择复杂类型中的 UDT，确定代码 UDT1；再输入电动机 2 的名称“Motor2”，数据类型选择复杂类型中的 UDT，确定代码 UDT1；以此类推。在数据视图中可以看到所有电动机的参数，如图 6-13 所示。

如果要访问电动机 2 的转速，只要写出电动机 2 的对应名称“DB4. motor2. motor. speed”即可，回车后，显示该数据块中的绝对地址 DB4. DBW20。

6.1.4 恢复数据块的初值

创建数据块时，可以为数据赋以初值，如配方参数或设定值等。在程序运行过程中，可能对某些数值做了修改，此时实际值不再是原来的初值。如果希望恢复数据块的初值，方法是在数据视图方式下打开数据块，在“编辑”下拉菜单中单击“初始化数据块”命令，如图 6-14 所示，将初始化后的数据块下载到 CPU，数据块所有变量的实际值将恢复为其对应的初始值。

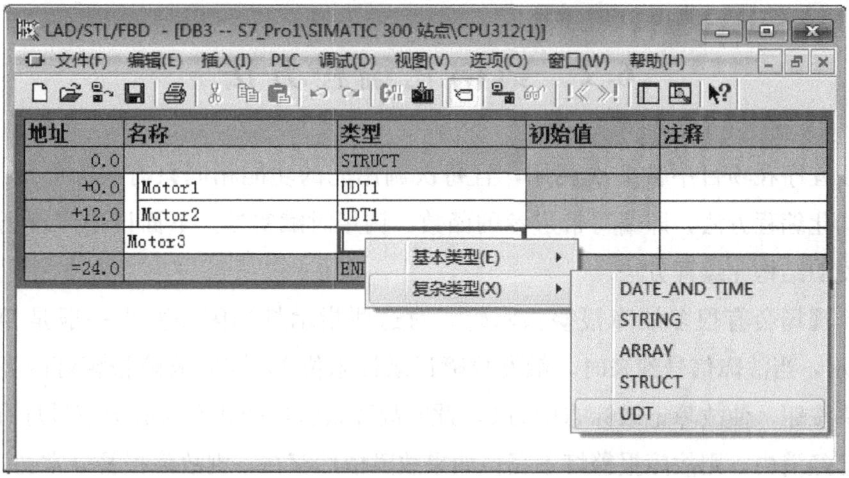

图 6-12 用数据类型定义数据

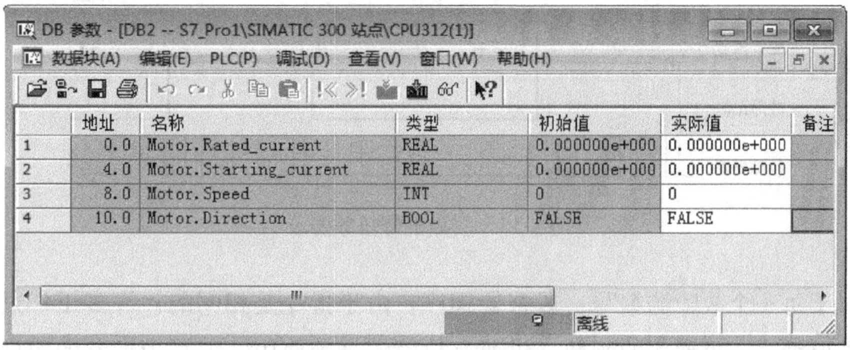

图 6-13 电动机的结构参数

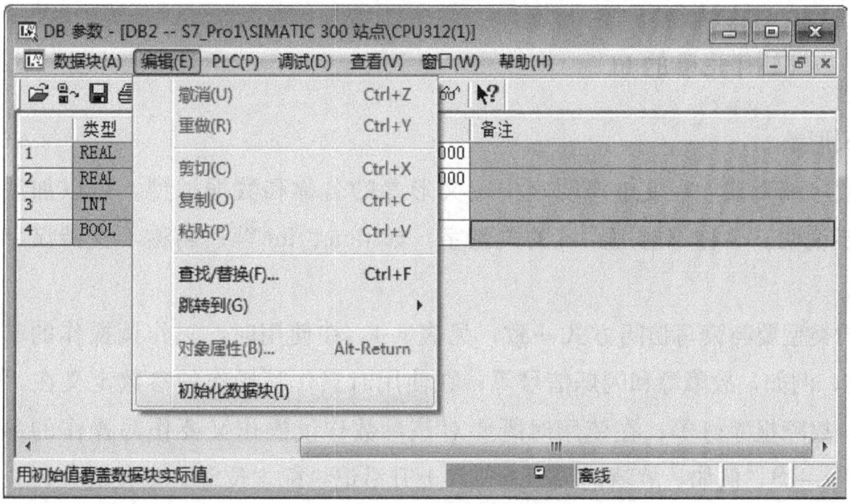

图 6-14 恢复数据块的初值

6.2 结构化编程方法

当某段程序在项目中被多次调用，且每次调用完的功能相同只有实际的地址不同时，可采用结构化编程方法，即编写带形参的函数，调用时赋实参。下面以生产现场故障报警程序为例说明结构化编程方法。

在生产现场会有很多故障报警指示灯，对这些指示灯的闪亮要求一般是相同的。如图 6-15 所示，当故障信号到来时，触发故障记录标志位 1，同时故障报警灯闪亮。现场人员按下应答按钮，使故障记录标志位为 0，此时故障报警灯的状态与故障信号灯有关。如果故障信号已经消失，则故障报警灯不亮；如果故障依然存在，则故障报警灯常亮。

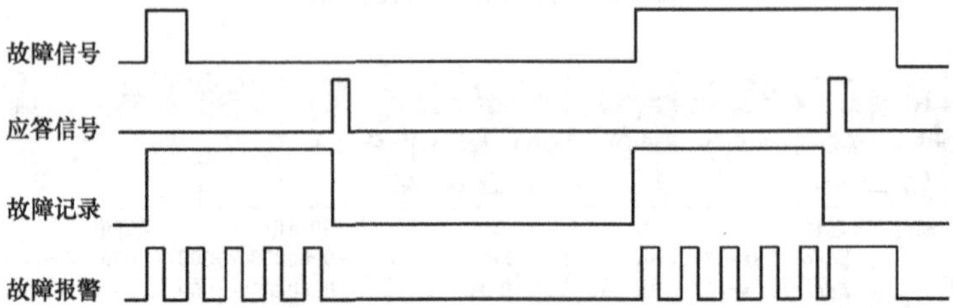

图 6-15 故障报警任务要求

如果对于每一个故障源编写一段报警程序，由于指令是相同的，许多工作是重复性劳动，因此需要编写一个通用的函数，供所有故障源报警使用。编写带形参的程序块可实现上述要求，即程序中的指令不写具体的地址，而是用形参（形式参数）表示。在处理每一个故障源的报警信号时，调用该函数赋实际的地址。

6.2.1 编辑带形参的 FC

1. 定义形参

打开程序编辑器，在变量声明表中定义形参的名称和数据类型，可以加注释，对形参作进一步说明。名称不能用系统的关键字，如 time、int 等；名称不支持汉字，注释可以写汉字。

形参的类型要与读写访问方式一致，见表 6-4。在使用时，只作读操作的参数定义在“IN”一类，例如，故障源和闪烁信号等；在使用时只作写操作的参数定义在“OUT”一类，例如，故障报警灯等；在使用时既要对该参数作读操作又要作写操作的参数定义在“IN_OUT”一类，例如，故障记录标志位和上升沿记录标志位等。定义成“IN”类的形参不能作写的操作。

调用带形参的程序块时，“IN”和“IN_OUT”一类的形参出现在程序块的左侧。

表 6-4 形 参 类 型

参数类型	定义	使用方法	图形显示
输入参数	IN	只能读	在块的左侧
输出参数	OUT	只能写	在块的右侧
输入/输出参数	IN_OUT	可读/可写	在块的左侧

故障报警函数 FC61 的形参定义如图 6-16 所示，故障信号“Fault_Signal”为“IN”，报警灯“Alarm_Light”为“OUT”，故障记录“Stored_Fault”和上升沿记录“Edge_Memory”为“IN_OUT”。所有故障源用一个应答按钮，其地址为 I1.6，所有故障指示灯的闪烁频率均为 2Hz，取 CPU 的脉冲信号 M10.3。

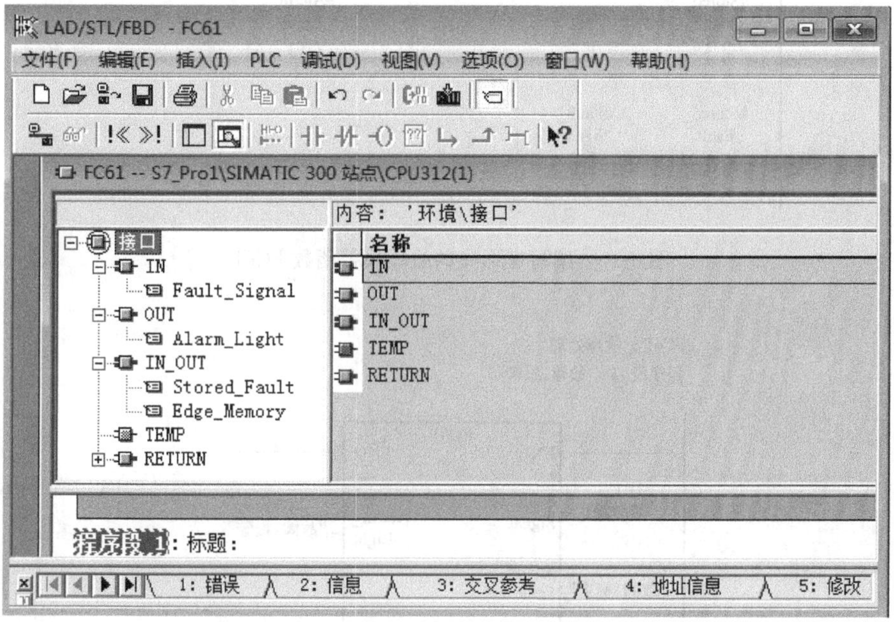

图 6-16 定义形参

2. 编辑带形参的 FC

编写故障报警函数 FC61 时，对应的地址不写绝对地址，而用形参名称替代，如图 6-17 所示。

3. 调用带形参的 FC

对于不同的故障源，可以分别调用故障报警函数 FC，为形参赋以对应的实参（实际参数），如图 6-18 所示。这样编写一次程序可以多次使用，提高编程效率。由于 FC 没有自己的背景数据块，因此在调用函数 FC 的时候，必须给所有形参赋实参。

6.2.2 编辑带形参的 FB

FB 与 FC 不同，它有属于自己的背景数据块，并且背景数据块的格式与 FB 变量声明表的格式一样，如图 6-19 所示。

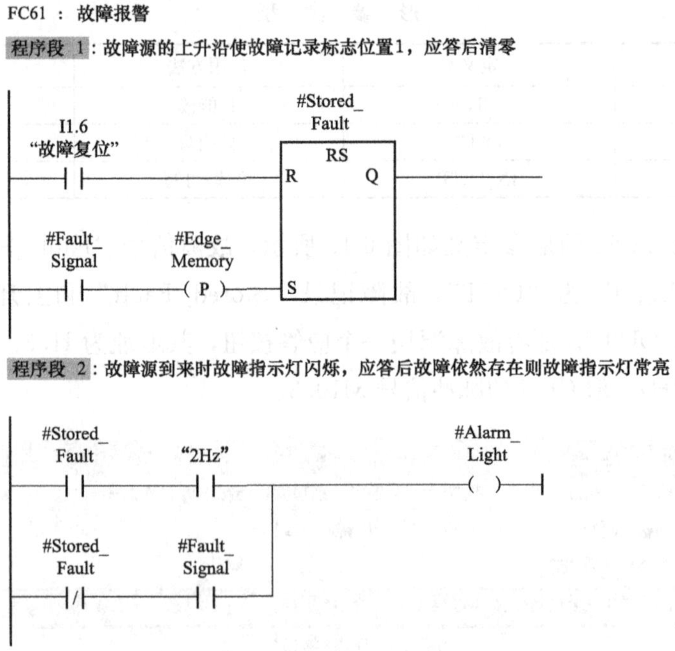

图 6-17 编写带形参的故障报警函数 FC61

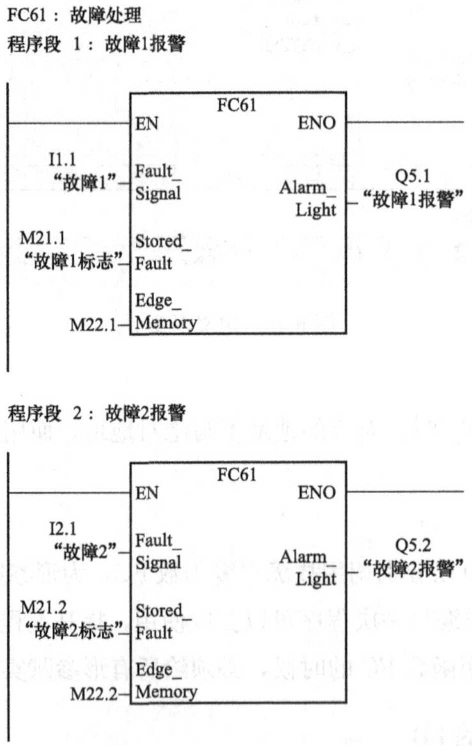

图 6-18 调用故障报警函数 FC61

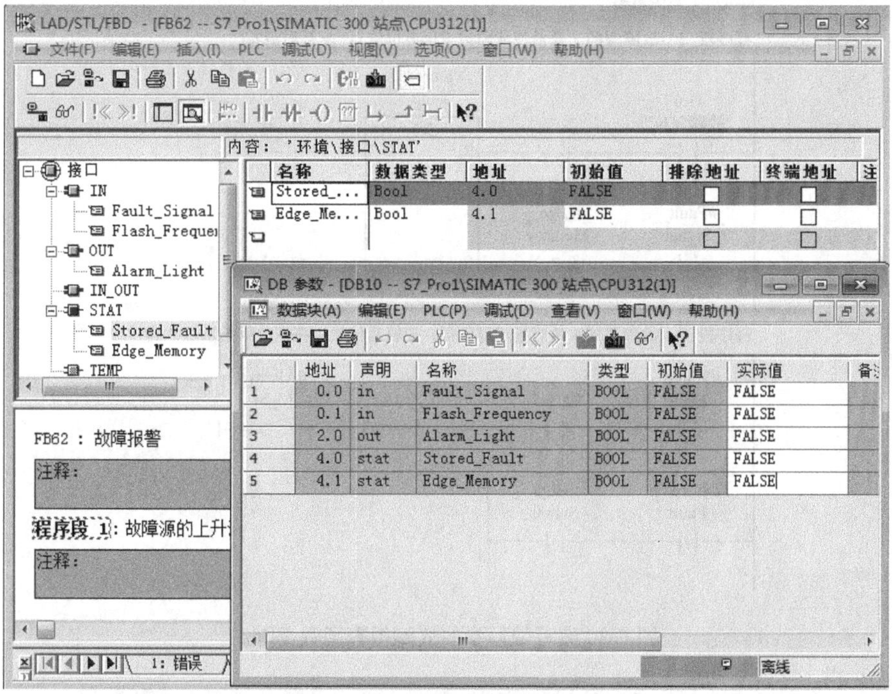

图 6-19　FB 及其背景数据块

1. 定义形参

由于有了背景数据块，FB 的变量声明表区多了一个静态变量类型“STAT”，定义成静态变量的参数可以自动保存在背景数据块的相应单元，无须分配地址和编写访问指令。在本例中，故障记录“Stored-Fault”和上升沿记录“Edge-Memory”定义为静态变量“STAT”，这样在调用 FB 时，背景数据块对应的位地址用来保存“Stored-Fault”和“Edge-Memory”的状态，而不需要赋实参，简化了块的调用。

2. 编写带形参的 FB

编写带形参的 FB 与编写带形参的 FC 类似，如图 6-20 所示。

3. 调用带形参的 FB

调用 FB 时，需要制定背景数据块的代码，生成背景数据块的方法有两种：

一种是在 SIMATIC Manager 窗口中，插入新的 DB 块，选择 DB 块的类型为背景数据块，然后指定是哪一个 FB 的背景数据块，如图 6-21 所示。在调用 FB62 时，输入背景数据块的代码，如 DB5。

另一种是在调用 FB 时，直接在红问号处输入背景数据块的代码，如 DB7，由于该背景数据块并不存在，会弹出对话框询问，如图 6-22 所示，单击“是”，则自动生成背景数据块 DB7。

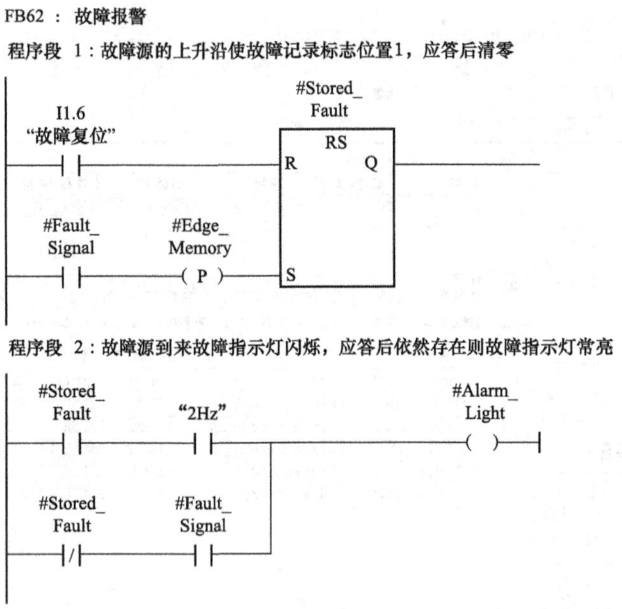

图 6-20 编写带形参的故障报警函数 FB62

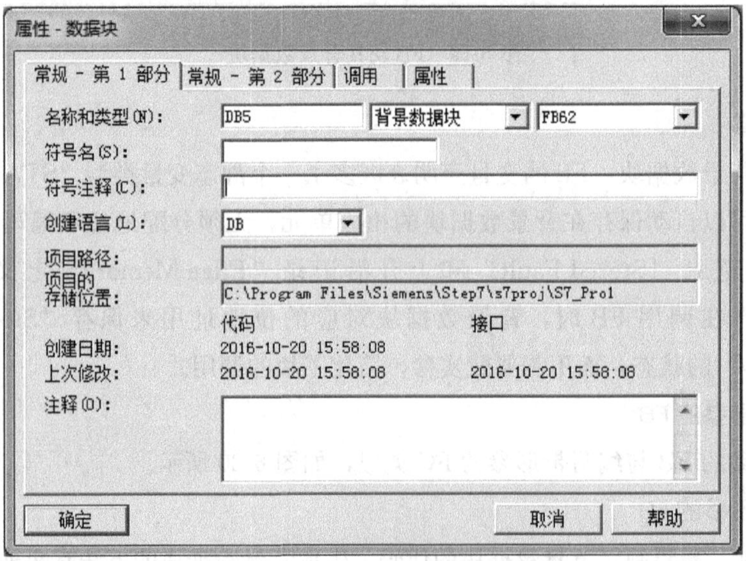

图 6-21 生成背景数据块

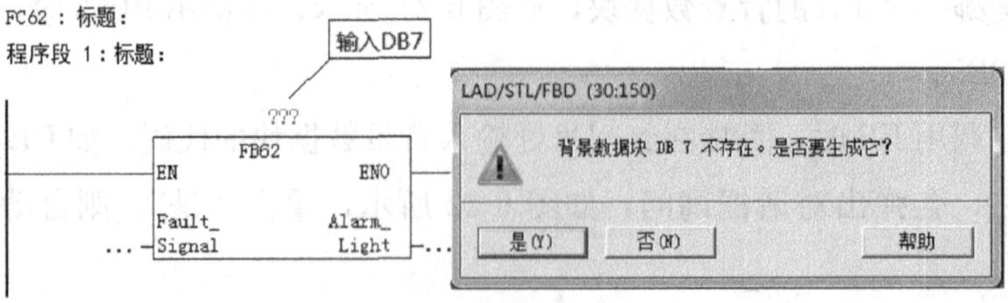

图 6-22 调用 FB 时自动生成背景数据块

调用 FB 时，所赋的实际参数保存在它的背景数据块中，为了使每次调用的参数都能保存下来，多次调用时，需要指定不同的背景数据块。

FB 对于大多数类型的形参（除参数数据类型外）可以赋实参，也可以不赋实参。如果在调用时不分配实际的参数，则程序执行中将采用上一次存储在背景数据块中的参数值。

两次调用 FB62 的实例如图 6-23 所示。

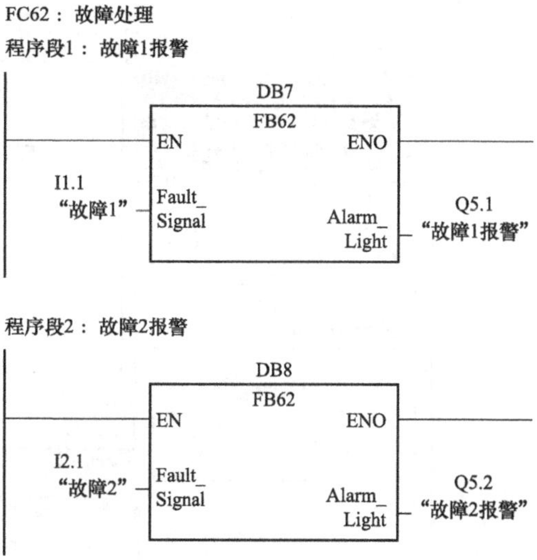

图 6-23 调用故障报警子程序 FB62

6.2.3 调用修改了参数的函数 FC 和 FB

调用了带形参的函数 FC 或 FB 后，如果又修改了变量中的形参或静态变量，需要修改调用程序块。例如，希望对于不同的故障源报警指示灯以不同的频率闪烁，在 FB62 中增加形参“Flash-Frequency”，保存时会弹出对话框，提示接口参数的变化会引起的后果，如图 6-24 所示。

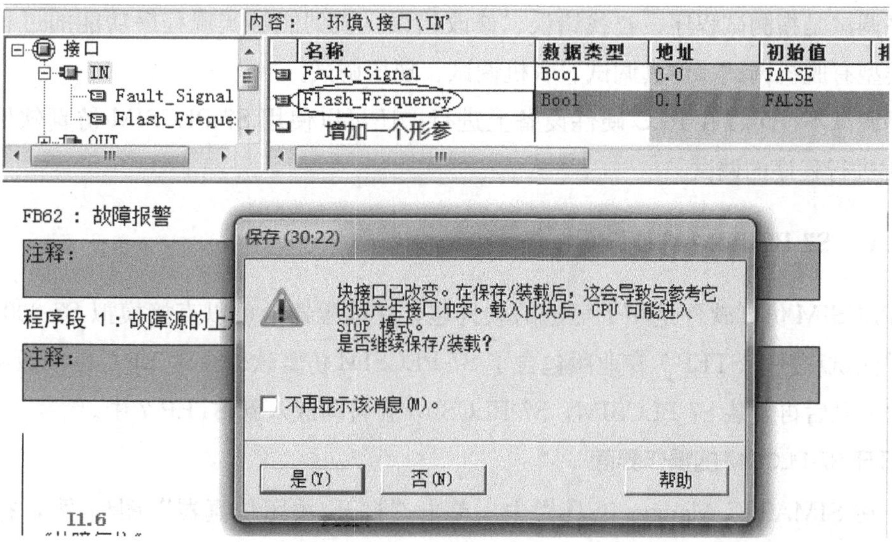

图 6-24 修改形参

如图 6-25 所示，在调用的程序块 FC52 中，由于 FB62 做了修改会变成红色。这时选中错的 FB62 单击鼠标右键，选择“更新块调用”，在弹出的对话框中显示修改前和修改后的两种状态，选择修改后的结果，单击“确定”，还要修改相应的背景数据块。

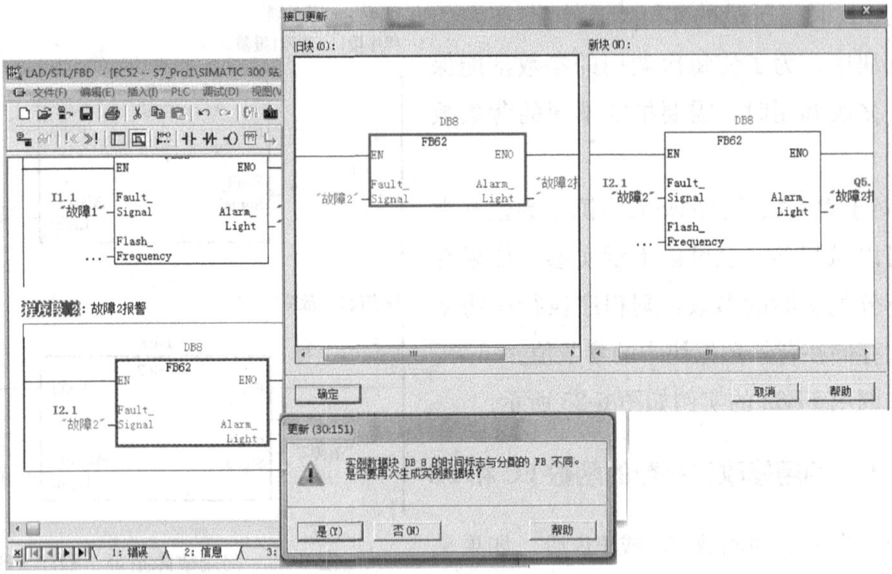

图 6-25　更改块调用

6.3　程序的调试方法

程序调试是指测试程序、查找错误、修改错误，直到能够实现程序功能的过程。程序调试的类型有脱机调试、仿真调试、联机调试、现场调试。

程序调试不仅可以在 PLC 硬件设备上进行，还可以使用 S7-PLCSIM 仿真软件，模拟 PLC 硬件进行程序的调试。

6.3.1　S7-PLCSIM 仿真软件

S7-PLCSIM 仿真软件是一个可选的软件包，在编程器上可以直接模拟 S7-300 PLC 的运行，并测试程序。STEP 7 专业版包含了 S7-PLCSIM 仿真软件，STEP 7 标准版需要在安装 STEP 7 之后再安装 S7-PLCSIM，S7-PLCSIM 会自动嵌入到 STEP 7 中。

1. 打开 S7-PLCSIM 的操作界面

（1）在 SIMATIC Manger 工具栏中，单击“打开/关闭仿真器”图标，打开后的 S7-PLCSIM 操作界面如图 6-26 所示。此时仿真 PLC 的工作方式为 STOP 状态；选择菜单命令“EXECUTE>Scan mode>Scan continous”表示连续扫描方式。

（2）依次进行输入变量窗口和输出变量窗口的添加和属性修改，如图 6-27～图 6-30 所示。在视图对象左上角的小窗口中，可以设置视图对象的地址。单击视图对象右上角小窗口的选择按钮▼，可以选择定位（Bits）、二进制数（Binary）、十进制数（Decimal）、十六进制数（Hex）BCD 码等格式输入和显示数据。

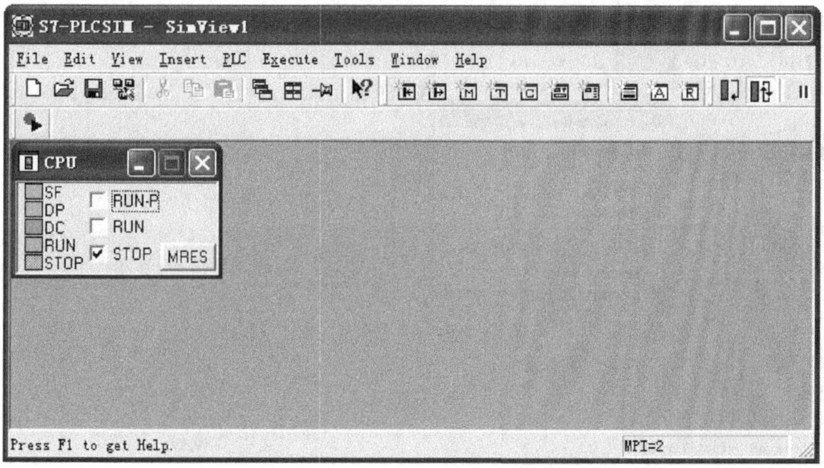

图 6-26 S7-PLC SIM 仿真界面

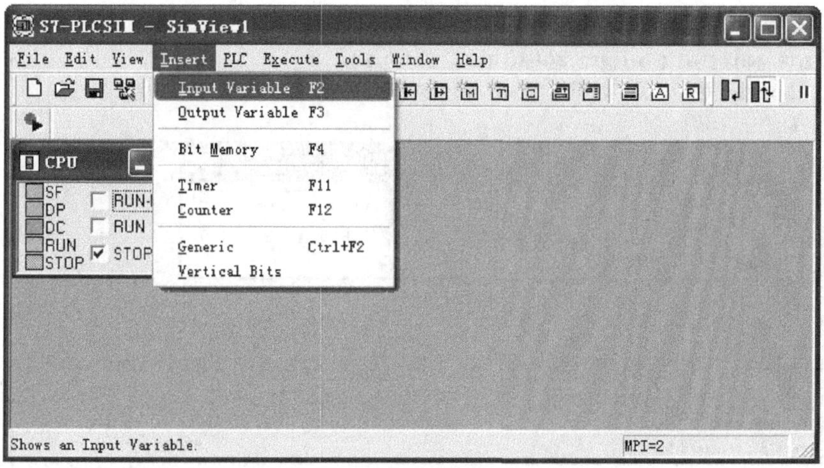

图 6-27 插入输入变量窗口

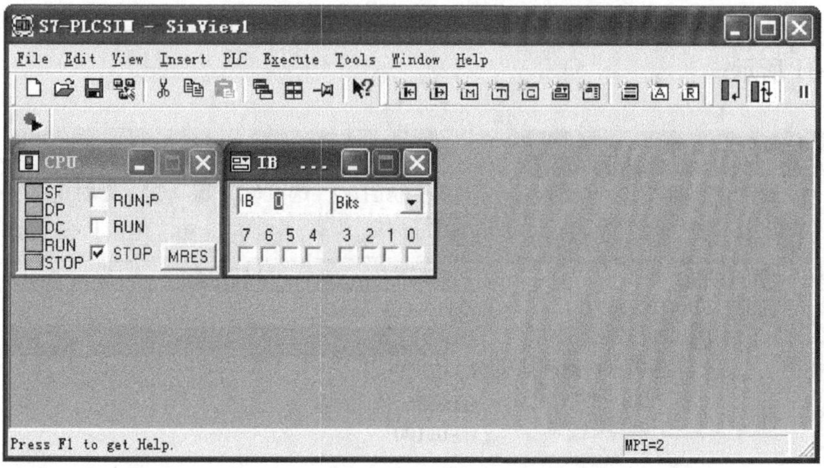

图 6-28 输入窗口属性

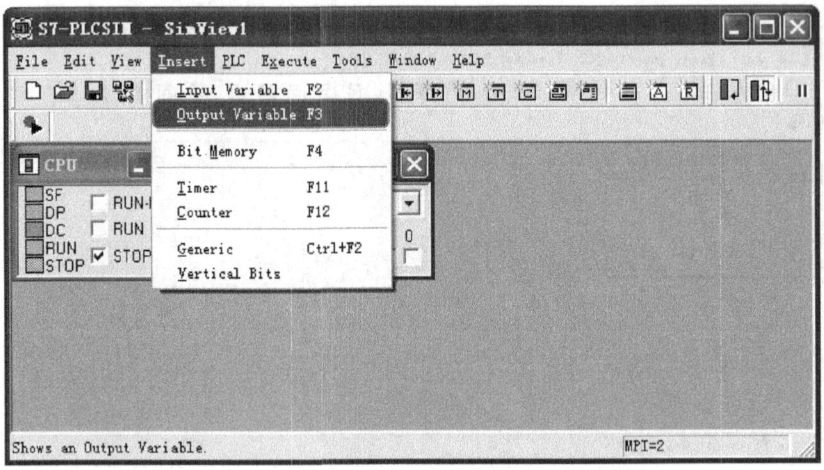

图 6-29　插入输出变量窗口

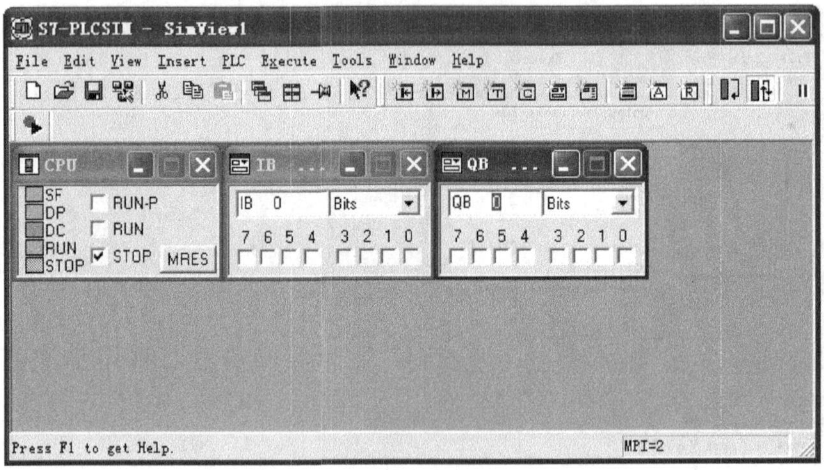

图 6-30　输出窗口属性

（3）用 STEP 7 软件 SIMITIC 管理器菜单命令“PLC>下载”，把程序下载到仿真 PLC 中，如图 6-31 所示。

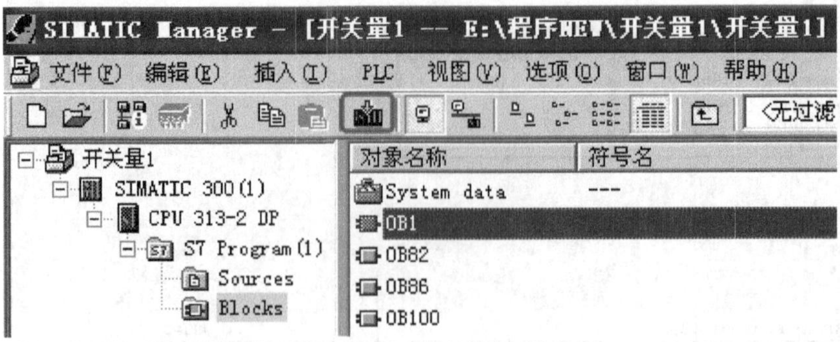

图 6-31　PLC 下载

（4）打开 STEP 7 程序编辑器，如图 6-32 所示，进行在线监控，会发现此时 CPU 处于 STOP 模式。

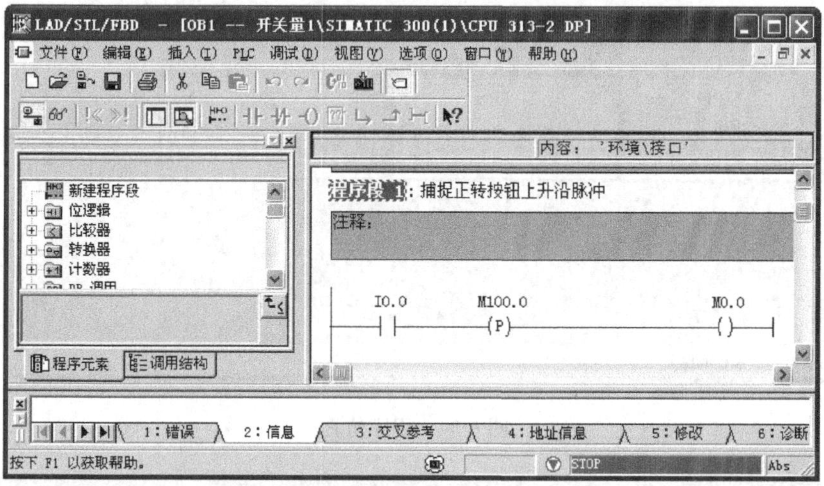

图 6-32 打开程序编辑器

（5）将 S7-PLCSIM 软件中的 CPU 模式打到“RUN”，此时可以进行输入/输出仿真，如图 6-33 所示。将 I0.0 置于 ON 的位置，Q0.0 就会输出 ON，如图 6-34 所示。经测试完全符合程序原来逻辑。当然，在 STEP 7 程序编辑器中也可以在线仿真，如图 6-35 所示。

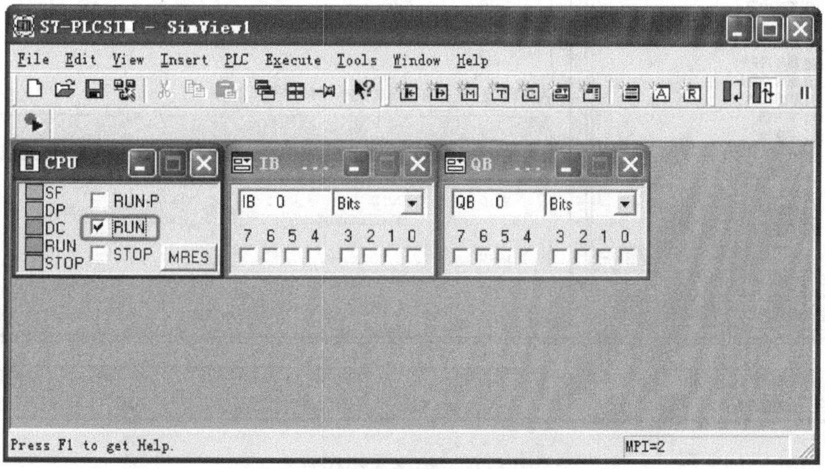

图 6-33 CPU 模式切换到 RUN

（6）保存生成的 PLC 文档，以便下次仿真时直接调用该设置。

2. 设置 PLC 模拟器通信接口

在“PLCSIM”界面的“PLC”下拉菜单中点击“MPI Address”命令，设定 PLC 模拟器的 MPI 地址，设定的 MPI 地址必须与硬件组态中 CPU 的 MPI 地址相同。

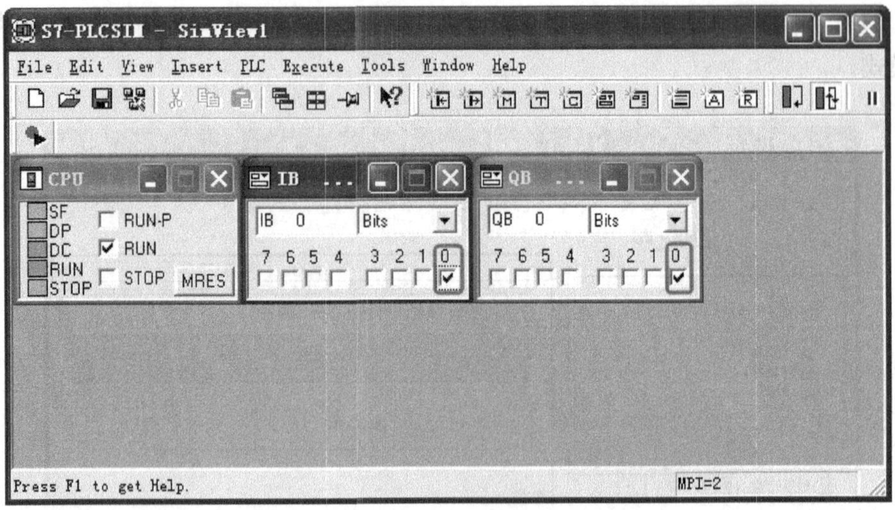

图 6-34　程序仿真

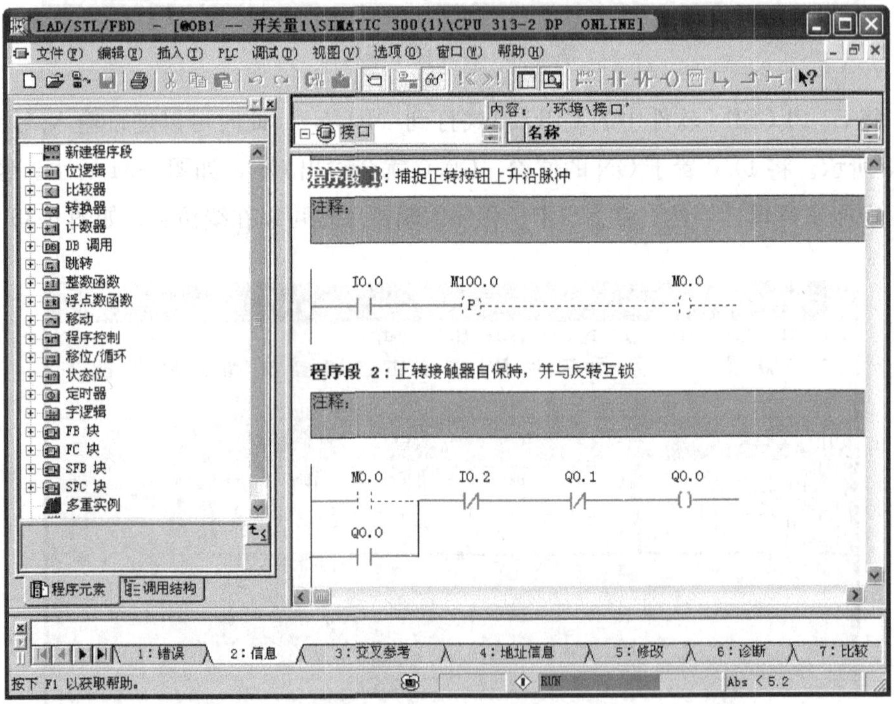

图 6-35　程序在线仿真

在 SIMATIC Manager 的“选项”下拉菜单中单击“设置 PG/PC 接口”命令，选择“S7ONLINE（STEP 7）”指向“PC Adapter”。

3. 仿真调试

设置完成后，可以将用户程序下载到 PLC 模拟器进行调试。激活 CPU 的运行状态，通过改变输入变量的 ON/OFF 状态或数值大小，控制程序的运行。通过观察有关输出变量的状态，监控程序运行的结果。

6.3.2 使用程序编辑器调试程序

在程序编辑器窗口，单击工具栏中的“眼镜”图标，可以监控程序块的运行情况。对于图形语言编写的程序，通过图形中线条的类型、指令元素和参数的颜色等，可以判断程序的运行情况。

针对被监控变量的数据格式，可以选择不同的表达式显示数据，方法是鼠标选中要查看的变量，按右键在“表达式”命令下可以切换显示的数据格式，如图 6-36 所示。

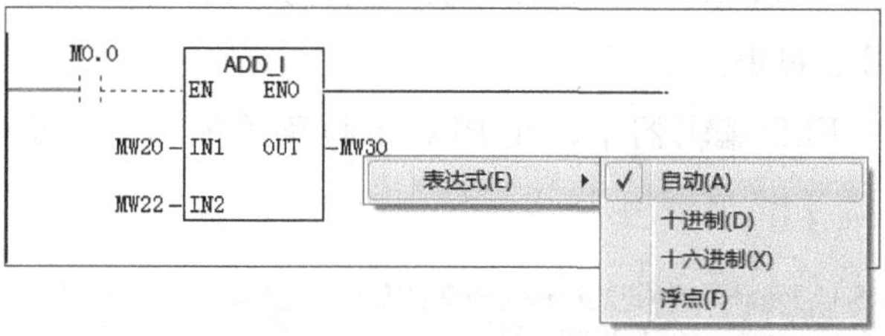

图 6-36 切换显示的数据格式

调试程序时，允许修改变量的当前值，修改方法是鼠标选中指令元素，按右键选择“修改”命令，如图 6-37 和图 6-38 所示。

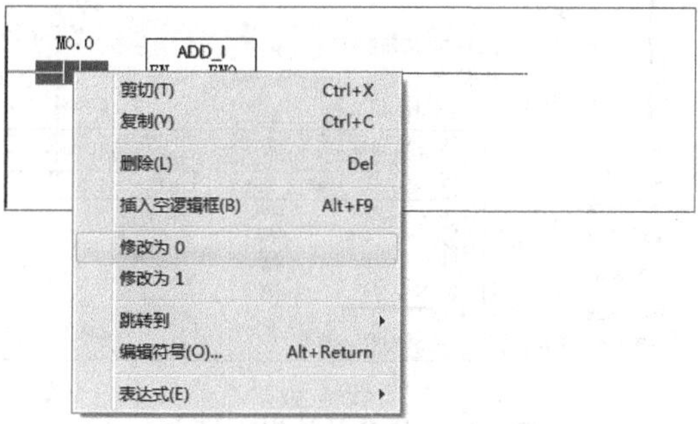

图 6-37 修改位变量的值

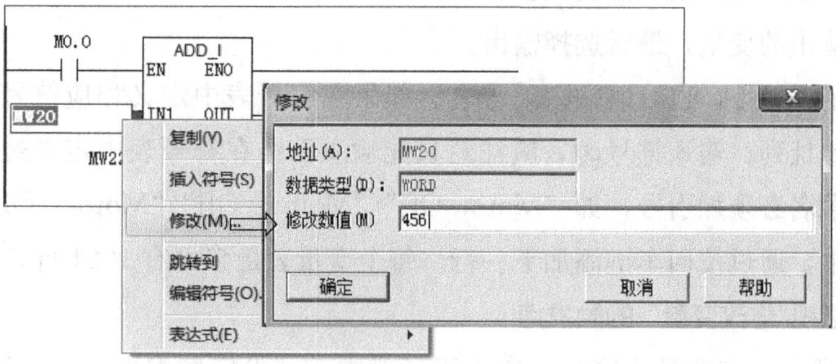

图 6-38 修改数值变量的值

6.3.3 使用变量表调试程序

使用程序编辑器调试程序有一定的局限性，受显示屏的限制，一次只能监视某个程序块中几段程序运行情况，不能对项目下所有程序块的变量同时进行监视。变量表提供了更为方便的调试程序的工具。

1. 调用 “监视/修改变量” 工具

在监视或修改变量之前，必须修改创建一个变量表（VAT），并输入需要监视的变量，如图 6-39 所示。创建变量表的方法分为两种：

（1）在 SIMATILC Manager 中，选择“块”文件夹，在 PLC 下拉菜单中单击“监视/修改变量”命令，打开变量表。

（2）在 LAD/STL/FBD 编辑器中，在 PLC 下拉菜单中单击“监视/修改变量”命令，打开变量表。

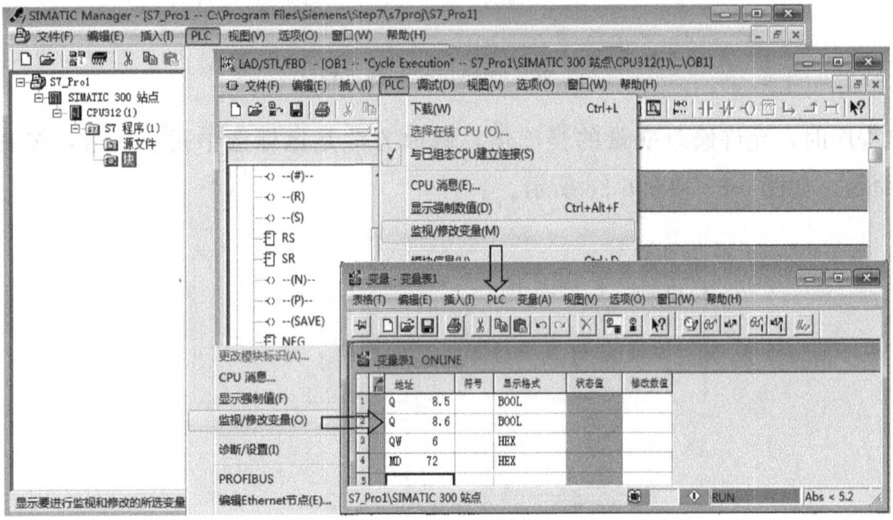

图 6-39 打开并编辑变量表

在变量表中输入要修改或监视其值的变量，一般顺序是先选择输入，然后选择受输入影响以及影响输出的变量，最后选择输出。

可以输入绝对地址，也可以输入符号名。如果在符号表中定义相应符号，那么会自动填写符号列或地址列。输入符号时，应注意只能输入已经在符号表中定义过那些符号，含特殊字符的符号名必须加引号，如“Motor. Off”“Motor+Off”“Motor−Off”。

在变量表中，通过按回车键添加下一行。每个变量表最多可有 1024 行。

2. 设定“监视/修改变量”的触发点

如图 6-40 所示，在变量表窗口，单击工具栏中的“设定触发点”，在弹出的对话框中设置合适的触发点和触发频率。选择了触发点，就确定了显示变量监视值的时间点和将修改值分配给变量的时间点。

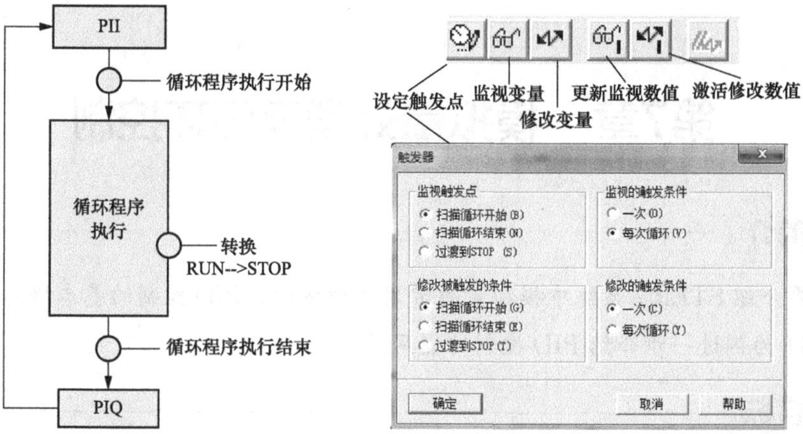

图 6-40 设定“监视/修改变量”的触发点

需要注意的是：对于输入/输出变量修改所作的操作是对其过程映像区的修改，所以修改输入变量的触发点仅在“循环开始”有效，否则在扫描周期开始会重新读取模块当前状态值，刷新输入过程映像区，使修改值无效。而修改输出变量的触发点仅在“循环结束”有效，否则执行用户程序会重新刷新输出过程映像区，使修改值无效。

3. 监视/修改变量

单击图 6-40 中工具栏“监视变量”“修改变量”“更新监视数值”“激活修改数值”命令，对变量表进行监视和修改，如图 6-41 所示。按 ESC 键可以取消监视或修改。

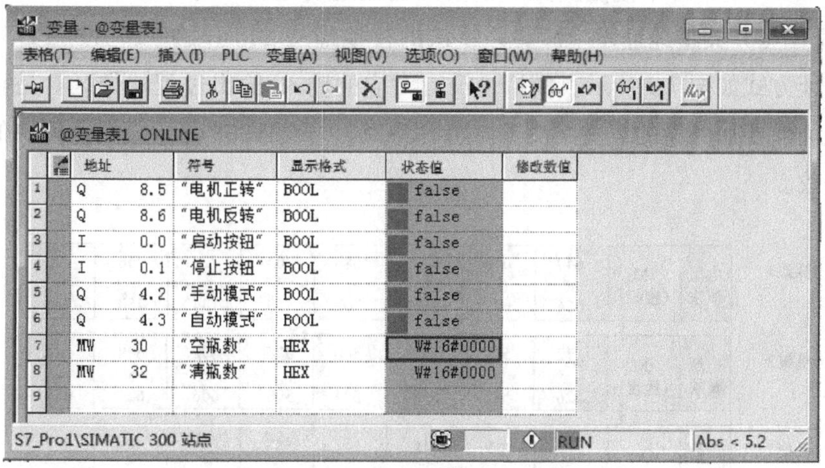

图 6-41 监视/修改变量

第7章　模拟量处理及闭环控制

内容简介

本章主要介绍 STEP 7 系统中模拟量的常用处理方法、PID 控制的基本概念，并以系统功能块 SFB41 为例进一步介绍 PID 控制的应用。

学习目标

(1) 了解模拟量模块的工作原理。

(2) 了解闭环控制的基本概念。

(3) 掌握模拟量模块参数设置的方法。

(4) 掌握模拟量输入及输出值的规范化程序块的使用方法。

(5) 掌握 PID 闭环控制方法及系统功能块 SFB41 模块的使用方法。

7.1　模拟量模块的寻址

S7-300 PLC CPU 每个槽位预留 8 个模拟量通道的地址，每个通道占用 2 个字节（16 位），为了避免与开关量地址发生冲突，默认的首地址从 256 开始。S7-300 PLC CPU 模拟量固定的编址方式如图 7-1 所示。模拟量没有对应的输入/输出过程映像区，是直接访问外设，所以地址前要加外设的英文字头 P，如 PIW256、PQW306 等。模拟量模块的地址也可以由用户修改。

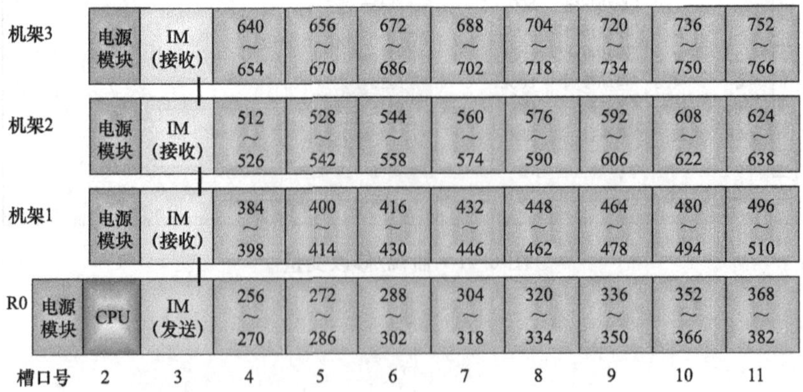

图 7-1　S7-300 PLC CPU 模拟量固定的编址方式

7.2 模拟量模块的配置

7.2.1 量程卡的设置

一些模拟量模块的侧面装有量程卡，有 A、B、C、D 四个安装位置，如图 7-2 所示。在安装模块前，必须根据传感器信号的类型和测量范围设置量程卡的位置。在模块上有不同类型和测量范围的设置方法的简要说明。

7.2.2 组态模拟量输入模块

在硬件组态窗口，双击模拟量输入模块，打开属性设置窗口，如图 7-3 所示。

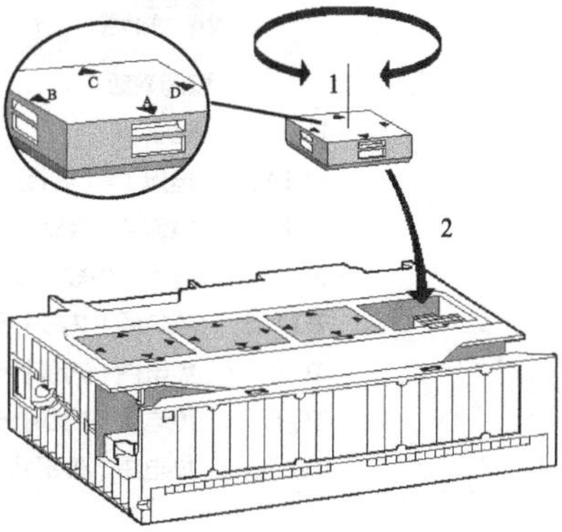

图 7-2 量程卡

1. 参数设置

模拟量输入模块的参数设置如图 7-4 所示。

（1）测量类型。单击该选项可以显示和选择传感器的测量类型（电压、电流等）。对不使用的通道或通道组，选择“取消激活”，并在模块上将这些通道接地。

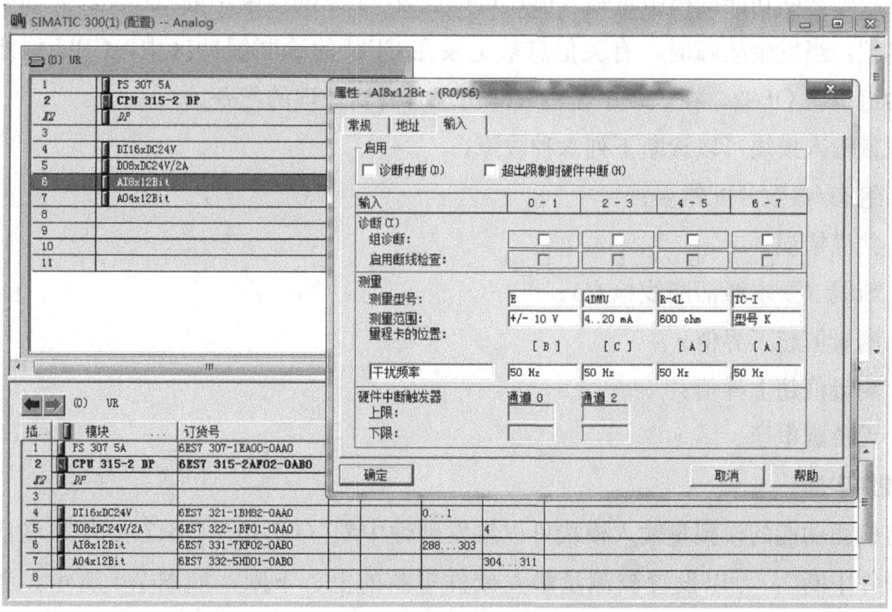

图 7-3 打开模拟量输入模块属性设置窗口

（2）测量范围。单击该选项可以显示和选择传感器输出信号的测量范围。

（3）量程卡的位置。当选择了测量类型和测量范围后，量程卡的特定位置就确定了。

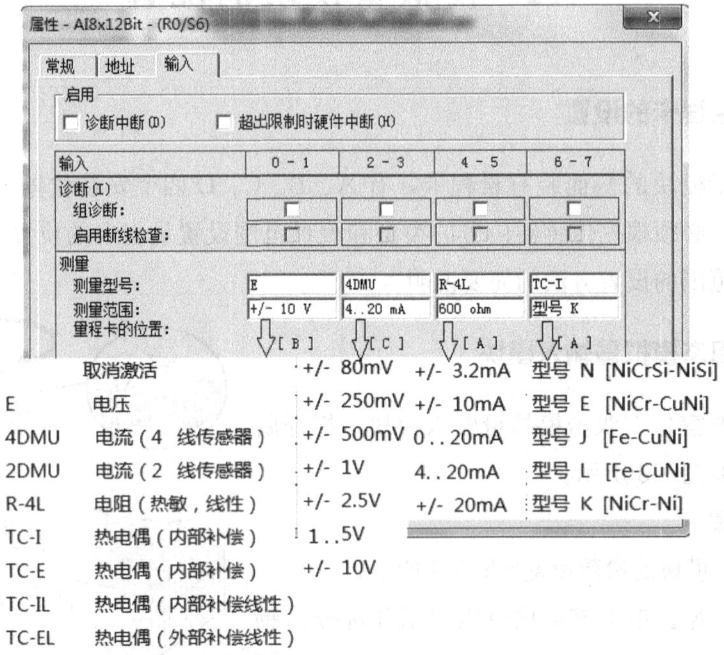

图 7-4　模拟量输入模块参数设置

2. 诊断中断

具有故障诊断功能的模拟量输入模块可以触发 CPU 的诊断中断（OB82）。如果激活了“诊断中断”，当发生故障时，有关信息被记录在 CPU 的诊断缓冲区中，CPU 立即处理诊断中断的组织块 OB82，在该块中编写故障出现时需要处理的指令。

模拟量输入模块可以诊断下列六种故障：

（1）组态/参数分配错误；

（2）共模错误；

（3）断线（要求激活断线检查）；

（4）测量值超下界值；

（5）测量值超上界值；

（6）无负载电压。

3. 硬件中断

具有检测功能的模拟量输入模块可以触发硬件中断（OB40～OB47）。如果激活了“超出限制硬件中断”，可以设置被测量触发硬件中断的上、下限，如图 7-5 所示。当测量值（如温度）超出或低于这一测量范围时，该模块触发硬件中断。CPU 立即处理用户编写的 OB40～OB47 的中断程序，以决定对该事件的反应。在 OB40 启动信息的 OB40_POINT_ADDR 变量中，记录了超出特定极限值的通道信息。

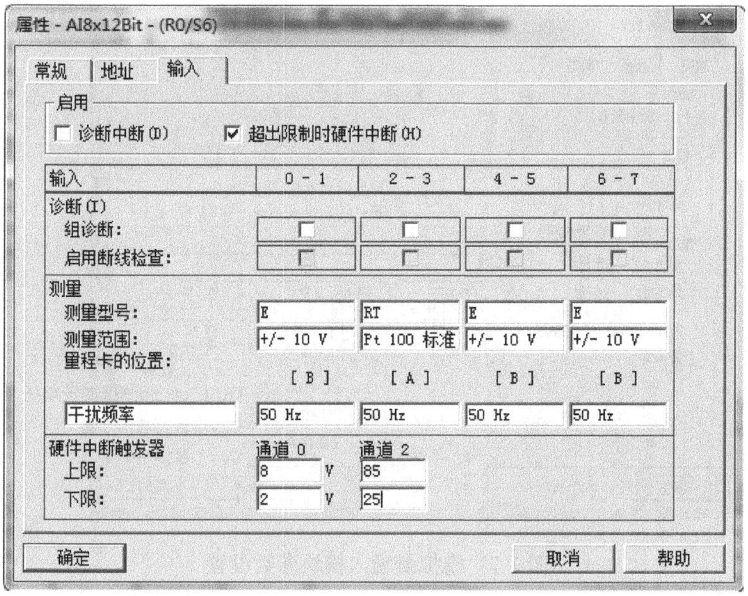

图 7-5 模拟量输入模块硬件中断设置

7.2.3 组态模拟量输出模块

在硬件组态窗口，双击模拟量输出模块，打开属性设置窗口，如图 7-6 所示。

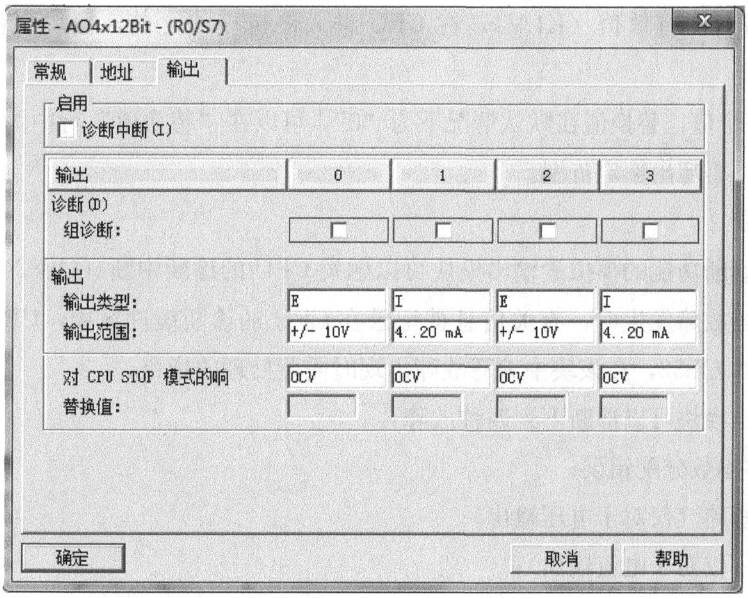

图 7-6 模拟量输出模块属性设置窗口

1. 参数设置

模拟量输出模块的参数如图 7-7 所示。

(1) 输出类型。单击该选项可以显示和选择模块输出通道的类型，如电压、电流等。对不使用的通道或通道组选择“取消激活”，并在模块上使这些通道开路。

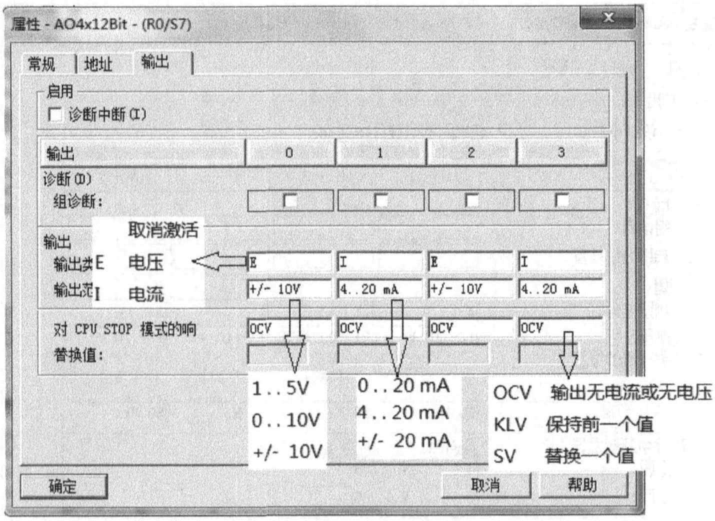

图 7-7 模拟量输入模块参数设置

(2) 输出范围。单击该选项可以显示和选择模块输出通道的数值范围。

(3) CPU 停机时的响应。单击该选项可以显示和选择在 CPU 停机模式下输出通道如何反应:

1) 没有电压或电流输出(0CV),在 CPU 停机模式下切断输出($U/I=0$V/mA);

2) 保留最后的有效值(KLV),在 CPU 进入停机模式之前,模块要保留最后的值输出;

3) 替换一个值,替换值在默认情况下为“0”,可以在“替换值”行中为各输出设置替换值。替换值不得超出额定范围。

2. 诊断中断

具有故障诊断功能的模拟量输出模块可以触发 CPU 的诊断中断(OB82)。如果激活了“诊断中断”,当故障发生时,有关信息被记录在 CPU 的诊断缓冲区中,CPU 立即处理诊断中断的组织块 OB82,在该块中编写故障出现时需要处理的指令。

模拟量输出模块可以诊断下列四种故障:

(1) 组态/参数分配错误;

(2) 接地短路(仅对于电压输出);

(3) 断线(仅对于电流输出);

(4) 无负载电压。

7.3 模拟量的规范化

现场的过程信号(如温度、压力、流量、湿度、液位等)是具有物理单位的工程量值,模/数转换后输入通道得到的是－27648～＋27648 的数字量。该数字量不具有工程量值的单位，在程序处理时带来不方便，需要将数字量－27648～＋27648 转化为实际工程量值，这一过程称为模拟量的“规范化”。

为解决工程量值问题，STEP 7 软件的标准程序库中集成了模拟量输入值“规范化”的子程序 FC105 和模拟量输出值“规范化”的子程序 FC106。

7.3.1 模拟量输入值的规范化

FC105 是带形参的程序块，调用 FC105，如图 7-8 所示。

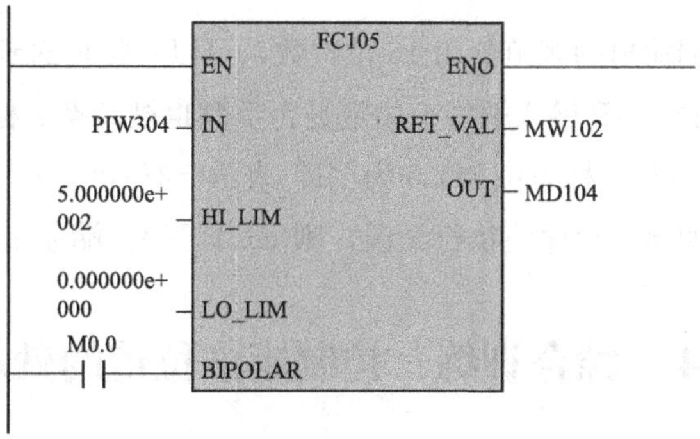

图 7-8 调用 FC105

FC105 形参的定义如下：

(1) IN：模/数转换得到的数字量输入端，可以直接从模拟量模块输入通道上读取或从一个 INT 格式的数据存储器中读取。

(2) HI_LIM，LO_LIM：对应传感器的测量范围，现场过程信号工程量的上下限值。

(3) OUT：规范化后的工程量值（实际物理量），以实数格式从 OUT 端输出。

(4) BIPOLAR：根据传感器输入信号的特性，极性输入端选择是单极性只转换正数还是双极性正负数均转换。标志位 M0.0 为“0”表示输入信号是单极性的；标志位 M0.0 为“1”表示输入信号是双极性的。

(5) RET_VAL：调用 FC105 返回的信息，如果程序块执行无误，则 RET_VAL 端输出为 0。

7.3.2 模拟量输出值的规范化

FC106 是带形参的程序块，调用 FC106 如图 7-9 所示。其用途是将模拟量输出“规范化”，即将实际物理量转化为模拟量输出模块所需要的 0～27648 之间的 16 位整数。

FC106 形参的定义如下：

(1) IN：需要送到模拟量输出模块的实际物理量值，必须以 REAL 格式传送。

(2) LO_LIM，HI_LIM：以工程单位表示的上限和下限，用于定义程序值的范围。

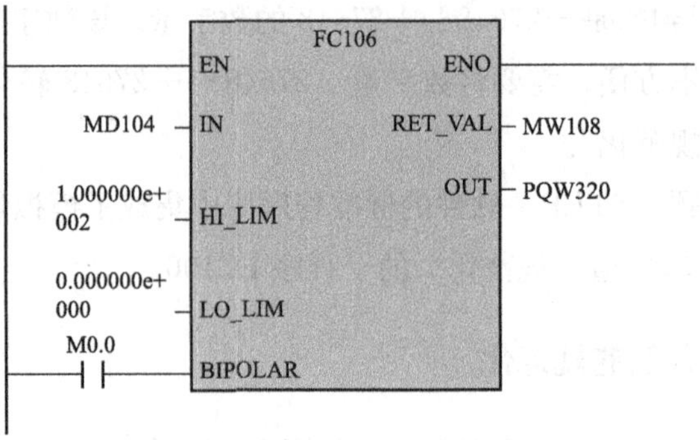

图 7-9 调用 FC106

(3) OUT：OUT 端输出的规范值为 16 位整数，可以直接传送到模拟量输出模块上。

(4) BIPOLAR：BIPOLAR 输入端用来决定是否负数也被转换。标志位 M0.0 为“0”表示 0～+27648 范围的规范化，标志位 M0.0 为“1”表示−27648～+27648 范围内的规范化。

(5) RET_VAL：如果该程序块执行无误，则 RET_VAL 端输出为 0。

7.4 综合训练：控制罐液位值的处理

1. 控制要求

图 7-10 所示的控制罐，液位传感器测量值范围为 0～600L。当液位低于 50L 时，打开进料阀门（Q5.2=1）注入原料液体；当液位高于 500L 时，关闭进料阀门（Q5.2=0）。

在 OB35 中编写控制罐的液位值采集程序，每 500ms 采集一次。

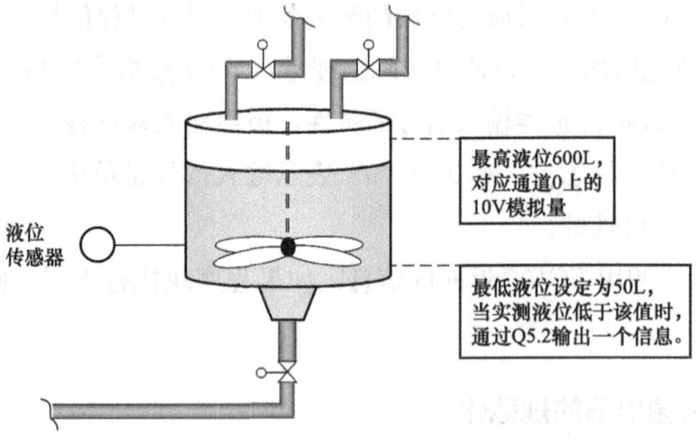

图 7-10 控制罐液位

2. 任务分析与程序编制

(1) 在 OB100 启动组织块中用语句表编写指令，生成一个常“0”信号 M0.0 和一个常“1”信号 M0.1，如图 7-11 所示。

(2) 在硬件组态中定义 500ms 执行一次循环中断组织块 OB35，如图 7-12 所示。

```
OB100 : "Complete Restart"
Network 1：生成一个常“0”信号M0.0
        CLR
        =       M       0.0                 0信号

Network 2：生成一个常“1”信号M0.1
        SET
        =       M       0.1                 1信号
```

图 7-11　OB100 启动组织块程序

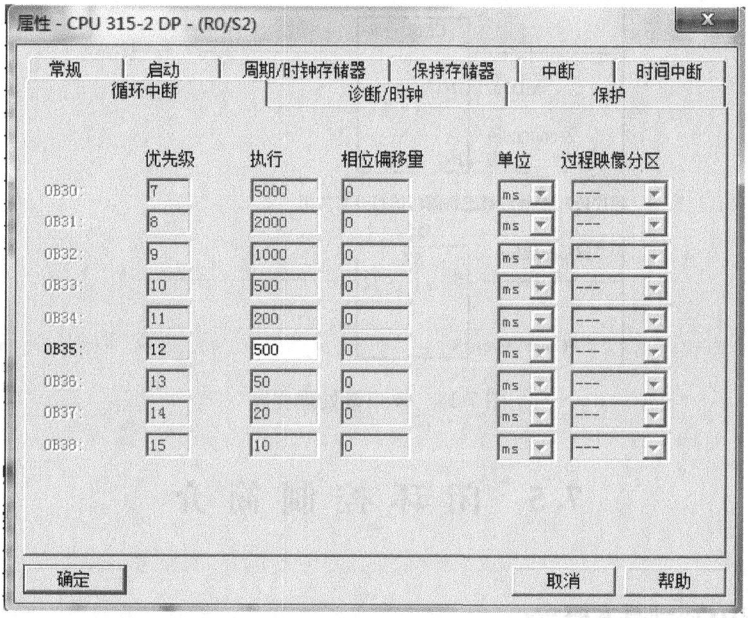

图 7-12　OB35 循环中断组织块

（3）在 OB35 中调用 FC105，通过液位传感器（PIW304）间隔 500ms 采集一次控制罐的液位值，将采集到的模拟量转换成实际液位值，存储在 MD102 中，如图 7-13 所示。

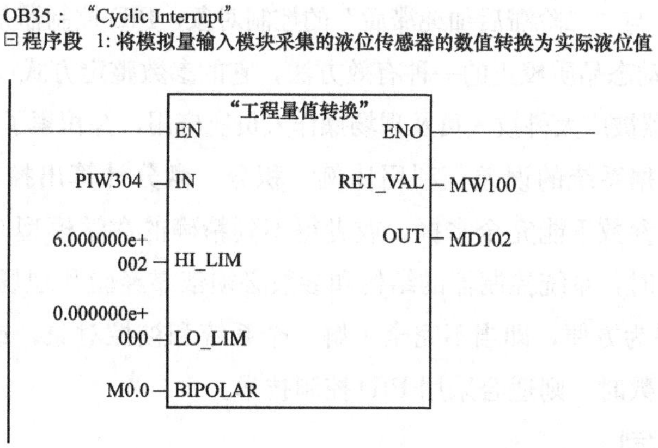

图 7-13　在 OB35 中转换实际液位值程序

（4）在 FC10 中编写模拟量液位值的处理程序，控制进料阀门（Q5.2）的打开和关闭，如图 7-14 所示。

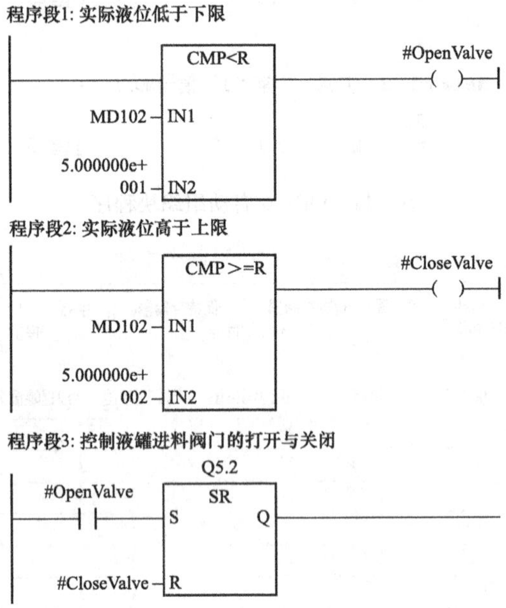

图 7-14　模拟量处理程序

7.5　闭环控制简介

7.5.1　PID 控制基本概念

在闭环控制过程中，按偏差的比例、积分和微分进行控制的 PID 控制器，是应用广泛的一种自动控制器。它具有原理简单、易于实现、适用面广、控制参数相对独立、参数选定比较简单和调整方便等优点，而且在理论上可以证明，对于过程控制的典型对象——“一阶滞后加纯滞后”与“二阶滞后加纯滞后”的控制对象，PID 控制器是一种最优控制。PID 调节规律是连续系统动态品质校正的一种有效方法，它的参数整定方式简便，结构改变灵活。长期以来，PID 控制器被广大科技人员及现场操作人员所应用，并积累了大量的经验。

PID 控制器是根据系统的误差，利用比例、积分、微分计算出控制量来进行控制的。当被控对象的结构和参数不能完全掌握，或者得不到精确的数学模型时，再或者难以采用控制理论的其他技术时，系统控制器的结构和参数必须依靠经验和现场调试来确定。这时，应用 PID 控制技术最为方便，即当不完全了解一个系统和被控对象，或不能通过有效的测量手段来获得系统参数时，则适合采用 PID 控制技术。

1. 比例（P）控制

比例（P）控制是一种最简单的控制方式，其控制器的输出与输入误差信号成比例关系，当仅有比例控制时，系统输出存在稳态误差。

2. 积分（I）控制

在积分（I）控制中，控制器的输出与输入误差信号的积分成正比关系。如果控制系统在进入稳态后存在稳态误差，则称这个控制系统是有稳态误差的，或简称有差系统。为了消除稳态误差，在控制器中必须引入“积分项”，积分相对误差的运算取决于时间的积分，随着时间的增加，积分项会增大。这样，即便误差很小，积分项也会随着时间的增加而增大，它推动控制器的输出增大，使稳态误差进一步减小，直到等于零。因此，采用比例＋积分（PI）控制器，可以使系统在进入稳态后无稳态误差。

3. 微分（D）控制

在微分（D）控制中，控制器的输出与输入误差信号的微分（即误差的变化率）成正比关系。自动控制系统在克服误差的调节过程中，可能会出现振荡甚至失稳，其原因是系统存在较大的惯性组件或有滞后组件，具有抑制误差的作用，其变化总是落后于误差的变化。解决的办法是使抑制误差作用的变化“超前”，即在误差接近于零时，抑制误差的作用就应该是零。这就是说，在控制器中仅引入“比例”项往往是不够的，比例项的作用仅是放大误差的幅值，而目前需要能预测误差变化的趋势，因此应增加“微分项”。这样，具有比例＋微分（PD）的控制器，就能够提前使抑制误差的控制作用等于零，甚至为负值，从而避免被控量的严重超调。所以对有较大惯性或滞后的被控对象，比例＋微分（PD）控制器，能改善系统在调节过程中的动态特性。

7.5.2 数字PID控制

自从计算机和各类微控制器芯片进入控制领域以来，用计算机或微控制器芯片取代模拟PID控制电路组成控制系统，不仅可以用软件实现PID控制算法，而且可以利用计算机和微控制器芯片的逻辑功能，使PID控制更加灵活。将模拟PID控制规律进行适当变换后，以微控制器或计算机为运算核心，利用软件程序来实现PID控制和校正，就是数字（软件）PID控制。

数字PID控制器应用广泛，具有如下优点：

（1）PID算法蕴含了动态控制过程中过去、现在、将来的主要信息，而且其配置几乎最优。其中，比例（P）代表了当前的信息，去纠正偏差的作用，使过程反应迅速；微分（D）在信号变化时有超前控制作用，代表将来的信息，在过程开始时强迫过程进行，过程结束时减少超调，克服振荡，提高系统的稳定性，加快系统的过渡过程；积分（I）代表了过去积累的信息，它能消除静差改善系统的静态特性。这三种作用配合得当，可使动态过程快速、平稳、准确，收到良好的效果。

（2）数字PID控制适应性好，有较强的鲁棒性，在各种工业应用场合得到了不同程度的应用，特别是对于“一阶惯性环节＋纯滞后”和“二阶惯性环节＋纯滞后”的过程控制对象。

（3）数字PID算法简单明了，各个控制参数相对较为独立，参数的选定较为简单，形成了完整的设计和参数调整方法，很容易为工程技术人员所掌握。

（4）数字PID控制根据不同的要求，针对自身的缺陷进行了不少改进，形成了一系列改进的PID算法。例如，为了克服微分带来的高频干扰的滤波PID控制，为克服大偏差时出现饱和超调的PID积分分离控制，为补偿控制对象非线性因素的可变增益PID控制等等。这些改进算法在一些应用场合取得了很好的效果。同时，当今智能控制理论的发展又促进了许多智能PID控制方法的形成。

7.5.3　SFB41模块

SFB41是系统功能块，集成在S7 CPU中，是操作系统一部分。SFB41“CONT_C”用于连续控制，可以作为单独的PID恒指控制器或在多闭环控制中实现级联控制器、混合控制器和比例控制器。

1. SFB41各子功能描述

SFB41模块原理框图如图7-15所示。

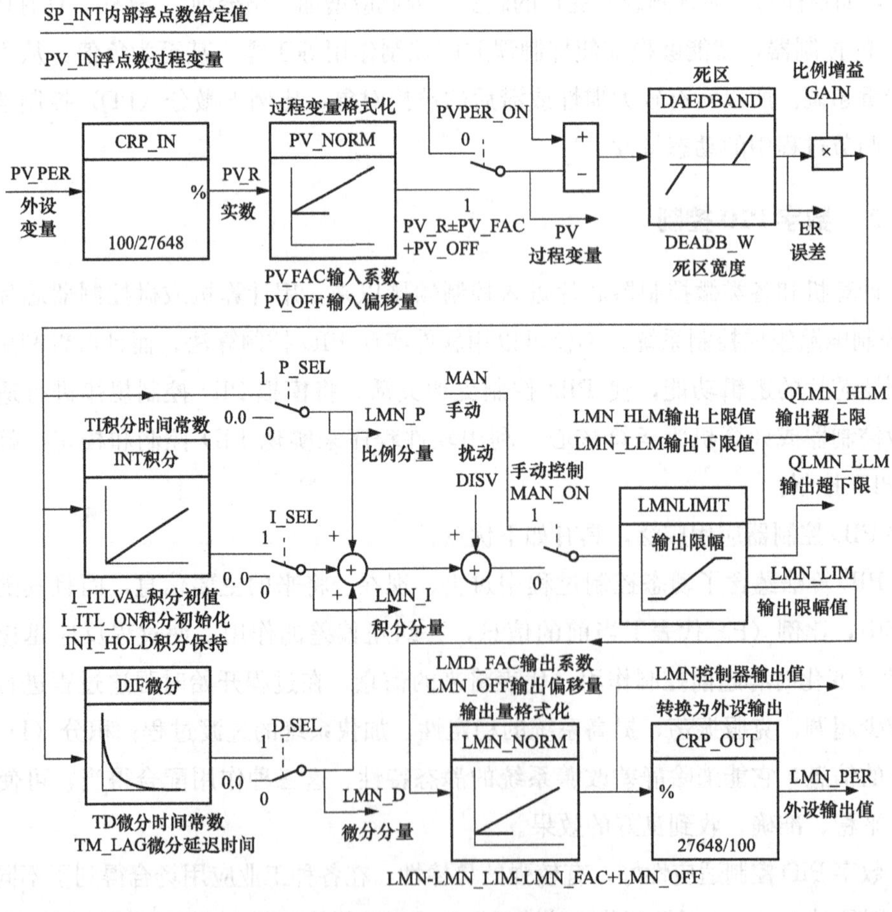

图7-15　SFB41模块原理框图

（1）设定值的输入。设定点的值以浮点数格式在 SP_INT（内部设定值）处输入。

（2）过程变量的输入。过程变量即反馈值可以用两种方法输入：

一种是用 PV_IN 浮点数格式输入过程变量，此时控制 I/O 输入过程变量的开关量 PVPER_ON 应处于 OFF 状态；

另一种是从外设直接输入 I/O 量到 PV_PER，功能 CRP_IN 将从外设来的模拟量输入模块采样的数字值 PV_PER 转化成范围为－100％～100％的浮点数格式，此时控制I/O 输入过程变量的开关量 PVPER_ON 应处于 ON 状态。

（3）外设输入过程变量的值转换为浮点数格式。模拟量输入模块采样的数字值的最大值为 27648（十六进制表示为 6C00H），功能 CRP_IN 根据下面的公式将 PV_PER 转换为－100％～100％之间的浮点数格式数值：

CRP_IN 的输出＝PV_PERx100/27648

（4）外设输入过程变量值的标准化。功能 PV_NORM 根据下面的公式使 CRP_IN 的输出标准化：

PV_NORM 的输出＝（CRP_IN 的输出）x PV_FAC＋PV_OFF

式中，PV_FAC 为过程变量的系数；PV_OFF 为过程变量的偏移量，两者的默认值分别为 1.0 和 0，它们用来调节过程输入的范围。

如果内部设定值 SP_INT 是有物理意义的，则通过上面的转换就可将外设输入过程变量（即反馈值）的值转换为该物理值。图 7-15 中，PV 为过程变量格式化后的输出值，它是一个中间变量。

（5）无误差信号及死区处理。误差是设定值 SP_INT 与过程变量之间的差值。为了抑制由于控制量量化而引起的小扰动，可将死区功能 DEADBAND 运用在误差信号上。如果将 DEADB_W 设为 0，则死区将不起作用。

（6）PID 运算。在这里 PID 控制算法是位置式的，比例、积分和微分作用并联，并且可以通过开关量 P_SEL、L_SEL、D_SEL 分别激活或取消激活，这样就可以分别构造 P、PI、PD 以及 PID 控制器。纯积分控制或纯微分控制也是可以的。

（7）手动值控制。通过变量可以在手动和自动模式之间进行切换。在手动模式（MAN_ON＝1）下，操作值可以设定为一个手动选择值，积分器（INT）在内部设置为 LMN（操作值）-LMN_P（比例操作值）-DISV（扰动），微分器（DIF）设定为 0，并且在内部进行同步，这意味着当转换到自动模式（MAN_ON＝0）时，不会引起操作值的突然改变。

（8）输出限幅。利用功能 LMNLIMIT 可以将输出值限定在所选择的范围内，即上限值为 LMN_HLM，下限值为 LMN_LLM，输出超界情况会在 QLMN_HLM（超上限）和 QLMN_LLM（超下限）信号输出位上表现出来。

（9）控制器输出值的格式化。功能 LMN_NORM 根据下面的公式将输出限幅后的 LMNLIMIT 的输出进行格式化后输出 LMN：

LMN＝LMNLIMIT 的输出 x LMN_FAC＋LMN_OFF

（10）LMN 控制器输出值转换为 I/O 格式的输出值。功能 CRP_OUT 将浮点数格式的输出值 LMN 根据下面的公式转化成能直接输出到外设 I/O 的值：

LMN_PER＝LMNx100/27648

（11）前馈控制。扰动可以作为前馈信号从 DISV 处输入。

2. 参数的设定

PID 调节器参数是根据控制对象的惯量来确定的。大惯量如温度控制，一般 P 可在 10 以上，I＝3～10，D≈1。小惯量如一个小电机带动一个水泵进行压力闭环控制，一般只用 PI 控制，P＝1～10，I＝0.1～1，D＝0。P、I、D 的大小要在现场调试时进行修正，主要是靠经验及对生产工艺的熟悉，并参考对测量值的跟踪与设定值的曲线进行调整。

下面具体说明利用经验法对 P、I、D 参数进行设定的步骤：

（1）让调节器参数的积分系数 I=0，微分系数 D=0，控制系统投入闭环运行，从小到大改变比例系数 P，使扰动信号作阶跃变化，观察控制过程，直到获得满意的控制过程为止。

（2）取比例系数 P 当前的值乘以 0.83，由小到大增加积分系数 I，同样使扰动信号作阶跃变化，直到得到满意的控制过程为止。

（3）积分系数 I 保持不变，改变比例系数 P，观察控制过程有无改善，若有改善则继续调整，直到满意为止。否则将原比例系数 P 增大一些，在调整积分系数 I，力求改善控制过程，如此反复调整，直到找到满意的比例系数 P 和积分系数 I 为止。

（4）引入适当的微分系数 D，此时可适当增大比例系数 P 和积分系数 I，和前述步骤相同，微分系数的整定也需要反复调整，直到控制过程满意为止。

需要注意的是，仿真系统所采用的 PID 调节器与传统的工业 PID 调节器有所不同，其各个参数之间是相互隔离的，因而互不影响，用于观察调节规律十分方便。

经验法实质上是一种调整法，它是在生产实践中总结出来的行之有效的方法，并在现场中得到了广泛的应用。经验法简单可靠，但需要有一定的现场运行经验，整定时易带有主观片面性，且由于有多个参数需要整定，因此增加了得到最佳整定参数的难度。

第8章 故障诊断技术

内容简介

在 S7-300 PLC 系统中，项目的初期调试或后期正常运行期间，故障诊断技术都是帮助工程技术人员进行系统故障排查的有效方法，尤其以调试阶段最为突出。这些故障可能是硬件或是软件引起的，一般故障诊断会使用 LED 灯进行初步诊断，必要时通过模块信息中诊断缓冲区中的内容进行分析诊断，主要可以分为可以导致停机的系统故障和不会导致停机的软件功能性故障。

学习目标

(1) 了解 S7-300 PLC CPU 的 SF LED 指示灯的状态信息。

(2) 掌握如何启动诊断缓冲器，并查看相关信息。

(3) 通过参考数据了解已经编写的程序的基本结构、资源占用、交叉引用等。

(4) 通过重新布线的方式掌握地址变更的方法。

8.1 CPU 模块上 LED 灯状态

CPU 模块上电后，可以通过 LED 灯的显示状态，初步判断系统的工作运行状态是正常状态、故障状态还是报警状态等。LED 灯指示对应状态如下：

(1) STOP LED 灯灭：电源未接通或电源故障。

(2) STOP LED 灯亮：CPU 处于 STOP 模式或因故障 CPU 处于 STOP 模式。

(3) STOP LED 闪亮：0.5Hz 闪烁为请求存储器复位，2Hz 闪烁为执行存储器复位。

(4) RUN LED 灯灭：电源未接通，电源故障，故障造成的 STOP 模式等。

(5) RUN LED 灯亮：正常运行状态。

(6) RUN LED 闪亮：2Hz 闪烁为启动中，0.5Hz 闪烁为程序被断点中断。

(7) SF LED 灯亮：由于故障造成的 STOP 模式，如系统硬件或软件故障等。

(8) BF LED 灯亮：由总线上的故障引发的，一般长亮考虑总线上硬件故障、接口故障；若闪亮考虑组态是否正确，总线上器件地址故障等。

引发 SF 和 BF 灯亮的原因较多，需仔细观察，也可以通过 CPU 的诊断信息详细了解故障原因。

8.2 模 块 信 息

在模块信息窗口中的诊断缓存区选项中，给出了CPU中发生的事件一览表。对应硬件或硬件连接所导致的故障或一些程序错误导致系统停机的故障，CPU的自身诊断功能会将这些故障发生时的原因、时间和一些结果记录送到诊断记录缓存存储器中。可以通过在线读取诊断缓存存储器中的记录信息了解故障原因，其中包括使用模块信息功能或硬件诊断功能。

调用模块信息方法一：通过SIMATIC Manager窗口，在下拉菜单中单击选择“PLC>诊断/设置>模块信息”，如图8-1所示。

调用模块信息方法二：通过LAD/STL/FBD编辑窗口，在下拉菜单中单击选择“PLC>组件状态”，如图8-2所示。

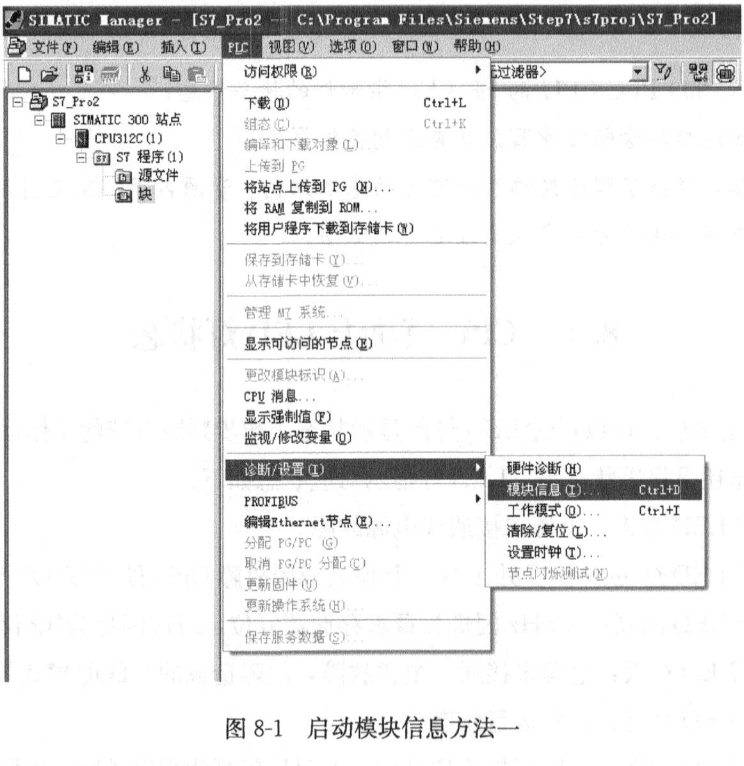

图8-1 启动模块信息方法一

显示的模块信息窗口如图8-3所示。

在模块信息窗口中，打开“诊断缓冲区”标签，查看CPU错误信息。事件窗口列举了故障信息，显示错误事件的代码、发生的时间和日期以及事件的描述。诊断缓冲区是一个先进先出的缓冲区，第一条为最新的信息，缓冲区满了以后，旧的信息丢失。窗口下半部分是关于事件的详细资料，对该条故障信息的详细说明，可以逐一进行排除。

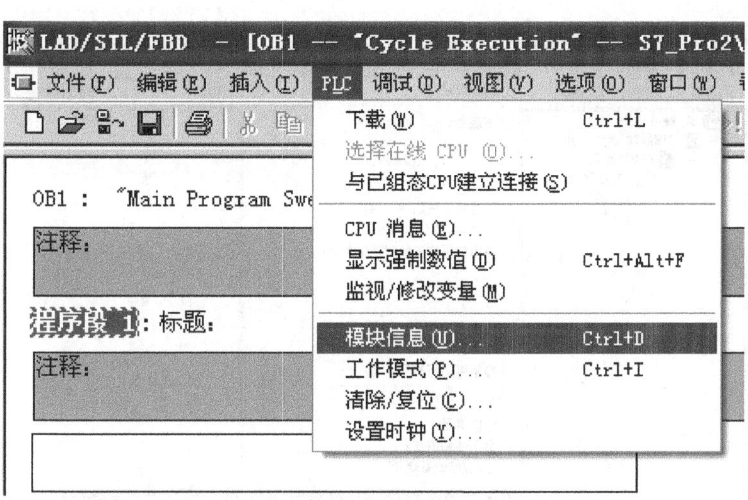

图 8-2 启动模块信息方法二

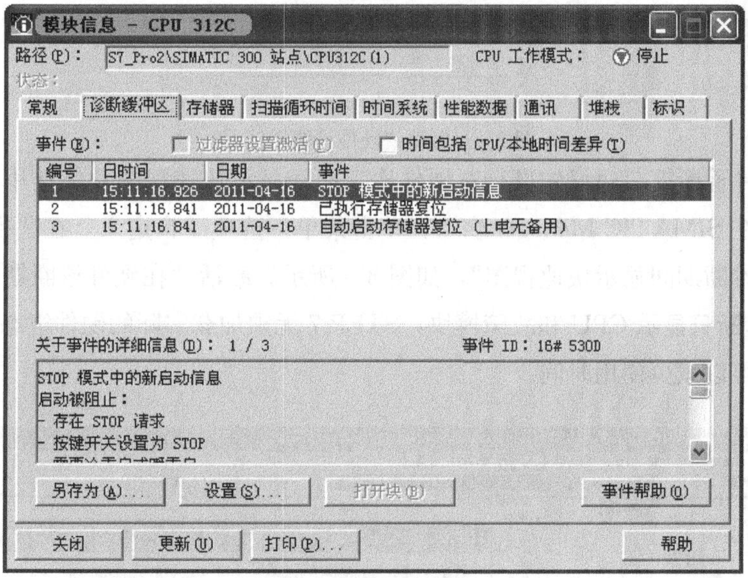

图 8-3 模块信息窗口

8.3 硬 件 诊 断

一般在系统调试阶段都通过硬件诊断功能查看故障信息，可以快速地排查硬件设备的故障。

启动“硬件诊断”工具方法是在 SIMATIC Manager 窗口，单击菜单：PLC>诊断/设置>硬件诊断，如图 8-4 所示。

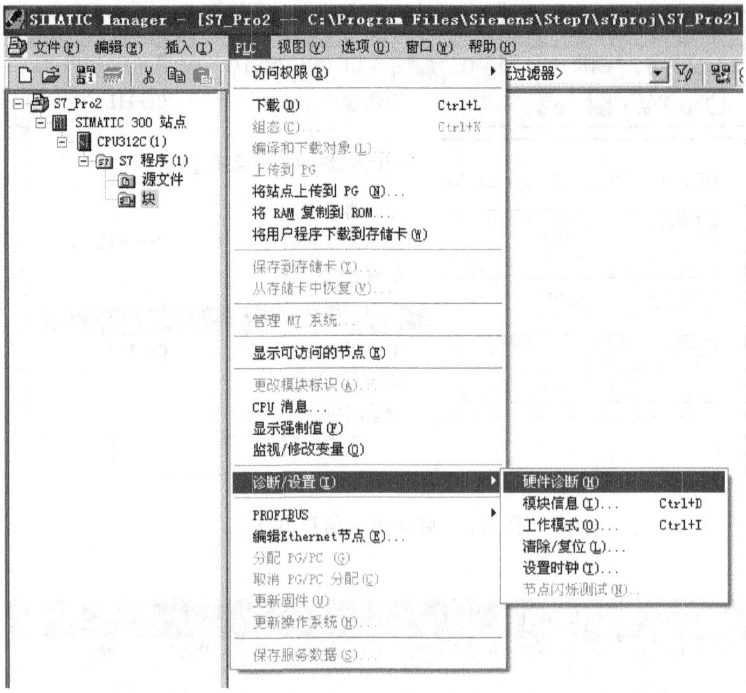

图 8-4　启动“硬件诊断”工具

在调用硬件诊断前，建议先进行对硬件诊断期间显示快速视图功能选用。具体选用该功能的方法是在 SIMATIC Manager 窗口，单击菜单：选项＞自定义，在“视图”标签下，选择“在硬件诊断期间显示快速视图”，如图 8-5 所示。激活“在硬件诊断期间显示快速视图”，则硬件诊断只显示 CPU 和故障模块，STEP 7 无须加载实际的硬件组态和项目中所有的模块数据，可以减少使用时间。

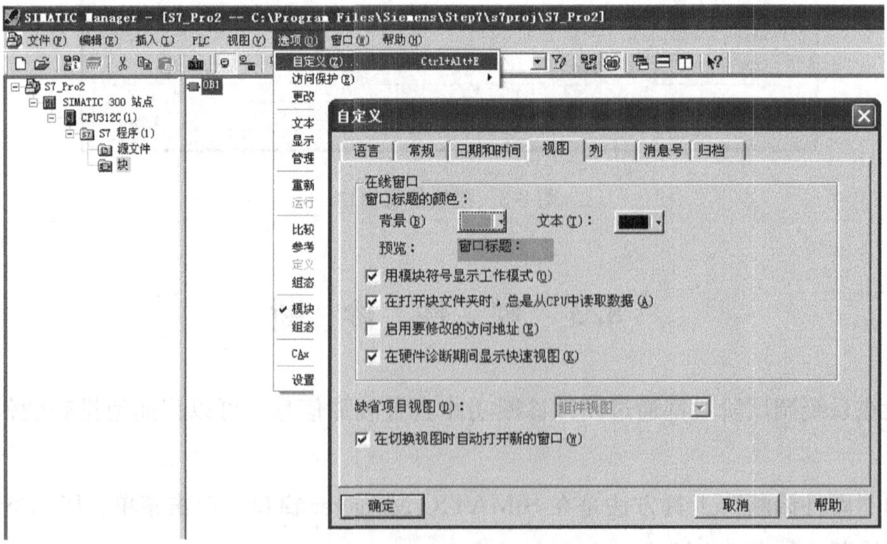

图 8-5　定义硬件诊断显示方式

在“硬件诊断”窗口中出现故障的模块前面会有红色的标记。双击 CPU 显示诊断缓冲区的信息，由诊断中断引起 CPU 已经停机，故障原因是模拟量模块出现故障，如图 8-6 所示。

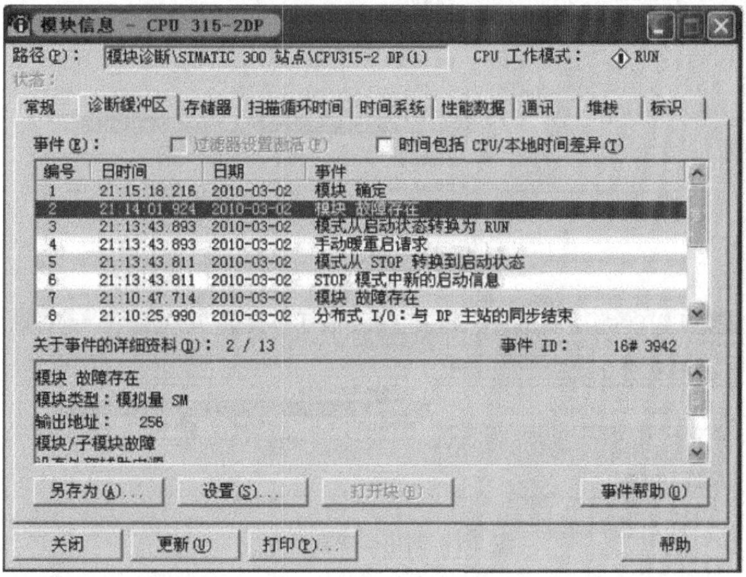

图 8-6 硬件诊断信息

8.4 参 考 数 据

参考数据功能是 STEP 7 提供的一个针对软件故障排查和修改时的辅助工具。在对一个 STEP 7 程序进行编写和修改时，STEP 7 会自动生成已有参考数据，帮助编程人员了解目前已写成的程序结构、资源使用情况、资源交叉引用情况等，使程序调试和修改时更加容易方便。参考数据包括程序结构、资源分配、交叉参考等。

1. 调用参考数据

在 SIMATIC Manager 窗口，单击菜单：选项>参考数据>显示，或通过 LAD/STL/FBD 编辑窗口，单击菜单：选项>参考数据>显示，如图 8-7 所示。

显示的参考数据窗口如图 8-8 所示。

2. 打开程序结构

在参考数据窗口，单击菜单：视图>程序结构，显示程序结构，如图 8-9 所示。

在程序结构窗口中，项目中各程序块和数据块在程序结构表中都有所呈现，数据块所在子程序的位置包括重复调用的位置清晰明了，尤其对于大型工程项目理清其结构十分方便。

3. 打开资源分配

在参考数据窗口，单击菜单：视图>资源分配，显示资源占用情况，如图 8-10 所示。

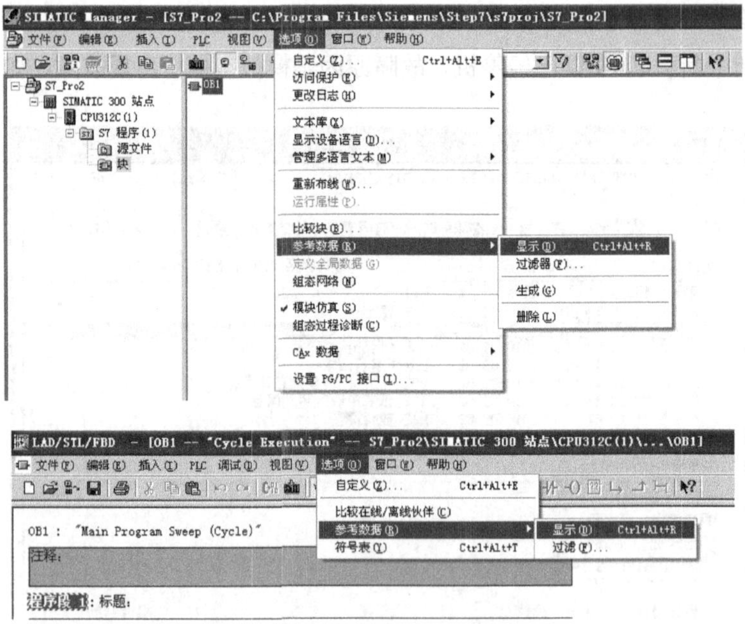

图 8-7 调用参考数据方法

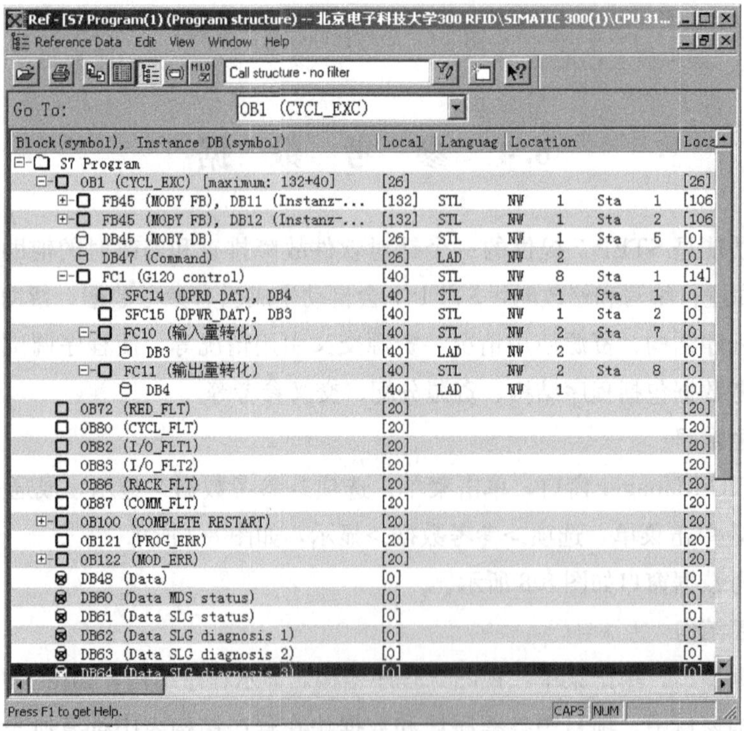

图 8-8 参考数据窗口

在资源占用窗口中，项目中所有启用的输入/输出和内部各种寄存器、计时器和计数器，只要在程序中启用并保存后，就会在此分配表中出现，编程和调试人员可在此窗口查看和分析已有资源的使用情况。寄存器、计时器和计数器的使用、剩余情况和使用方式一目了然，快捷方便。

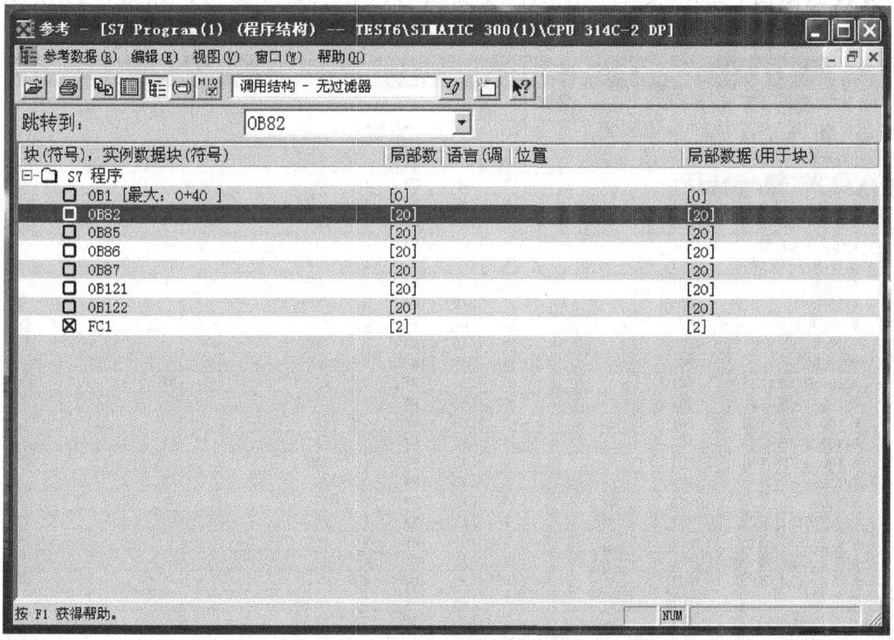

图 8-9 程序结构

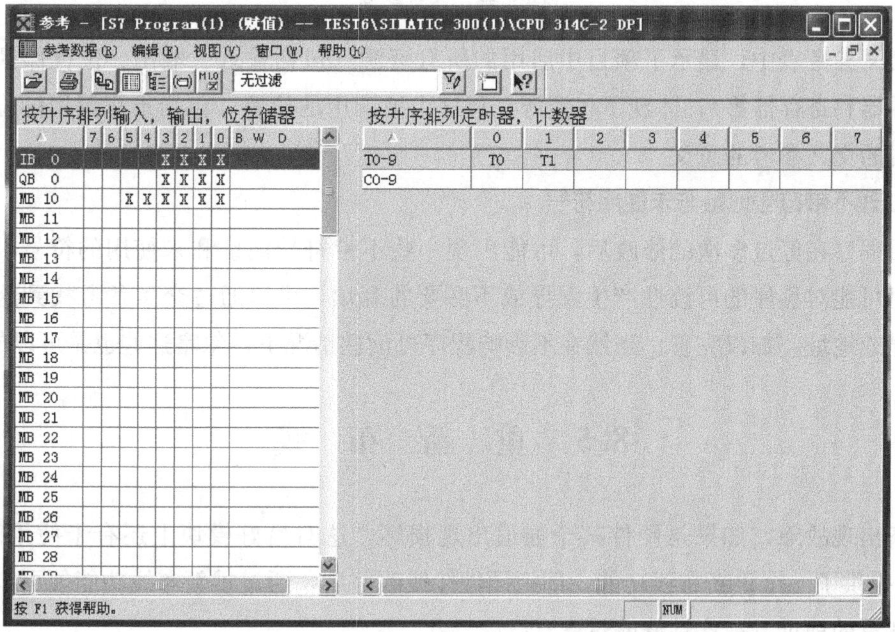

图 8-10 资源占用情况

虽然此功能帮助编程人员了解系统资源的使用和剩余情况，但对于较大型的工程项目，在项目设计初期，最好将资源做一个有效合理的前期分配，避免资源利用凌乱。

4. 打开交叉参考

在参考数据窗口，单击菜单：视图>交叉参考，显示交叉参考，如图 8-11 所示。

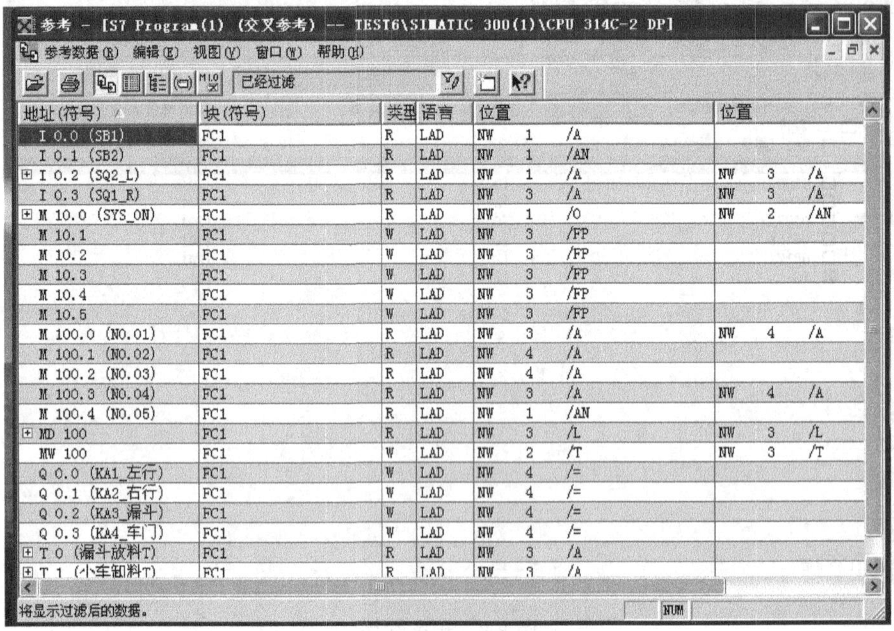

地址(符号)	块(符号)	类型	语言	位置	位置
I 0.0 (SB1)	FC1	R	LAD	NW 1 /A	
I 0.1 (SB2)	FC1	R	LAD	NW 1 /AN	
⊞ I 0.2 (SQ2_L)	FC1	R	LAD	NW 1 /A	NW 3 /A
I 0.3 (SQ1_R)	FC1	R	LAD	NW 3 /A	NW 3 /A
⊞ M 10.0 (SYS_ON)	FC1	R	LAD	NW 1 /O	NW 2 /AN
M 10.1	FC1	W	LAD	NW 3 /FP	
M 10.2	FC1	W	LAD	NW 3 /FP	
M 10.3	FC1	W	LAD	NW 3 /FP	
M 10.4	FC1	W	LAD	NW 3 /FP	
M 10.5	FC1	W	LAD	NW 3 /FP	
M 100.0 (NO.01)	FC1	R	LAD	NW 3 /A	NW 4 /A
M 100.1 (NO.02)	FC1	R	LAD	NW 4 /A	
M 100.2 (NO.03)	FC1	R	LAD	NW 4 /A	
M 100.3 (NO.04)	FC1	R	LAD	NW 3 /A	NW 4 /A
M 100.4 (NO.05)	FC1	R	LAD	NW 1 /AN	
⊞ MD 100	FC1	R	LAD	NW 3 /L	NW 3 /L
MW 100	FC1	W	LAD	NW 2 /T	NW 3 /T
Q 0.0 (KA1_左行)	FC1	W	LAD	NW 4 /=	
Q 0.1 (KA2_右行)	FC1	W	LAD	NW 4 /=	
Q 0.2 (KA3_漏斗)	FC1	W	LAD	NW 4 /=	
Q 0.3 (KA4_车门)	FC1	W	LAD	NW 4 /=	
⊞ T 0 (漏斗放料T)	FC1	R	LAD	NW 3 /A	
⊞ T 1 (小车卸料T)	FC1	R	LAD	NW 3 /A	

图 8-11 交叉参考

在交叉参考表中，显示了项目中启用的所有资源（包括输入、输出、位存储区、定时器、计数器和寄存器等），体现了各资源在程序中被调用的位置，包括重复调用的位置，也就是所说的交叉参考的意义。

5. 处理不带符号地址与未使用符号

项目程序在经过多次的修改后，可能出现一些不带符号地址和未使用的符号，这些不完善信息可能对程序的可读性产生误导或不必要的麻烦，可以通过交叉参考找到这些待完善的符号或地址，加以完善。当然在不影响程序可读性情况下，忽略这些也是可以的。

8.5 重新布线

设备出现故障，如果是硬件某个通道出现损坏，这时恰好模块上还有未使用的通道，STEP 7 提供了一个重新布线功能，即把硬件接线改好后，通过重新布线功能便可以把程序中需要变更的地址，一次性修改过来。

1. 首先设置地址优先级

在启动重新布线功能前，先确认所有的访问资源是否为绝对值优先。

可以通过 SIMATIC Manager 窗口，单击菜单：编辑>对象属性。在属性对话框中单击“地址优先级”，设置成“绝对数值具有优先级”，如图 8-12 所示。

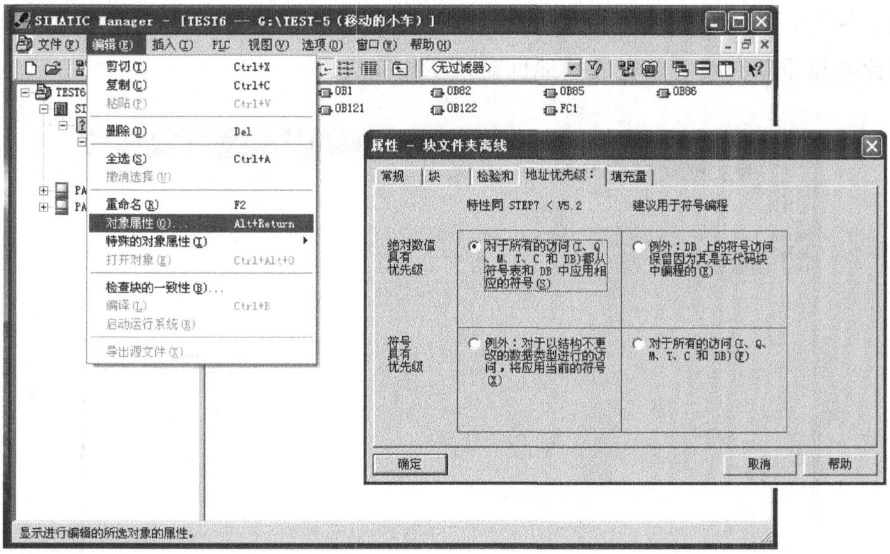

图 8-12 设置地址优先级

2. 调用重新布线

调用重新布线可以通过 SIMATIC Manager 窗口进行，单击菜单：选项>重新布线，如图 8-13 所示。

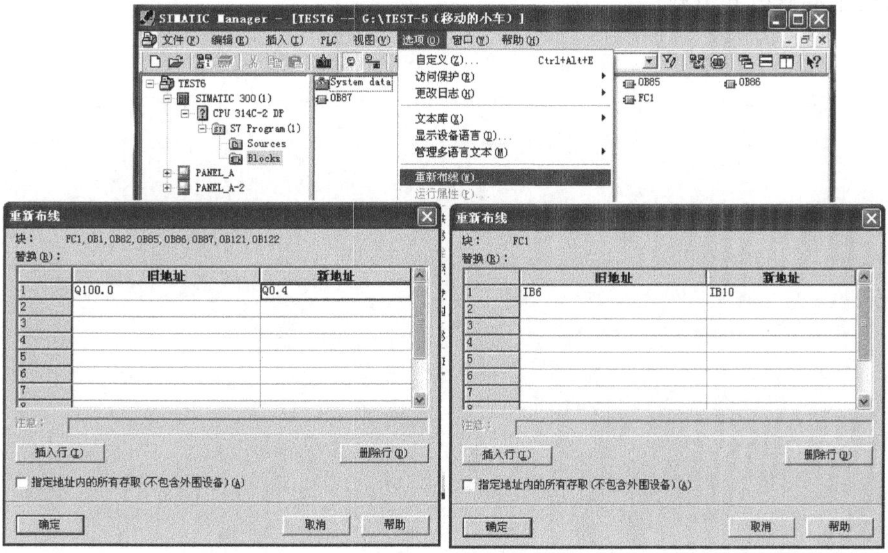

图 8-13 重新布线

在重新布线窗口下将旧的地址（故障地址）和新地址依次写入，单击“确定”即可，STEP 7 会自动进行新旧地址的替换，并提供地址变更记录报告，如图 8-14 所示。这样就把有故障的地址或通道在程序里进行了重新布线，加上外围接线的变更，就完成了故障地址或通道的修改。通过上述变更后，还需要在符号表中对于变更后没有符号的新地址进行符号更新、保存，并下载相应有变更的程序块（可在图 8-14 的地址变更记录中查找）到 PLC，至此依靠重新布线功能完成的地址对换工作完成。

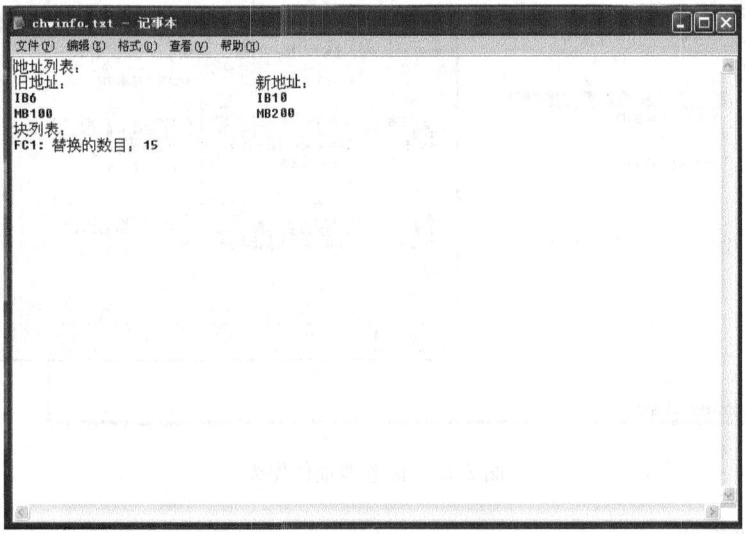

图 8-14　地址变更记录报告

重新布线功能对于需要替换的位置较多时，十分方便，如果只涉及一两处的替换需求也可以自行手动修改并下载。

第9章 通 信 网 络

内容简介

PLC 网络通信是将数据信息通过适当的传送线路从一台 PLC 传送到另一台 PLC，或在 PLC 与计算机之间交换信息。SIMATIC NET 是西门子工业通信网络解决方案的统称，包含多种通信技术。本章主要介绍 MPI、PROFIBUS-DP、工业以太网等的结构、参数设置及组态的方法。

学习目标

（1）了解西门子工业通信网络的整体结构。

（2）熟悉常用的通信术语。

（3）熟悉各种不同通信技术的协议及参数设置方法。

（4）掌握各种通信技术的组态方法。

（5）掌握故障诊断方法。

9.1 工 业 通 信 网 络

随着计算机网络技术的发展以及各企业对自动化程度要求的不断提高，自动控制从传统的集中式控制向多元化分布式方向发展。世界各 PLC 生产厂家纷纷给自己的产品增加了通信及联网的功能，并研制开发出自己的 PLC 网络系统。各厂家的网络结构大多采用了金字塔结构，这些金字塔的共同特点是：上层负责生产管理，中间层负责生产过程的监控及优化，底层负责现场控制与检测。

SIMATIC NET 是西门子工业通信网络解决方案的统称，是西门子全集成自动化的重要组成部分，它的网络结构如图 9-1 所示，主要包括现场设备层、车间监控层和工厂管理层。

1. 现场设备层

现场设备层处于工业网络系统的最底层，直接连接现场设备，如分布式 I/O、传感器、驱动器、执行机构和开关设备等，主要完成现场设备控制及设备间的连锁控制。主站（如 PLC、PC 或其他控制器）负责总线通信管理及与从站的通信。总线上所有设备的生产工艺控制程序存储在主站中，并由主站执行。

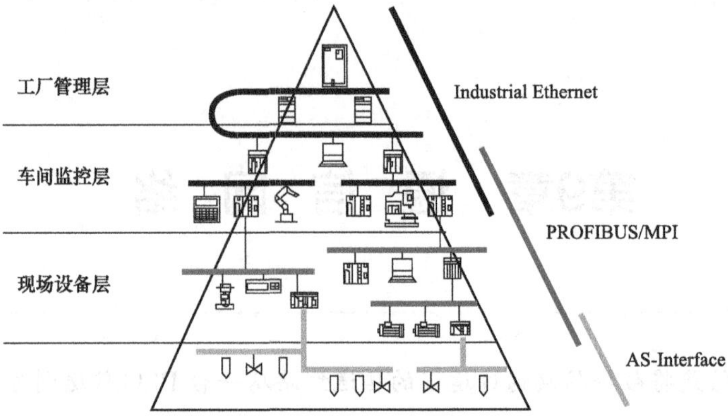

图 9-1 西门子工业网络结构图

2. 车间监控层

车间监控层又称为单元层，用来完成车间主生产设备之间的连接，实现车间级设备的监控。车间监控层包括生产设备状态的在线监控、设备故障报警及维护功能等，另外通常还具有诸如生产统计、生产调度等车间级生产管理功能。

3. 工厂管理层

工厂管理层处于企业的上层管理，车间操作员工作站可以通过集线器与车间办公管理网连接，将车间生产数据送到车间管理层。车间管理网作为工厂主网的一个子网，通过交换机、网桥或路由器等连接到厂区骨干网，将车间数据集成到工厂管理层。

工厂管理层通常采用符合 IEC 802.3 标准的以太网，即 TCP/IP 标准。厂区骨干网可以根据工厂实际情况，采用 FDDI 或 ATM 等网络。

S7-300 PLC 支持的通信方式主要包括以下六种：

(1) MPI。MPI（Multi-Point Interface，多点接口）通信用于小范围、小点数的现场级通信。S7-300 PLC CPU 集成了 MPI 通信协议，MPI 的物理层是 RS-485，最大传输速率为 12Mbit/s。每个 CPU 可以使用的 MPI 连接总数与 CPU 的型号有关，为 6～64 个。

(2) PROFIBUS。PROFIBUS 符合国际标准 IEC 61158，是目前国际上通用的现场总线标准之一，是网络连接节点最多的现场总线。PROFIBUS 协议包括 PROFIBUS-DP、PROFIBUS-PA 和 PROFIBUS-FMS 三个主要部分。

S7-300 PLC 可以通过通信处理器或集成在 CPU 上的 PROFIBUS-DP 接口连接到 PROFIBUS-DP 网络上。带有 PROFIBUS-DP 主站/从站接口的 CPU 能够实现高速和使用方便的分布式 I/O 控制。PROFIBUS 的物理层是 RS-485，最大传输速率为 12Mbit/s，最多可以与 127 个网络节点进行数据交换。网络中最多可以串接 10 个中继器来延长通信距离。使用光纤作通信介质，通信距离可达 90km。

(3) 工业以太网。工业以太网符合国际标准 IEEE 802.3，是功能强大的区域和单元网络，主要用于对时间要求不太严格且需要传送大量数据的通信场合，可以通过以太网连接远程网络。西门子的工业以太网的传输速率为10Mbit/s或者100Mbit/s，最多1024个网络节点，网络的最大范围为150km。CP通信处理器不会加重CPU的通信服务负担，S7-300 PLC最多可以使用8个通信处理器，每个通信处理器最多能建立16条链路。

(4) PROFINET。PROFINET将成熟的PROFIBUS现场总线技术的数据交换技术和基于工业以太网的通信技术整合到一起，是一种开放的工业以太网标准。

(5) 点对点连接。在SIMATIC中，通过串口连接模块实现点对点的连接。点对点连接（Point to Point Connections）可以连接两台PLC（PLC可以是S5、S7系列）以及计算机、打印机、机器人控制系统、扫描仪和条码阅读器等非西门子设备。全双工模式（RS-232C）的最高传输速率为19.2kbit/s，半双工模式（RS-485）的最高传输速率为38.4kbit/s。

(6) AS-I接口。AS-I（Actuator-Sensor Interface，传感器—执行器接口）是用于自动化系统最底层的通信网络，专门设计用来连接二进制的传感器和执行器，只能传送少量的数据，如开关的状态等。

9.2 MPI网络

9.2.1 MPI网络概述

MPI是多点接口（Multi Point Interface）的简称，是指当通信速率要求不高、通信数据量不大时，可以采用的一种简单经济的通信方式。每个S7-300 PLC CPU都集成了多点接口通信协议。MPI通信可使用S7-200/300/400 PLC、操作面板TP/OP及上位机MPL/PROFIBUS通信卡，如CP5512/CP5611/CP5613等进行数据交换。同时连接的通信对象的个数与CPU的型号有关，例如，CPU312为6个，CPU418为64个。

西门子有两种硬件MPI连接器，一种带有PG（编程器）接口，一种没有PG接口。在计算机上应插一块MPI卡，或使用PC/MPI适配器。位于网络终端的站，应将其连接器上的“终端电阻”开关合上，以接入终端电阻。每个MPI节点都有自己的MPI地址（0～126），编程设备、人机接口和CPU的默认地址分别为0、1、2，见表9-1。

表9-1 默认的MPI地址

节点（装置）	默认的MPI地址	默认的最高MPI地址
PG	0	15
OP	1	15
CPU	2	15

MPL网络的通信速率为19.2bit/s～12Mbit/s，通常默认设置为187.5kbit/s，只有能够设置为PROFIBUS接口的MPI网络才支持12Mbit/上的通信速率。MPI网络最多可以连接32个节点，最大通信距离为50m，但是可以通过中继器来扩展长度。

9.2.2 MPI网络结构

S7-200/300/400 PLC CPU 上的 RS-485 接口不仅是编程接口，同时也是一个 MPI 的通信接口，在没有额外硬件投资的状况下，可以实现 PG/OP、全局数据通信以及少量数据交换的 S7 通信等通信功能。MPI 网络上的节点通常包括 S7 系列 PLC、TP/OP、PG/PC、智能型 ET200s 以及 RS-485 中继器等网络元器件。MPI 网络结构的配置如图 9-2 所示。

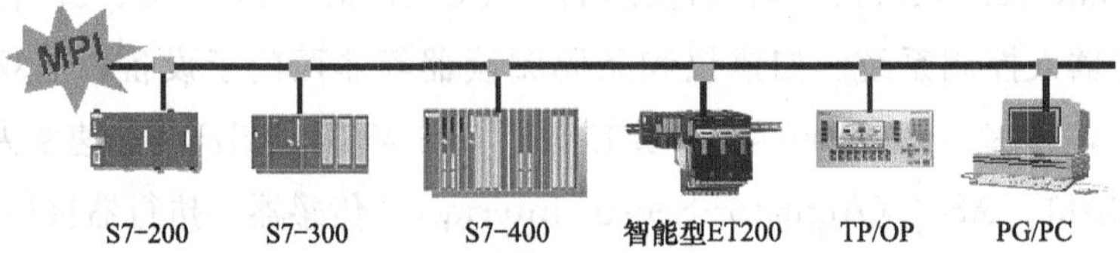

图 9-2　MPI 网络结构

MPI 网络通过 RS-485 中继器进行拓展，拓展的方式有两种：

（1）两个站点之间没有其他站，如图 9-3 所示。MPI 站到中继器距离最大为 50m，两个中继器之间距离最大为 1000m，最多可以连接 10 个中继器，所以两个站之间的最大距离为 9100m。

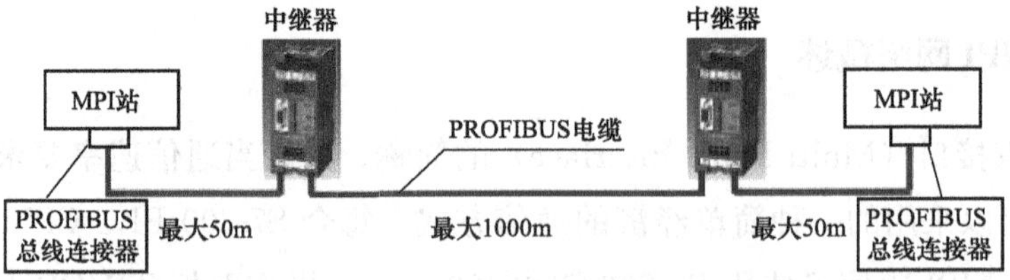

图 9-3　通过 RS-485 中继器扩展 MPI 网络

（2）如果在两个中继器中间也有 MPI 站，那么每个中继器只能扩展 50m。MPI 通信接口为 RS-485 接口，需要使用 PROFIBUS 总线连接器（带有终端电阻）和 PROFIBUS 电缆，如图 9-4 所示，如果使用其他电缆和接头，则不能保证通信质量和距离。在 MPI 网络上最多可以连接 32 个站，但如果用中继器来扩展网络时，中继器也占节点数。

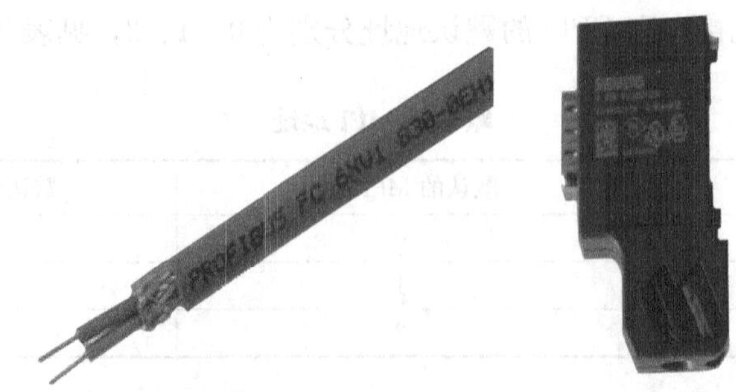

图 9-4　标准的 PROFIBUS 电缆和总线连接器

(a) PROFIBUS 电缆；(b) PROFIBUS 总线连接器

9.2.3 MPI 网络参数设置

MPI 网络参数设置可以分两部分：PLC 侧参数设置和 PC 侧参数设置。

1. PLC 侧参数设置

在硬件组态时，通过单击图 9-5 的“属性”按钮来设置 CPU 的 MPI 属性，包括地址及通信速率，具体操作如图 9-5 所示。

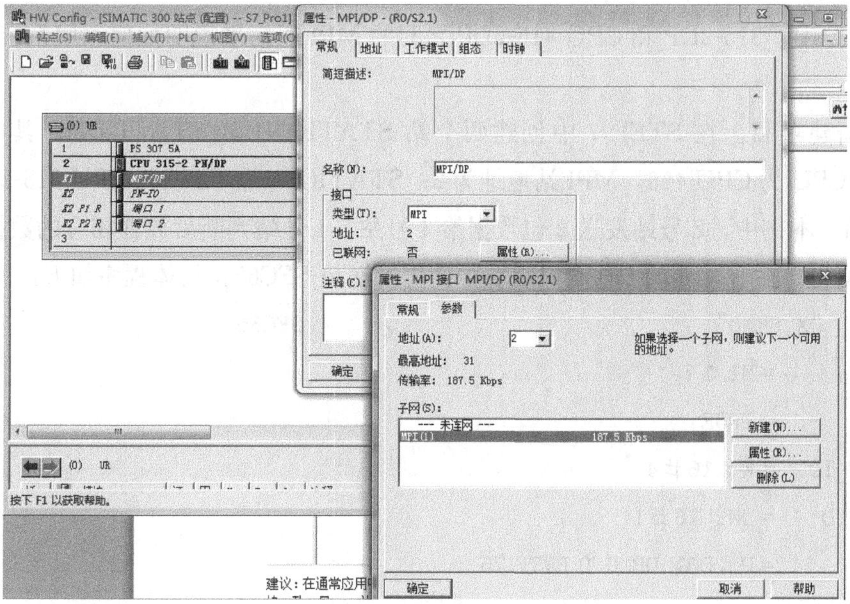

图 9-5 MPI 网络参数设置

建议，在通常应用中不要改变 MPI 通信速率。注意在整个 MPI 网络中通信速率必须保持一致，且 MPI 站地址不能冲突。

2. PC 侧参数设置

在 PC 侧同样也要设置 MPI 参数，在“控制面板”→“SET PG/PC Interface”中选择所用的编程卡，访问点选择“S7ONLINE”，例如用“PC Adapter”作为编程卡，如图 9-6 所示。设置完成后，将 STEP 7 中的组态信息下载到 CPU 中。

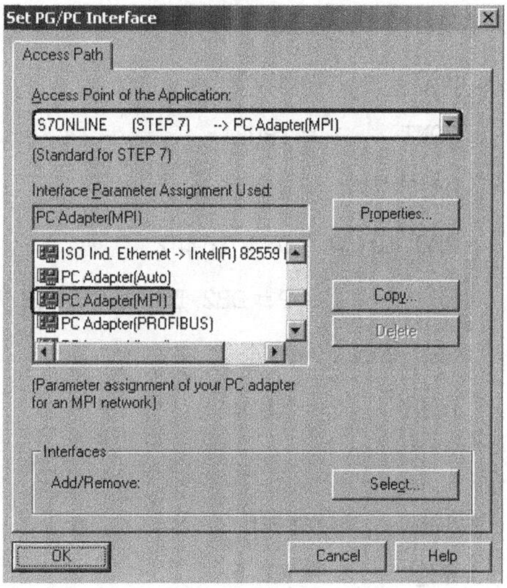

图 9-6 在 PG/PC 中配置 MPI 编程接口

9.2.4 PLC 与 PLC 之间通过 MPI 通信

通过 MPI 接口实现 PLC 到 PLC 之间通信有三种方式：全局数据包通信方式、无组态连接通信方式和组态连接通信方式。本书重点介绍无组态连接通信方式，其他两种通信方式请读者自行查阅文献学习。

无组态的MPI通信需要调用系统功能块SFC65～69来实现，这种通信方式适用于S7-200、S7-300、S7-400 PLC之间的通信。通过调用SFC来实现的MPI通信又可分为两种方式：双边编程通信方式和单边编程通信方式。本书主要介绍双边编程通信方式。

在通信的双方都需要调用通信块，一方调用发送块发送数据，另一方就要调用接收块来接收数据。这种通信方式适用于S7-300和S7-400之间的通信，发送块是SFC65（X_SEND），接收块是SFC66（X_RCV）。

下面以CPU 315-2DP和CPU 416-2DP之间的MPI通信来说明如何调用系统功能来实现通信。

（1）新建项目。在STEP 7中创建两个站STATION1和STATION2。其中，STATION1的CPU为CPU 416，MPI站地址为2；STATION2的CPU为CPU 315-2DP，MPI站地址为4。本例中，2号站发送2包数据给4号站，4号站判断后放在相应的数据区中。

（2）编程。在S7416的OB35组织块中调用发送块SFC65，具体程序如下：

```
CALL    "X_SEND"                              SFC65
 REQ     : =M1.1
 CONT    : =TRUE
 DEST_ID : =W#16#4
 REQ_ID  : =DW#16#1
 SD      : =P#DB1.DBX0.0 BYTE 76
 RET_VAL : =MW2
 BUSY    : =M1.2

CALL    "X_SEND"                              SFC65
 REQ     : =M1.3
 CONT    : =TRUE
 DEST_ID : =W#16#4
 REQ_ID  : =DW#16#2
 SD      : =P#DB2.DBX0.0 BYTE 76
 RET_VAL : =MW4
 BUSY    : =M1.4

CALL    "X_ABORT"                             SFC69
 REQ     : =M1.5
```

DEST_ID：=W#16#4

RET_VAL：=MW6

BUSY　：=M1.6

上述程序各参数说明见表 9-2。在本例中，M1.1 和 M1.3 为 1 时，CPU416 将分别发送标识符为“1”和“2”的两包数据给 CPU315。

表 9-2　　参数说明

参数名	参数说明
REQ	发送请求，该参数为 1 时发送
CONT	为 1 时表示发送数据是连续的一个整体
DEST_ID	对方的 MPI 地址
REQ_ID	表示一包数据的标识符，标识符可自定义，例子中两包数据的标识符分别为“1”“2”
SD	定义数据发送区，以指针的格式表示。例子中第一包数据为 DB1.DBB0 开始的连续 76 个字节，发送区最大为 76 个字节
RET_VAL	发送状态字
BUSY	通信进程，为 1 时表示正在发送；为 0 时表示发送完成

一个 CPU 可以建立几个这样的连接和 CPU 的通信资源有关，这也决定了 SFC 的调用的次数，即“动态连接”数。以上例作为说明，M1.1 和 M1.3 为 1 时，就建立了与 4 号站的连接；反之 4 号站发送，2 号站接收数据时，同样要建立一个连接。即两个站通信时，若都需要发送和接收数据，则需占用两个动态连接资源。

通信连接状态的建立可参考图 9-7 所示。

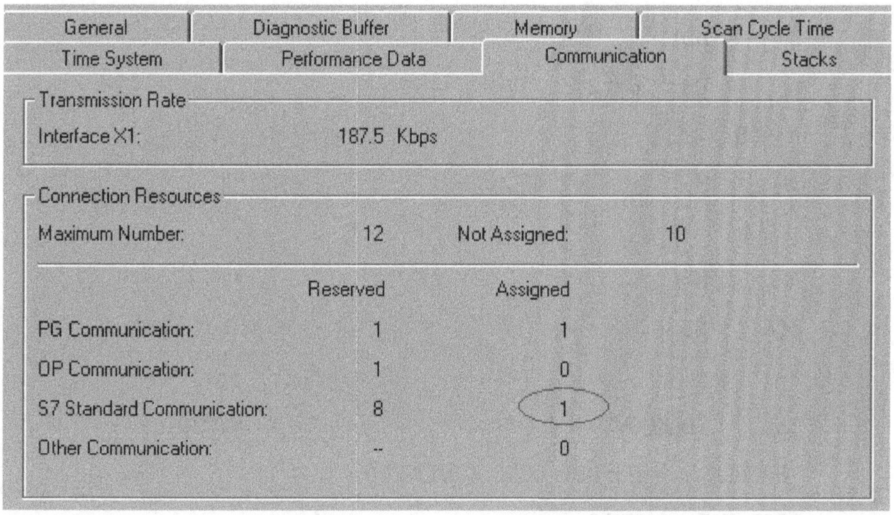

图 9-7　通信连接状态的建立

M1.1 和 M1.3 为 0 时，此时建立的连接并没有释放，必须调用 SFC69 来释放连接，在上例中 M1.5 为 1 时，与 4 号站建立的连接将断开，释放连接资源，如图 9-8 所示。

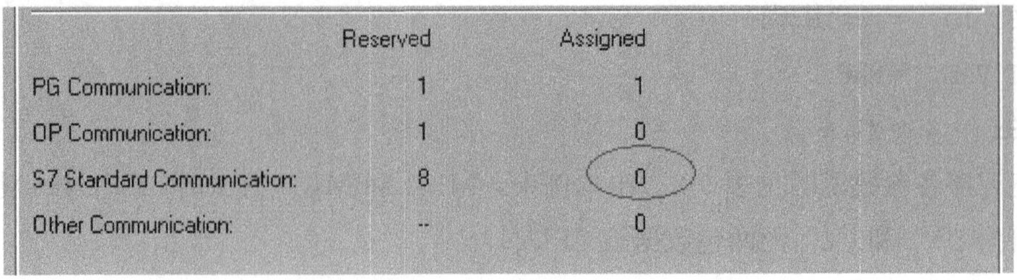

图 9-8　通信连接的释放

在 CPU 315 的 OB1 中调用接收块 SFC66，具体程序如下：

```
       CALL   "X_RCV"                              SFC66
        EN_DT   : =M1.1
        RET_VAL : =MW2
        REQ_ID  : =MD4
        NDA     : =M1.2
        RD      : =P#DB1.DBX0.0 BYTE 76

       L      MD       4
       L      DW#16#1
       ==D
       =      M        1.3

       L      MD       4
       L      DW#16#2
       ==D
       =      M        1.4

       A      M        1.3
       JCN    M1

       CALL   "BLKMOV"                             SFC20
        SRCBLK  : =P#DB1.DBX0.0 BYTE 76
        RET_VAL : =MW10
        DSTBLK  : =P#DB2.DBX0.0 BYTE 76
M1:   A    M    1.4
      JCN  M2
```

```
      CALL    "BLKMOV"                          SFC20
        SRCBLK  : = P#DB1.DBX0.0 BYTE 76
        RET_VAL : = MW12
        DSTBLK  : = P#DB3.DBX0.0 BYTE 76

  M2:   NOP   0
```

表 9-3　　参数说明

参数名	参数说明
EN_DT	表示接收使能
RET_VAL	表示接收状态字
REQ_ID	为接收数据包的标识符
NDA	为 1 时表示有新的数据包，为 0 时则表示没有新的数据包
RD	接收区放在 DB1 中从 DBB0 开始的连续 76 个字节中

表 9-3 列出上述程序中各参数的参数说明。接收块只识别数据的标识符，而不管是哪一个 CPU 发送的。本例中，接收从 2 号站 CPU416 发送的两包数据，当标识符为“1”且 M1.3 为 1 时，复制接收区的数据到 DB2 的前 76 个字节中（调用 SFC20）；当标识符为“2”且 M1.4 为 1 时，复制接收区的数据到 DB3 的前 76 个字节中。

9.3　PROFIBUS 网络

随着过程自动化中分散化结构的迅速增长，现场总线的应用也日益广泛，现场总线实现了数字和模拟输入/输出模块、智能信号装置和过程调节装置、可编程逻辑控制器（PLC）和 PC 之间的数据传输，把 I/O 通信分散到实际需要的现场设备附近，从而减少了整个系统的工程费用、装配费用、硬件成本、设备调试和维修成本。标准化的现场总线具有“开放”的通信接口、“透明”的通信协议，允许用户选用不同制造商生产的分散 I/O 和现场设备。

9.3.1　PROFIBUS 网络协议和类型

PROFIBUS 协议定义了各种数据设备连接的串行现场总线技术各功能特性，这些数据设备可以从底层（如传感器、执行电器）到中间层（车间）广泛分布。PROFIBUS 连接的系统由主站和从站组成，主站能控制总线，当主站得到总线控制权时可以主动发送信息。从站为简单的外围设备，典型的从站为传感器、执行电器、变频器等。它们没有总线控制权，仅对接收到的信息给予回答。协议支持 1 个网络上的 127 个地址（0～126），网络段上最多有 32 个主站。为了保证正常通信，网络上的所有设备必须具有不同的地址。

PROFIBUS 协议结构如图 9-9 所示。在用户层，PROFIBUS 提供了三种通信协议类型：分布式外围设备（Decentralized Periphery，PROFIBUS-DP）、过程自动化（Process Automation，PROFIBUS-PA）和现场总线报文规范（Fieldbus Message Specification，PROFIBUS-FMS），三种 PROFIBUS 使用一致的总线存取协议，该协议是通过 OSI 参考模型的第（2）层数据链路层来实现的，因此，在 PROFIBUS 中，第（2）层称为现场总线数据链路层（FDL、Fieldbus Data Link）。

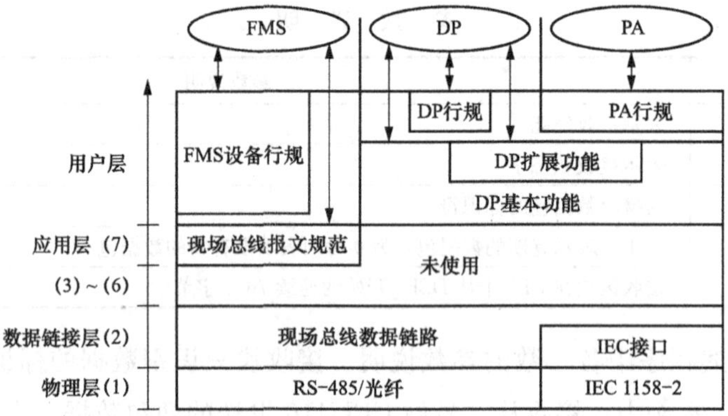

图 9-9 PROFIBUS 协议结构

1. PROFIBUS-DP

PROFIBUS-DP 用于自动化系统中单元级控制设备与分布式 I/O 的通信，可取代 420mA 的模拟信号传输。在 PROFIBUS 现场总线中，PROFIBUS-DP 应用最广。

PROFIBUS-DP 使用第（1）、第（2）层和用户接口层，第（3）～（7）层未使用，这种精简的结构确保了高速数据传输。数据链路映像程序（DDLM）提供对第（2）层的访问。用户接口规定了设备的应用功能、PROFIBUS-DP 系统和设备的行为特性。PROFIBUS-DP 特别适合于 PLC 与现场级分布式 I/O 设备之间的通信。主站之间的通信为令牌方式，主站与从站之间为主从方式，另外还有两种方式的混合。

2. PROFIBUS-PA

PROFIBUS-PA 用于过程自动化的现场传感器和执行器的低速数据传输，使用扩展的 PROFIBUS-DP 协议，此外还描述现场设备行为的 PA 行规。由于传输技术采用 IEC 61158-2 标准，确保了本质安全和通过总线对现场设备供电，可以用于防爆区域的传感器和执行器与中央控制系统的通信。使用分段式耦合器可以将 PROFIBUS-PA 设备很方便地集成到 PROFIBUS-DP 网络中。

3. PROFIBUS-FMS

PROFIBUS-FMS 定义了主站与主站之间的通信模型，它使用 OSI 7 层模型的第（1）、（2）层和第（7）层，用于车间级（PLC 和 PC）的数据通信。应用层［第（7）层］包括现场总线报文规范（FMS）和底层接口（Lower Layer Interface，LLI）。FMS 主要用于系统级和车间级的不同供应商的自动化系统之间的数据传输，但是由于配置和编程比较繁琐，目前很少使用。

9.3.2 PROFIBUS-DP 故障诊断

故障分为导致 CPU 停机的故障和 CPU 不停机但系统运行的功能不满足要求的故障。常见故障及诊断调试工具见表 9-4。

表 9-4 常见故障及诊断调试工具

故障	诊断调试工具
由系统检测出的故障（导致 CPU 停机） 模板故障 信号电缆短路 扫描时间超出 程序错误（如访问不存在的块）	模块信息 硬件诊断
功能故障（CPU 不停机，但功能不满足要求） 编程逻辑错误（在生成和调试时未发现） 过程故障（传感器/执行器、电缆故障）	参考数据 监视块 监视/修改变量

常见的导致 CPU 停机的故障见表 9-5。

表 9-5 常见的导致 CPU 停机的故障

序号	故障	显示信息
1	被调用程序块未下载	FC 不存在
2	访问了不存在的 I/O 地址	地址访问错误
3	输入非 BCD 码值	BCD 码转换错误
4	访问了不存在的数据块	DB 不存在
5	访问了不存在的数据块地址	访问地址长度出错

诊断功能的主要目标是检查已连接的 DP 从站是否准备就绪，可进行操作，并获取关于任何可能发生的故障的原因信息。

实际连接网络时，一个网段最多有 32 个元件，第一个和最后一个网段最多有 31 个元件；两个中继器间最多有 30 个站，每一个网段终端必须有终端电阻。

1. 故障指示灯 LED 诊断

（1）CPU 的故障指示灯。如果 CPU 故障指示灯 SF 点亮、BF 点亮或闪烁，则表明 PROFIBUS 接口有错误。根据主站上 CPU 指示灯的显示状态，可以判断出 PROFIBUS-DP 网络的故障，见表 9-6 和表 9-7。

（2）从站的故障指示灯。根据从站上故障指示灯的显示状态，可以判断出 PROFIBUS-DP 网络的故障，见表 9-8。

表 9-6 **CPU 的 BF 指示灯点亮**

可能的错误	CPU 反应	可能的纠正方法
(1) 总线故障（硬件故障） (2) DP 接口错误 (3) 多 DP 主站模式下的不同传输率 (4) 总线短路 (5) 对于被动 DP 从站接口：传输率搜索，即总线上没有其他激活的节点（例如主站）	(1) 调用 OB86（CPU 处于 RUN 模式时） (2) 如果未装载 OB86，则 CPU 会切换到 STOP 模式	(1) 检查总线电缆有无短路或短路 (2) 分析诊断数据，编辑组态

表 9-7 **CPU 的 BF 指示灯闪烁**

可能的错误	CPU 反应	可能的纠正方法
CPU 是 DP 主站： (1) 连接的站有故障 (2) 至少一个已组态的从站无法访问 (3) 错误组态	(1) 调用 OB86（CPU 处于 RUN 模式时） (2) 如果未装载 OB86，则 CPU 会切换到 STOP 模式	(1) 检验总线电缆已连接到 CPU，或者总线没有中断 (2) 等到 CPU 完成启动过程，如果 LED 不停闪烁，则检查 DP 从站或评估 DP 从站的诊断数据
CPU 是活动的 DP 从站： (1) 响应监视时间已过 (2) PROFIBUS DP 通信中断 (3) 错误的 PROFIBUS 地址 (4) 错误组态	(1) 调用 OB86（CPU 处于 RUN 模式时） (2) 如果未装载 OB86，则 CPU 会切换到 STOP 模式	(1) 检查 CPU (2) 验证总线连接器安装正确 (3) 检查连接 DP 主站的总线电缆是否有断路情况 (4) 检查组态数据和参数

表 9-8 **从站的故障指示灯**

从站指示灯			含义	解决方法
SF	BF	ON		
灭	灭	灭	接口模块没有电压或接口模块存在硬件缺陷	打开接口模的 24V DC 电源电压
—	闪烁	亮	PROFIBUS 地址错误、组态错误或参数错误	检查接口模块 检查组态和参数 检查 PROFIBUS 地址
—	亮	亮	PROFIBUS 地址无效	检查是否正确安装了总线连接器 重新设置有效的 PROFIBUS 地址 从站关闭后重新上电
亮	—	亮	从站组态与实际设置不符	检查是否缺失模块或模块发生故障
灭	灭	亮	主站与从站之间数据通信正常	

2. 用 STEP 7 软件诊断

在系统进入调试阶段后，在硬件组态之前可以通过 STEP 7 软件对 PROFIBUS-DP 网络进行识别和诊断。前提条件必须有 CP5611、CP5511、CP5613 等编程网卡，PC Adapter 不能用来诊断。

(1) 模块信息。“模块信息”工具用于诊断导致 CPU 停机的故障。

CPU 的操作系统具有诊断功能，当发生系统错误或程序错误导致 CPU 停止时，操作系统会将故障现象及原因记录在内部的诊断缓冲区中。一些外设模块也具有诊断功能，当发生故障时，会将错误的原因通过背板总线传送到 CPU，并记录在内部的诊断缓冲区中。可以通过 PG/PC 在线读取诊断缓冲区记录的 CPU 停机信息。

有两种方法可以启动“模块信息”工具，如图 9-10 所示。

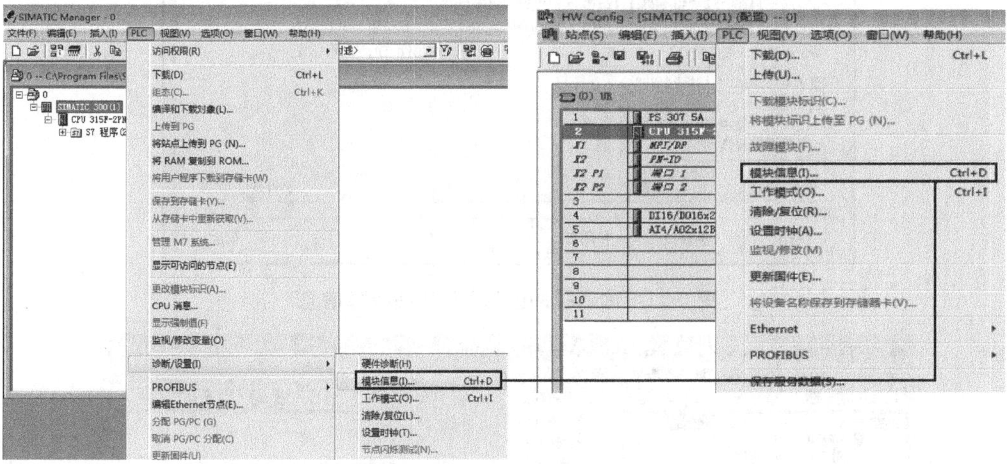

图 9-10 启动“模块信息”工具

第一种方法为：在 SIMATIC Manager 窗口的“PLC”下拉菜单中单击“诊断/设置”，在子菜单中选择“模块信息”。

第二种方法为：在 LAD/STL/FBD 编程器窗口的“PLC”下拉菜单中选择“组件状态”。

（2）诊断缓冲区。在“模块信息”窗口中选择“诊断缓冲区”标签，可以查看到 CPU 故障信息，如图 9-11 所示。例如，引起 CPU 停机的原因是机架故障，信息显示分布式 I/O 的 5 号从站出了问题。

在窗口的上半部分，显示错误时间的代码、发生的时间和日期以及事件的描述。“诊断缓冲区”是一个先进先出（FIFO）的缓冲区，第一条为最新的信息，缓冲区满了以后，旧信息将丢失。

在窗口的中间部分显示错误的详细信息。单击“打开块”按钮，可以在线打开出错的程序块。

（3）硬件诊断。利用“硬件诊断”工具可以快速地排查 PROFIBUS-DP 网络中主/从站硬件设备的故障。可以设置打开“硬件诊断”时显示的具体内容。设置方法是在 SIMATIC Manager 窗口，单击“选项”下拉菜单的“自定义”命令，打开项目自定义窗口，选择“视图”标签，如图 9-12 所示。如果激活“在硬件诊断期间显示快速视图”，则“硬件诊断”只显示 CPU 和故障模块；如果不激活“在硬件诊断期间显示快速视图”，则 STEP 7 会使用较长的时间装载实际的硬件组态并显示项目中所有模块的数据。

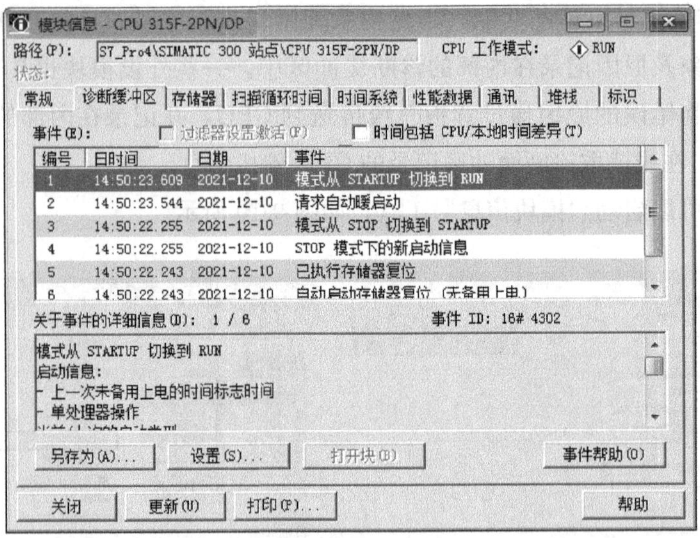

图 9-11　诊断缓冲区的 DP 从站故障信息

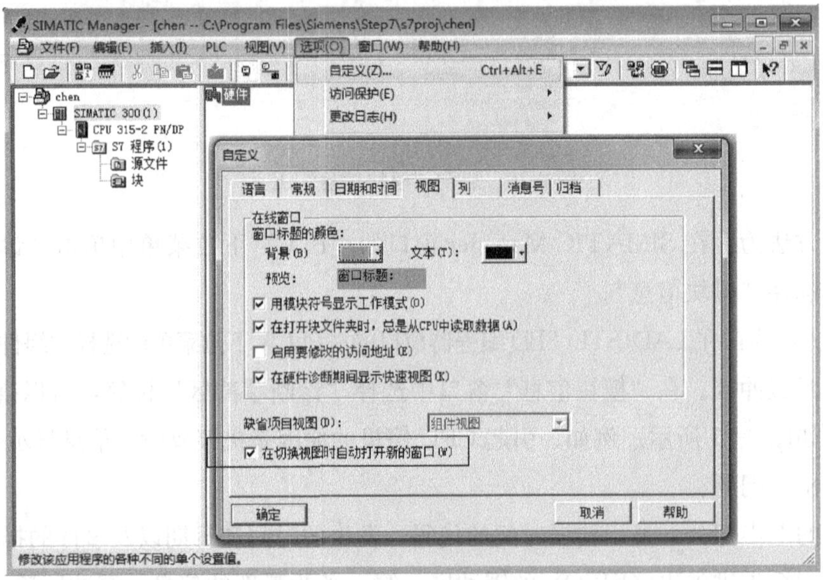

图 9-12　定义硬件诊断的显示方式

启动“硬件诊断”的方法是在 SIMATIC Manager 窗口，单击“PLC”下拉菜单的“诊断/设置”命令，在子菜单中选择“硬件诊断”，如图 9-13 所示。

在“硬件诊断”窗口中出现故障的模块前面会有红色的标记，如图 9-14 所示。

双击标记出错的模块，显示模块信息，在“诊断中断”标签中，可以看到详细的诊断信息，如图 9-15 所示。

9.3.3　建立 PROFIBUS-DP 网络

将集成了 PROFIBUS-DP 接口的 CPU 作为主站，连接分布式 ET200 系列从站。

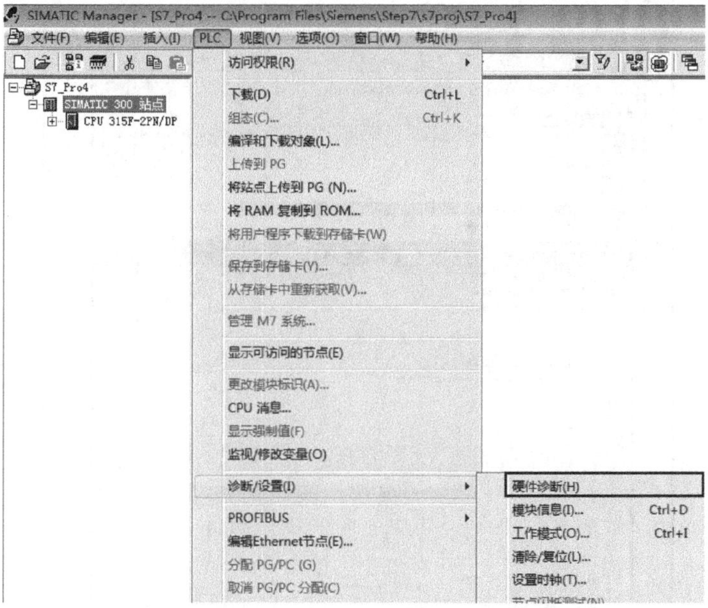

图 9-13 启动“硬件诊断”工具

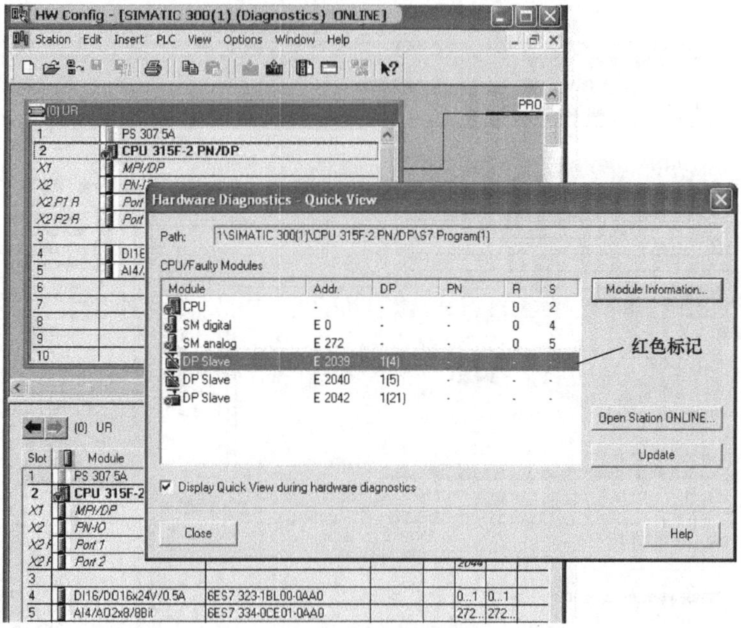

图 9-14 硬件诊断信息

1. 组态 PROFIBUS-DP 主站

在 STEP 7 中创建了一个新项目，项目名为 FILL_DP，插入 S7-300 的主站。进入硬件组态窗口 HW Config，组态主机架模块。如图 9-16 所示，装入 CPU315-2DP 时，会出现 PROFIBUS-DP 属性设置窗口，选择 CPU 主站的 DP 地址，单击“新建”一个 PROFIBUS-DP 网络，在网络属性中可以选择网络传输速度和网络种类。

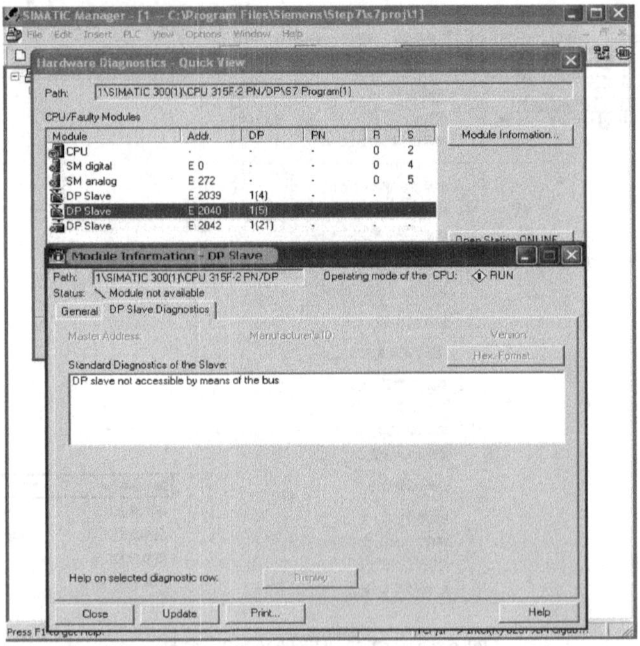

图 9-15　故障模块的诊断信息

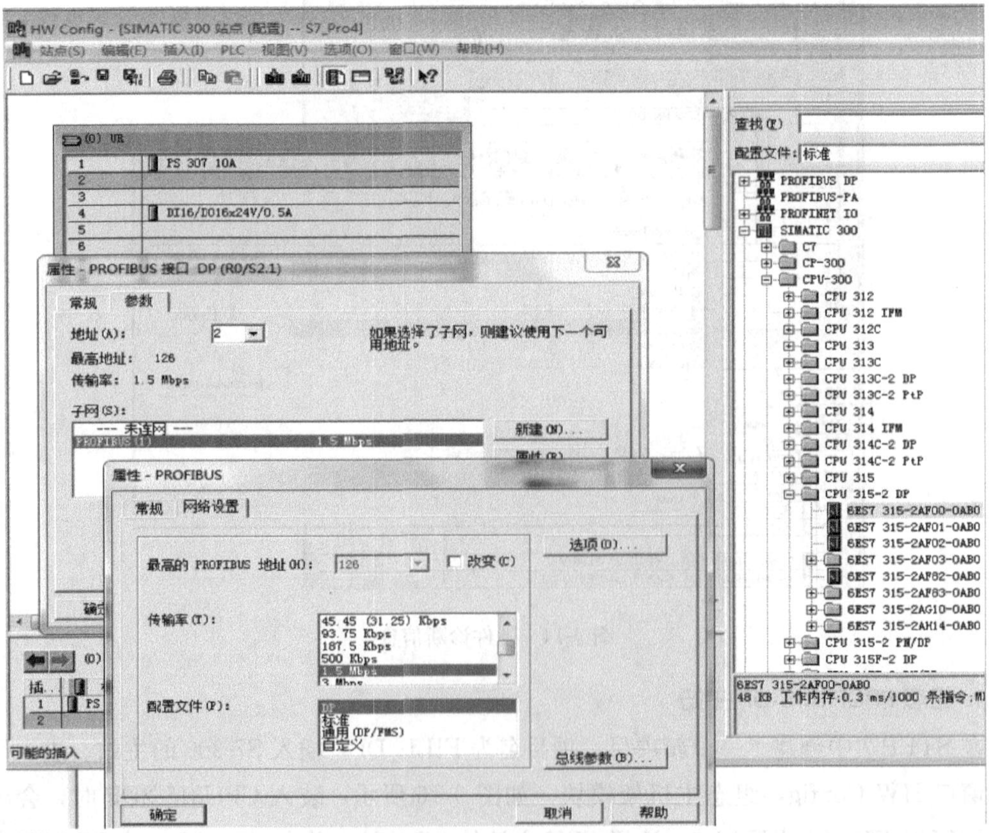

图 9-16　组态 PROFIBUS-DP 主站

设置好后单击“确定”按钮，返回到硬件组态窗口。在CPU315-2DP的副槽DP旁会出现新建的PROFIBUS-DP网络，如图9-17所示。在主站CPU的槽位中安装I/O模块，可以为各I/O模块重新组态通道地址。

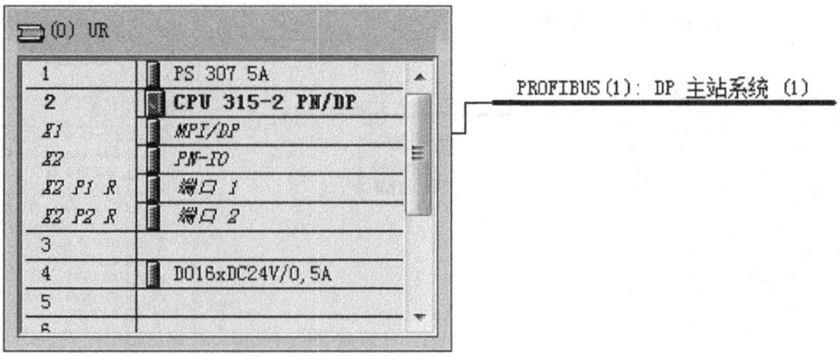

图9-17 新建的PROFIBUS网络

2. 组态ET200M从站

如图9-18所示，在右边的产品目录窗口中打开“PROFIBUS DP”，选择相应的ET200M型号，用鼠标拖动到网线，出现“+”号时，松开鼠标，会弹出从站模块属性设置窗口，设置从站的地址，在子网窗口中选中“PROFIBUS (1)”，将ET200M从站挂到网线上。

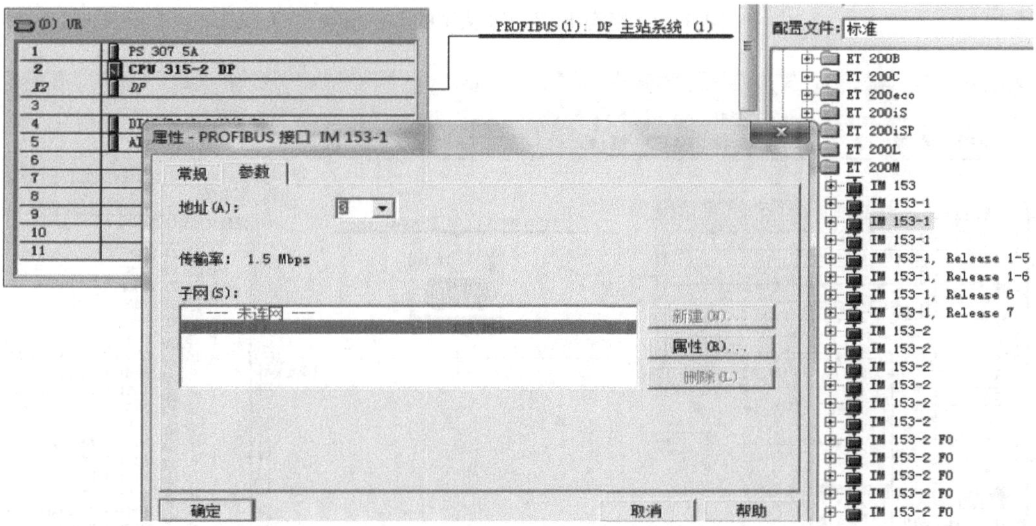

图9-18 组态ET200M从站

如图9-19所示，鼠标选中ET200M从站，在窗口下方从站列表中插入I/O信号模块，并重新分配各模块的地址。

注意：从站的地址不能与主站及其他从站的地址冲突，必须是唯一的。

3. 组态ET200S从站

如图9-20所示，选择相应的“ET200S”型号，用鼠标拖动到网线上，在从站模块属性窗口设置从站的地址，在子网窗口中选中“PROFIBUS（1)”，将“ET200S”从站挂到网线上。

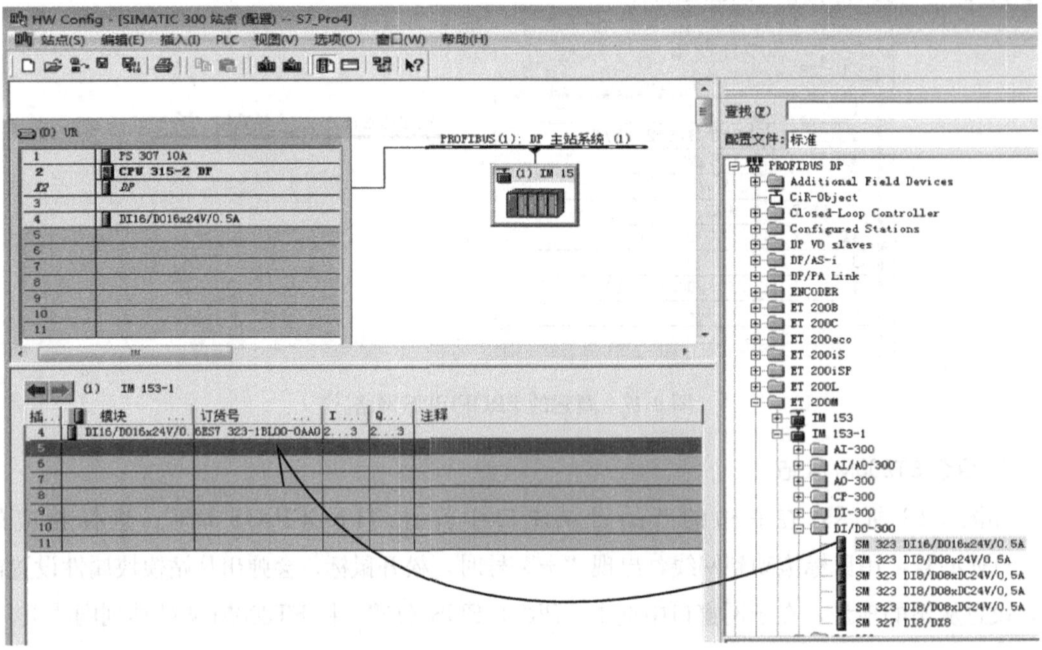

图 9-19　组态 ET200M 从站的 I/O 模块

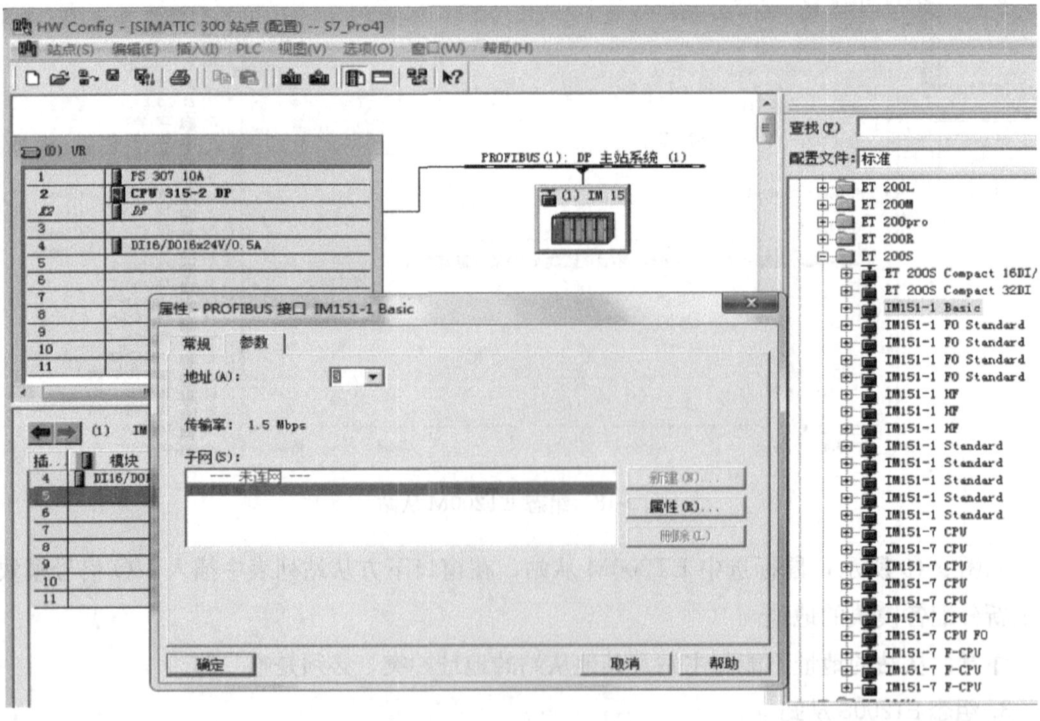

图 9-20　组态 ET200S 从站

如图 9-21 所示，鼠标选中“ET200S”从站，在窗口下方从站列表中插入 I/O 信号模块，1 号槽插入电源模块 PE，2 号和 3 号槽各插入两个点的输入模块，4 号和 5 号槽各插入两个点的输出模块，重新分配各模块的地址。还可以将位地址集成打包，选中相同类型的模块，单击“数据包地址”按钮，地址连续占用同一个字节。

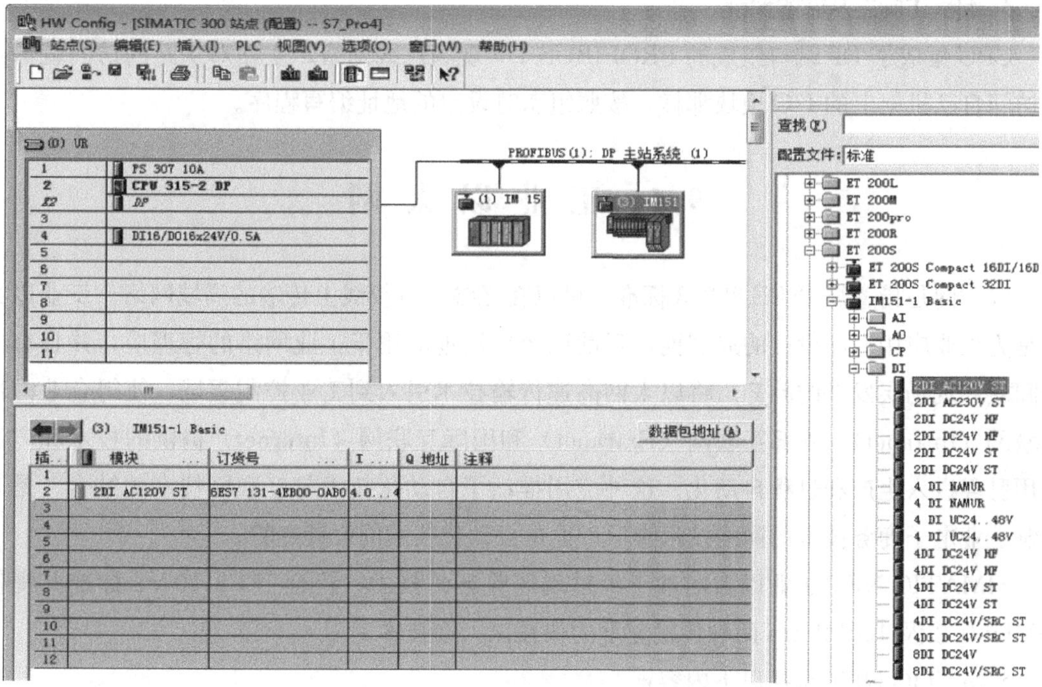

图 9-21 组态 ET200S 从站的 I/O 模块

注意：设置 ET200 接口模块的 PROFIBUS 站地址时，组态的站地址必须与 ET200 接口模块上拨码开关设定的站地址相同。以 ET200S 接口模块为例，从站上拨码开关设定规则如图 9-22 所示。从站地址的更改应在断电的情况下操作，修改的地址需重新上电后才有效。

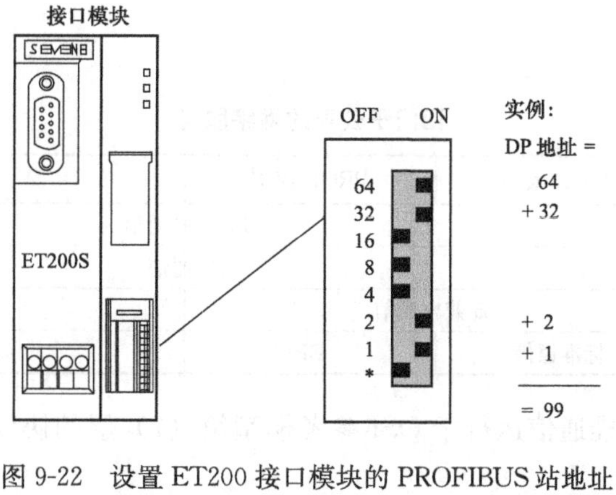

图 9-22 设置 ET200 接口模块的 PROFIBUS 站地址

完成硬件组态后，按工具栏中的键保存和编译组态参数，按键将硬件组态参数下载到 CPU。

关闭硬件组态窗口，在 SIMATIC Manager 中会出现所添加的 CPU 和 PROFIBUS 网络。

4. **编程访问主从站的地址**

CPU 集成了 DP 端口组成的 PROFIBUS-DP 现场总线网络，主站对从站的访问就像直接访问自己机架上的 I/O 模块那样，按照组态时设定的地址编写程序。

9.4 工业以太网

以太网是指遵循 IEEE 802.3 标准，可以在光缆和双绞线上传输的局域网络。工业以太网是为工业应用专门设计的局域网，目前已经广泛地应用于工业网络的管理层，并且有向中间层和现场层发展的趋势。将以太网高速传输技术引入到工业控制领域，使得企业内部互联网（Intranet）、外部互联网（Extranet）和国际互联网（Internet）提供的技术和广泛应用已经进入生产和过程自动化。这种应用推动了自动化技术与互联网技术的结合，是未来制造业电子商务技术的网络技术雏形，也是自动化技术的发展趋势。

SIMATIC NET 工业以太网基于经过现场验证的技术，符合 IEEE 802.3 标准并提供 10Mbit/s 以及 100Mbit/s 两种传输速度的快速以太网技术。

SIMATIC NET 包括以下内容：

（1）组成通信网络的媒介、媒介附件和传输组件以及相应的传输技术；

（2）数据传输的协议和服务；

（3）用于连接 PLC 或 PC 的通信处理器。

9.4.1 支持的网络协议和服务

网络通信需要遵循一定的协议，以西门子公司为例，表 9-9 列出了其不同的网络可以运行的服务。

表 9-9　西门子公司的网络服务

<table>
<tr><td>子网（Subnets）</td><td>工业以太网</td><td>PROFIBUS</td><td>MPI</td></tr>
<tr><td rowspan="4">服务（Services）</td><td colspan="3">PG/OP 通信</td></tr>
<tr><td colspan="3">S7 通信</td></tr>
<tr><td colspan="2">S5 兼容通信</td><td>S7 基本通信</td></tr>
<tr><td>标准通信</td><td>DP</td><td>GD</td></tr>
</table>

（1）标准通信。标准通信运行于 OSI 参考模型第（7）层的协议，包括表 9-10 所列的协议。

（2）S5 兼容通信（S5-compatible Communication）。SEND/RECEIVE 是 SIMATIC S5 通信的借口，在 S7 系统中，将该协议进一步发展为 S5 兼容通信。该服务包括如表 9-11 所列的协议。

表 9-10　　　　标准通信协议

子网（Subnets）	工业以太网	PROFIBUS
服务（Services）	标准通信	
协议	MMS-MAP3.0	FMS

表 9-11　　　　S5 兼容通信

子网（Subnets）	工业以太网	PROFIBUS
服务（Services）	S5 兼容通信	
协议	ISO transport ISO-on-TCP UDP TCP/IP	FDL

（3）S7 通信（S7 Communication）。S7 通信集成在每一个 SIMATIC S7/M7 和 C7 的系统中，属于 OSI 参考模型第（7）层应用层的协议，它独立于各个网络，可以应用于多种网络（MPI、PROFIBUS、工业以太网）。

在 STEP 7 中，S7 通信需要调用功能块 SFB（S7-400 PLC）或 FB（S7-300 PLC），最大的通信数据可以达 64KB。对于 S7-400 PLC，可以使用系统功能块 SFB 来实现 S7 通信；对于 S7-300 PLC，可以调用相应的 FB 功能块进行 S7 通信，见表 9-12。

表 9-12　　　　S7 通信功能块

功能块		功能描述
SFB8/9 FB8/9	USEND URCV	无确认的高速数据传输，不考虑通信接收方的通信处理时间，因而有可能会覆盖接收方的数据
SFB12/13 FB12/13	BSEND BRCV	保证数据安全性的数据传输，当接收方确认收到数据后，传输才完成
SFB14/15 FB14/15	GET PUT	读、写通信对方的数据而无须对方编程

（4）PG/OP 通信。PG/OP 通信分别是 PG 和 OP 与 PLC 通信来进行组态、编程、监控以及人机交互等操作的服务。S7-300/400 PLC 的以太网通信结构如图 9-23 所示。

9.4.2　S7-300 PLC 的工业以太网通信

以 S7-300 PLC 之间利用 S7 通信协议进行工业以太网通信为例，介绍建立工业以太网通信的步骤。

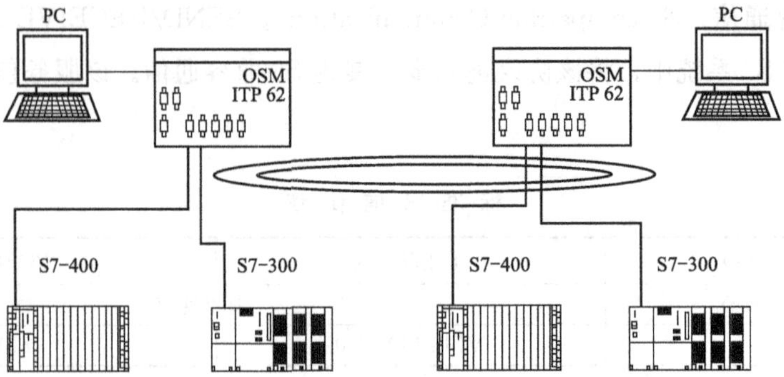

图 9-23　S7-300/400 PLC 的以太网通信结构图

1. 新建项目

在 STEP 7 中创建一个项目，取名为“CN”，单击鼠标右键，在弹出的菜单中选择“插入新对象”→“SIMATIC 300 站”，插入一个 SIMATIC 300 站。用同样的方法在项目“IE_S7”下插入另一个 SIMATIC 300 站，如图 9-24 所示。

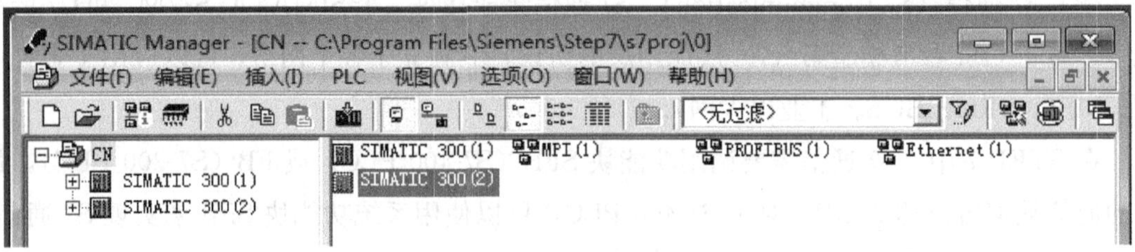

图 9-24　建立项目

2. 硬件组态

单击“SIMATIC 300（1）”，后双击“硬件”进入“HW Config”界面，在机架中插入所需的 CPU 和 CP 模块。像 ISO 传输协议那样，当插入 CP 模块后，会自动弹出一个 CP 343-1 IT 属性对话框。新建以太网“Ethernet（1）”，因为要使用 ISO 传输协议，故选择“设置 MAC 地址/使用 ISO 协议”。本例中设置该 CP 模块的 MAC 地址为 08.00.06.71.6D.D0，IP 地址为 192.168.1.10，子网掩码为 255.255.255.0。

用同样的方法建立另一个 SIMATIC S7-300 站，CP 模块为 CP 343-1，设置 CP 模块的 MAC 地址，连接到同一个网络“Ethernet（1）”上。

3. 网络参数配置

打开“NetPro”设置网络参数，选中一个 CPU，单击鼠标右键，在弹出的菜单中选择“插入新连接”建立新的连接，在连接类型中选择“S7 连接”连接，如图 9-25 所示。

单击“OK”按钮，设置连接属性，如图 9-26 所示。“常规”选项卡中块参数 ID=1，这个参数在后面的编程中会用到。

通信双方的其中的一个站（本例中为CPU 314C-2DP）为“Client”端，激活“建立一个主动连接”选项；另一个站（本例中为CPU314C-2PtP）为Server端，在相应属性中不激活。

如果选择了“TCP/IP”，站与站之间的连接将使用IP地址进行访问，否则将使用MAC地址进行访问。

“One-way”表示单边通信，如果选择该项，则双边通信的功能块FB12“BSEND”和FB13“BRCV”将不再使用，需要调用FB14“PUT”和FB15“GET”。

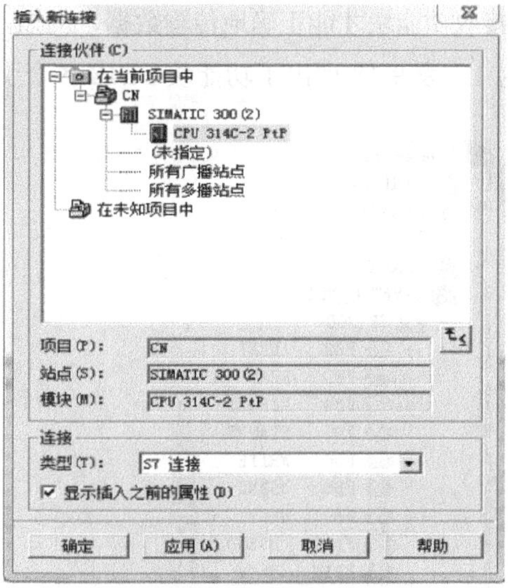

图 9-25　选择“S7 连接”

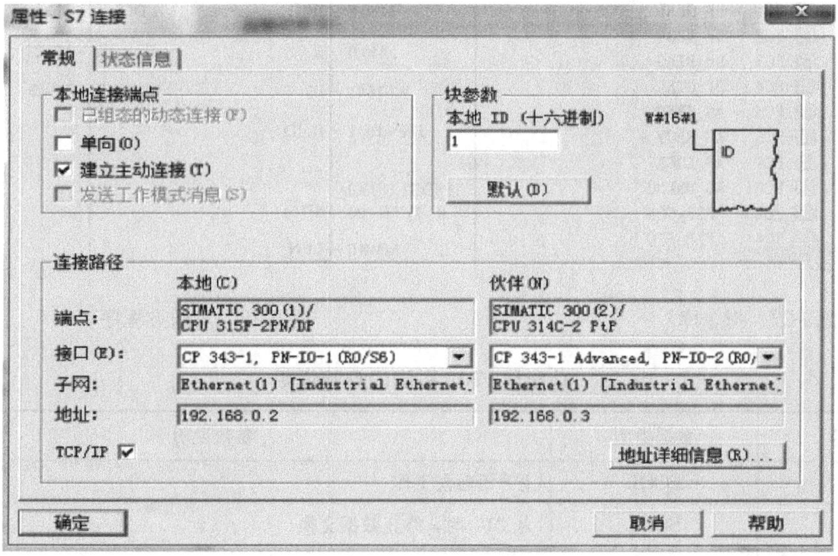

图 9-26　S7 连接属性

4. **编写程序**

由于事先选择了双边通信的方式，故在编程时需要调用FB12“BSEND”和FB13“BRCV”，即通信双方均需要编程，一端发送，则另外一端必须接收才能完成通信。

FB12“BSEND”和FB13“BRCV”可以在指令库“Libraries”→“SIMATIC_NET_CP”→“CP 300”中找到，如图9-27所示。

首先发送方（本例中为CPU314C-2DP）调用FB12“BSEND”，如图9-28所示。

“ID”为网络参数设置时确定，而“R_ID”在编程时由用户自定义，相同的“R_ID”的发送/接收功能块才能正确地传输数据，例如，发送方“R_ID”=1，则接收方的“R_ID”也应设为1。表9-13列出了功能块FB12各个引脚参数说明。

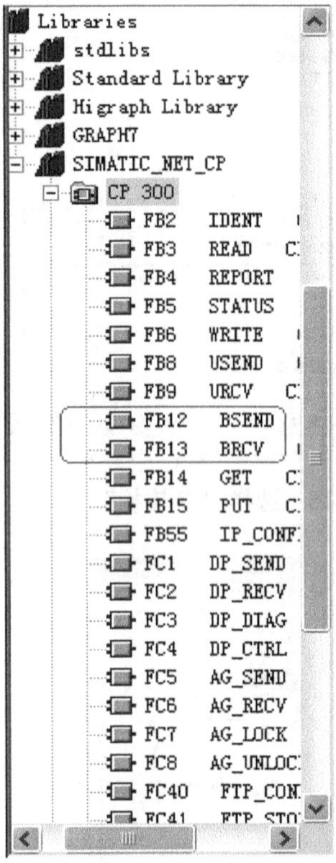

图9-27 指令库

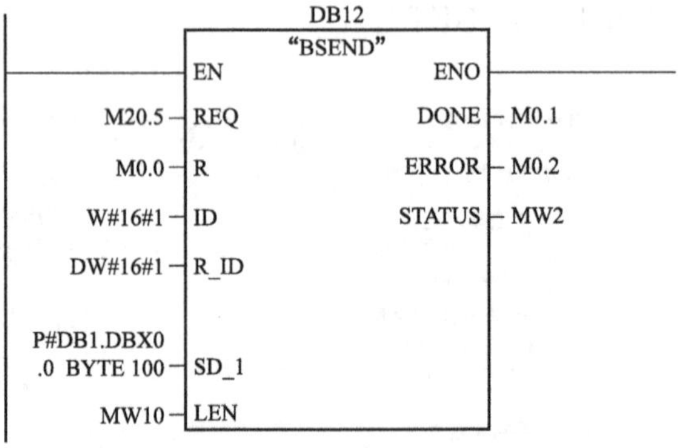

图9-28 发送方程序

表9-13　功能块FB12引脚的参数说明

参数名	数据类型	参数说明
REQ	BOOL	上升沿触发工作
R	BOOL	为“1”时，终止数据交换
ID	INT	连接ID
R_ID	DWORD	连接号，相同的连接号的功能块互相对应发送/接收数据
DONE	BOOL	为“1”时，发送完成
ERROR	BOOL	为“1”时，有故障发生
STATUS	WORD	故障代码
SD_1	ANY	发送数据区
LEN	WORD	发送数据的长度

另外，接收方（本例中为CPU314C-2PtP）调用FB13“BRCV”，如图9-29所示。功能块FB13的各引脚参数说明见表9-14。

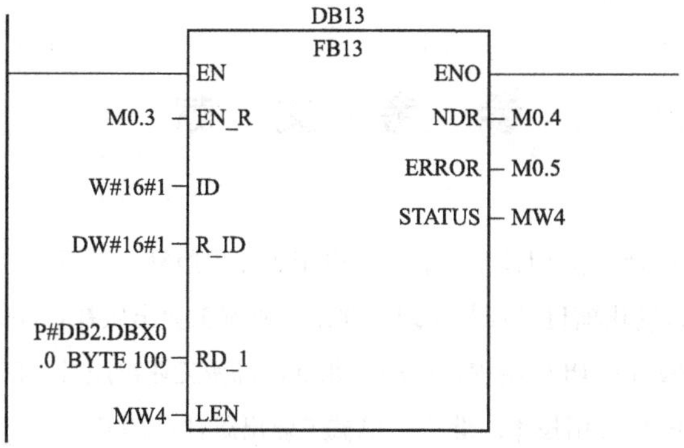

图 9-29 接收方程序

表 9-14 功能块 FB13 各引脚的参数说明

参数名	数据类型	参数说明
EN_R	BOOL	为“1”时，准备接收
ID	WORD	连接 ID
R_ID	DWORD	连接号，相同连接号的功能块互相对应发送/接收数据
NDR	BOOL	为“1”时，接收完成
ERROR	BOOL	为“1”时，有故障发生
STATUS	WORD	故障代码
RD_1	ANY	接收数据区
LEN	WORD	接收到的数据长度

参 考 文 献

［1］ 秦益霖．西门子 S7-300 PLC 应用技术．北京：电子工业出版社，2007.

［2］ 陈瑞阳．西门子工业自动化项目设计与实现．北京：机械工业出版社，2009.

［3］ 刘华波．西门子 S7-300/400 PLC 编程与应用．北京：机械工业出版社，2009.

［4］ 廖常初．S7-300/400 PLC 应用技术．北京：机械工业出版社，2005.

［5］ 刘玉娟．PLC 技术在典型任务中的应用．北京：中国电力出版社，2016.

［6］ 杨晋萍．可编程控制器原理及应用（西门子机型）．北京：中国电力出版社，2013.

［7］ 崔坚．西门子工业网络通信指南．北京：机械工业出版社，2004.

［8］ 向晓汉．西门子 PLC 工业通信网络应用案例精讲．北京：化学工业出版社，2011.

［9］ 刘增辉．西门子 S7-300PLC 应用技术．北京：机械工业出版社，2011.

［10］ 王德吉．西门子工业网络通信技术详解．北京：机械工业出版社，2012.

［11］ 西门子（中国）有限公司自动化与驱动集团．深入浅出西门子 S7-300 PLC．北京：北京航空航天大学出版社，2004.